高等职业教育"十三五"规划教材

电机及拖动

主　审　吴艳花

主　编　吕爱华

副主编　陶　慧　　谢海良　　潘康俊

参　编　李兆平　　司昌练　　张　斌

　　　　张　霞　　雷俊杰　　陈志华

北京师范大学出版集团
BEIJING NORMAL UNIVERSITY PUBLISHING GROUP
北京师范大学出版社

图书在版编目（CIP）数据

电机及拖动 / 吕爱华主编. —— 北京 ：北京师范大学出版社，
2018.5

高等职业教育"十三五"规划教材. 机电电气专业系列
ISBN 978-7-303-23636-7

Ⅰ．①电… Ⅱ．①吕… Ⅲ．①电机－高等职业教育－教材②电
力传动－高等职业教育－教材 Ⅳ．①TM3②TM921

中国版本图书馆 CIP 数据核字(2018)第 082367 号

营 销 中 心 电 话　010-62978190　62979006
北师大出版社科技与经管分社　www.jswsbook.com
电 子 信 箱　jswsbook@163.com

出版发行：北京师范大学出版社　www.bnup.com
　　　　　北京市海淀区新街口外大街 19 号
　　　　　邮政编码：100875

印　　刷：三河市东兴印刷有限公司
经　　销：全国新华书店
开　　本：787 mm×1092 mm　1/16
印　　张：16
字　　数：320 千字
版　　次：2018 年 5 月第 1 版
印　　次：2018 年 5 月第 1 次印刷
定　　价：35.00 元

策划编辑：周光明　苑文环　　责任编辑：周光明　苑文环
美术编辑：高　霞　　　　　　　装帧设计：国美嘉誉
责任校对：李　菌　　　　　　　责任印制：孙文凯　赵非非

前　言

在工业自动化生产中，电机及拖动技术是一门十分重要的专业技术基础课，它在电气工程及自动化、机电一体化及相关专业教学中起着承前启后的作用。

根据高职高专教育特点，本书以"淡化理论，拓展知识，培养技能，重在应用"的原则编写，充分体现实用性和技术性。教材弱化了电机电磁理论的分析和计算，加强了定性分析和物理意义的阐述，简化了数学推导，增强了学生的工程意识，注重培养学生解决生产实际中电机及拖动技术问题的能力。

本书内容实行模块化，教学目标明确，具有针对性、可组合性和可选择性，便于不同专业选修。

全书共分9章。主要内容包括：电机理论中常用的电磁知识与定律、变压器、直流电机、直流电动机的电力拖动、三相异步电动机、三相异步电动机的电力拖动、其他电动机、控制电机、电动机的选择等。为了便于复习和自检，每章均有思考题与习题，并配有例题。为了提高学生的工程实践能力，各章后还附有实验。

本书可作为高职高专类院校的电气自动化技术、机电一体化技术、自动控制电气类及相关专业的教材，也可供有关工程技术人员参考。

本书由襄阳汽车职业技术学院吕爱华担任主编并统稿，陶慧、谢海良、潘康俊担任副主编，其中，绪论和第9章由襄阳汽车职业技术学院陶慧编写，第1章由襄阳汽车职业技术学院李兆平编写，第2章由陕西工业职业技术学院司昌练编写，第3、4章由浙江工贸职业技术学院潘康俊编写，第5、6章由吕爱华编写，第7、8章由漯河职业技术学院谢海良编写。还有襄阳汽车职业技术学院张斌、张霞、雷俊杰、陈志华分别参加了第2、4、8、9章的编写。本书由襄樊学院吴艳花老师担任主审，主审对全书进行了认真、细致、详尽的审阅，提出了许多宝贵的意见和建议，在此表示诚挚的谢意。

在本书的编写过程中，编者参考了大量相关的书籍资料，从中汲取了许多知识和经验，在此向这些书的作者表示感谢。由于编写时间紧迫，编者水平有限，书中错误在所难免，恳请读者批评指正。

编　者

目 录

绪　论

▶ 0.1　电机及电力拖动概述

电能是现代文明社会中应用广泛的能源之一，在机械、电子、冶金、化工、纺织、国防部门的生产、控制设备中，交通运输、信息技术、家用电器、农业生产以及日常生活等各个领域获得了极为广泛的应用。这是因为电能具有生产和变换比较经济，传输和分配比较容易，使用和控制比较方便等优点。

电机是生产、传输、分配及应用电能的主要设备。在现代经济生产过程中，电力拖动系统是为了实现各种生产工艺过程所必不可少的传动系统，是生产过程电气化、自动化的重要前提。

电机是随着生产的发展而发展的，电机工业是国民经济生产中的一个重要组成部分，电机是机电一体化中机和电的结合部位，是机电一体化的一个重要的基础，电机可称为电气化的心脏。电机对国民经济的发展起着重要的作用。

随着科学技术发展，不仅对普通电机提出性能良好、运行可靠、单位容量的质量轻和体积小的要求，而且对控制电机提出高可靠性、高精度、快速响应的要求，控制电机已经成为电机学科的一个独立分支。

电机是一种利用电磁感应定律和安培力定律将能量或信号进行转换或变换的电磁机械装置。电机的种类繁多，按其功能可分为常规电机和控制电机。具体分类如图 0.1 所示。

常规电机的主要任务是完成能量的转换。其功能如下：

发电机——将机械能转换成电能。

电动机——将电能转换成机械能。

变压器——将一种电压等级的交流电能变换成同频率的另一种电压等级的交流电能。

控制电机的主要任务是完成控制信号的传递和转换。其功能如下：

伺服电动机——将控制电压信号

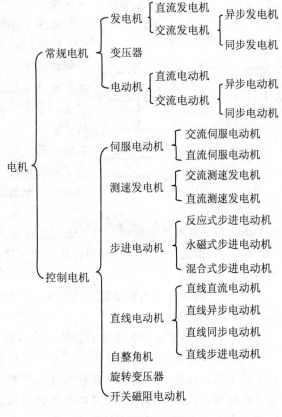

图 0.1　电机的分类

转换成转轴上的角位移或角速度输出，作执行元件。

步进电动机——将电脉冲信号转换成转轴上的角位移或线位移输出，作执行元件或驱动元件。

测速发电机——将转速信号转换成电压信号输出，主要作检测元件。

直线电动机——将电能直接转换成直线运动机械能的电力传动装置，作驱动元件。

自整角机——将转角变为交流电压或由转角变为转角的感应式微型电机，作测量角度的位移传感器。

旋转变压器——是一种电磁式传感器，它是测量角度用的小型交流电动机，用来测量旋转物体的转轴角位移和角速度。

开关磁阻电动机——是开关磁阻电动机传动系统中实现机电能量转换的主要部件，主要用于新型机电一体化交流调速系统。

现代化生产过程中，多数生产机械都采用电力拖动，其主要原因是：电能的传输和分配非常方便，电机的效率高，电动机的多种特性能很好地满足大多数生产机械的不同要求，电力拖动系统的操作和控制都比较简便，可以实现自动控制和远距离操作等。

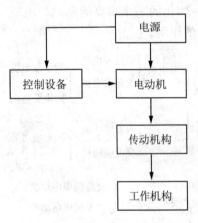

图 0.2 电力拖动系统示意图

用电动机作为原动机来拖动生产机械运行的系统，称为电力拖动系统。电力拖动系统包括：电动机、传动机构、工作机构、控制设备和电源五个部分，它们之间的关系如图 0.2 所示。

电动机把电能转换成机械能，通过传动机构把电动机的运动经过中间变速或变换运动方式后，再传给工作机构工作。工作机构是执行某一生产任务的机械设备，是电力拖动的对象。控制设备是由各种控制电机、电器、电子元件及控制计算机等组成，用以控制电动机的运动，从而对生产机械的运动实现自动控制。为了向电动机及电气控制设备供电，电源是不可缺少的部分。电力拖动分为直流电力拖动和交流电力拖动两大类。

电力拖动具有其他拖动方式无法比拟的优点：

(1)电力拖动比以蒸汽、水力、压缩空气等为动力的拖动效率高，且电动机与被拖动机械连接简便；

(2)电力拖动所用的电动机类型很多，不同的电动机具有不同的运行特性，可满足不同生产机械的需要；

(3)电力拖动系统中各参数的检测、信号的变换与传送方便，易于实现自动控制。

因此，电力拖动已成为现代工农业生产中最广泛的拖动方式，而且随着近代电力电子技术和计算机技术的发展以及自动控制理论的应用，电力拖动控制装置的特性品质正在得到不断的提高，从而可提高生产机械运转的准确性、可靠性、快速性和生产过程的自动化程度，便于提高劳动生产率和产品质量，所以电力拖动也是实现工业电气自动化的基础，在国民经济发展中发挥着越来越重要的作用。现在，一些工厂企业的生产过程正从单机、局部自动化发展到全盘、综合自动化，已经出现了大批自动生产线，而且一些自动化车间和自动化工厂已经在我国涌现。

▶ 0.2　本课程的性质、内容和学习方法

本课程是机电一体化、电气自动化、电气技术等机电类专业一门重要技术基础课，它由电机原理和电力拖动基础两门课结合而成，主要研究电机、变压器内部的电磁关系和电动机带动生产机械工作时用机械量转速、转矩表示的各种关系。本课程研究电机时以电动机为主，将电动机内部的电磁关系同带动生产机械工作时用机械量转速、转矩表示的各种关系连贯起来研究。实践表明，这种处理方法能够节省学时，适合高职高专学校教学的情况。由于变压器是电能传输和分配中的重要设备，在控制设备中也常用到各种变压器，所以本课程还要研究变压器的工作原理和基本工作特性。

本课程的任务是培养学生掌握电机及电力拖动的基本理论、计算方法和实验技能，为学习后续课程——"工厂电气控制设备"、"电力电子技术"、"自动控制理论"、"交直流调速系统"等的学习作基础知识准备，为今后工作中对电力拖动设备的技术管理和生产第一线选配、安装调试、操作、维护与检修电力拖动设备打下良好的基础。

本课程的内容有电机理论中常用的电磁知识与定律、变压器、直流电机、直流电动机的电力拖动、三相异步电动机、三相异步电动机的电力拖动、其他电动机、控制电机、电力拖动系统中电动机的选择共 9 个部分。

电机及拖动是一门理论性和实践性很强的技术基础课程，涉及的基础理论和实际知识面广，不仅有理论的分析推导、磁场的抽象描述，而且还要用基本理论去分析研究比较复杂的带有机、电、磁综合性的工程实际问题，这是本课程的重点，也是本课程的难点。鉴于以上原因，为学好电机及拖动这门课，学习时应注意以下几点：

(1)学习之前，必须理解和掌握电和磁的基本概念、电磁感应定律、电磁力定律、电路和磁路定律、力学、机械制图等相关知识；

(2)在学习过程中牢固掌握基本概念、基本原理和主要特性。运用总结对比的方法融会贯通、加深理解；分析实际问题时，要运用工程的观点和方法，有条件地略去一些次要因素，找出问题的本质，从而简化实际问题的分析和计算；

(3)为了提高课堂教学效果，课前应预习，一是对相关的已学知识进行回顾和补遗，二是对将要学到的内容浏览一遍，对新的名词和术语及相关内容有所了解；课后应及时复习和小结，并选做适当的思考与练习题，以巩固所学的理论知识，提高理解和应用能力；

(4)学习时要理论联系实际，必须重视实验和实习。以培养和提高学生实践操作技能和工作能力。

第1章 电机理论中常用的电磁知识与定律

>>> **本章概述**

1. 介绍了常用的电磁知识与定律及铁磁材料的磁性能。
2. 介绍了基本的磁路定律及简单磁路的计算方法。

>>> **学习目标**

1. 熟悉磁场的基本物理量及它们之间的关系。
2. 掌握铁磁材料的磁性能及它们的特点。
3. 知道磁路的概念及三个基本定律。
4. 重点掌握直流磁路正面问题的求解方法。

▶ 1.1 磁场的基本物理量

在磁铁或任何电流回路的周围都存在着磁场，磁场对放入其间的磁针或运动电荷具有磁力的作用。下面介绍与磁场有关的几个基本物理量。

1.1.1 磁感应强度

磁感应强度是用来表示磁场中某点磁场强弱和方向的物理量，用符号 $\boldsymbol{B}$ 表示。磁场中某点磁感应强度 B 的大小，可用载流直导体在该点受到的磁场力大小来衡量，如图 1.1 所示。如果在磁场中某点放一段电流为 I、长度为 dl 并与磁场方向垂直的导体，若该导体所受磁力为 dF，则该点磁感应强度的大小

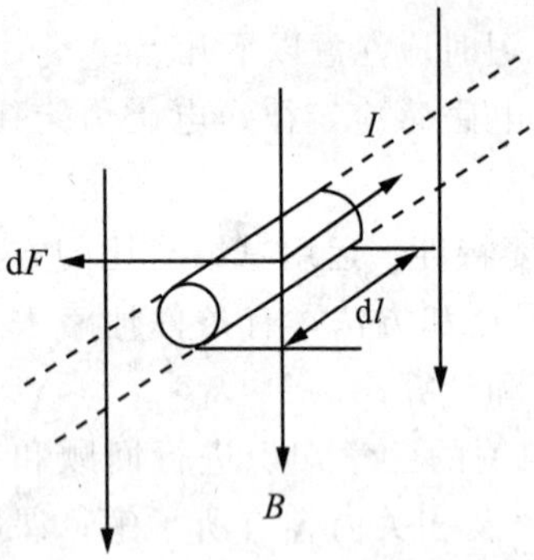

$$B = \frac{dF}{Idl} \quad\quad (1-1)$$

磁感应强度是一个矢量，它的方向即为该点的磁场方向。规定：在磁场中某点放置的小磁针，平衡时 N 极的指向即为该点的磁场方向。国际单位制中，磁感应强度的单位为特斯拉（T），简称为特；工程上常用高斯(Gs)作为磁感应强度的单位，简称为高。它们之间的关系是：$1Gs = 10^{-4}T$

图 1.1 磁声对载流直导体的作用力

1.1.2 磁通

磁通即磁感应强度矢量的通量，用 Φ 表示，反映了磁场中某个曲面上的磁场分布情况。如图 1.2 所示，在磁场中有一个曲面 S，在曲面上取一个面积元 dS，dS 处的磁感应强度大小为 B，方向与 dS 的法线夹角为 θ，则此面积元的磁通

$$d\Phi = B\cos\theta dS$$

曲面 S 的磁通为各个 $\mathrm{d}S$ 的 $\mathrm{d}\varPhi$ 的总和，即

$$\varPhi = \sum \mathrm{d}\varPhi$$

若某磁场中各处磁感应强度的大小处处相等，方向相同，则称为匀强磁场。匀强磁场中面积为 S，与磁场方向垂直的平面的磁通

$$\varPhi = BS \qquad (1\text{-}2)$$

国际单位制中，磁通的单位为韦伯（Wb），简称为韦，工程上常用麦克斯韦（Mx）作为磁通的单位，磁通是个代数量，它们之间的关系是：$1\mathrm{Mx} = 10^{-8}\,\mathrm{Wb}$。

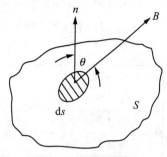

图 1.2　曲面 S 的磁通

1.1.3　磁场强度与磁导率

电流是产生磁场的根本原因，为了反映电流和外磁场之间的关系，引入一个辅助的物理量 $\boldsymbol{H}$，称为磁场强度，它也是用来表示磁场强弱和方向的一个物理量，但是它的大小仅与产生该磁场的电流大小和载流导体的形状有关，即：

$$H = \frac{I}{l} \qquad (1\text{-}3)$$

在国际单位制中，磁场强度的单位是安/米（A/m），工程上常用奥斯特（Os）作为磁场强度的单位，它们之间的关系是：$1\mathrm{A/m} = 4\pi \times 10^{-3}\,\mathrm{Os}$ 或 $1\mathrm{Os} = 79.6\,\mathrm{A/m}$

将不同的磁介质放入磁场中，对磁场的影响是不同的，实验证明：在具有一定匝数的通电线圈中，放入铁、钴、镍等物质，磁感应强度 B 将大大增强；若放入铜、木头等物质，则磁感应强度 B 几乎不变。磁导率就是用来表示磁介质导磁能力大小的物理量，用符号 μ 表示，它等于磁介质中磁感应强度 B 与磁场强度 H 之比，即

$$\mu = \frac{B}{H} \qquad (1\text{-}4)$$

在国际单位制中，μ 的单位为亨/米（H/m），由实验测得真空中的磁导率为一常数，用 μ_0 表示，即

$$\mu_0 = 4\pi \times 10^{-7}\,\mathrm{A/m}$$

通常使用的是磁介质的相对磁导率 μ_r，其定义为磁导率 μ 与真空的磁导率 μ_0 之比，即

$$\mu_r = \frac{\mu}{\mu_0} \qquad (1\text{-}5)$$

显然它是没有单位的，它可以表示各种磁介质的导磁能力。

如：某种硅钢片的 $\mu_r = 6000 \sim 8000$，钴的 $\mu_r = 174$ 等。

▶ 1.2　铁磁物质的磁性能

1.2.1　铁磁材料的高导磁性

不同的磁介质在被磁化时所产生的附加磁场均不同，如铁、钴、镍及其合金材料、含铁的氧化物等物质的导磁能力很高，这类磁介质在被磁化时能显著增强磁场，叫做铁磁性物质。它们的相对磁导率很大，可达几百几千甚至上万，但并不是常数，与外

磁场 H 或温度等因素有关系。常见铁磁材料的相对磁导率如表 1.1 所示。

1.2.2　铁磁材料的磁饱和性

表 1.1　几种铁磁物质的相对磁导率

铁磁物质	μ_r	铁磁物质	μ_r
钴	174	锰锌铁氧体	300～5 000
未经退火的铸铁	240	已经退火的铁	7 000
已经退火的铸铁	620	变压器硅钢片	7 500
镍	1 120	镍铁合金	12 950
软钢	2 180	C 型坡莫合金	115 000

　　铁磁性物质的磁状态，一般用磁化曲线（$B-H$）表示，即表示物质中的磁场强度 H 与所感应的磁感应强度 B 之间关系。磁化曲线可通过实验测定，如图 1.3 为某一铁磁性物质的 $B-H$ 曲线。

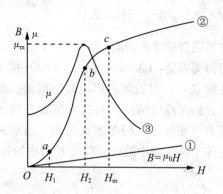

图 1.3　铁磁材料的磁化曲线

　　图中的①为真空或空气的磁化曲线，因为真空或空气的 $B=\mu_0 H$，所以其 $B-H$ 曲线为一直线。

　　图中的②为铁磁性物质的磁化曲线，这样的 $B-H$ 曲线又叫做起始磁化曲线，它又分为四段：

　　Oa 段：此时外磁场 H 较小，铁磁材料中的磁感应强度 B 随磁场强度 H 的增大而增大，但增大较慢，这主要是由于畴壁移动的可逆性造成的。

　　ab 段：此时外磁场 H 已较大，铁磁材料中的磁感应强度 B 急剧增大，这主要是由于不可逆的磁畴转向造成的。

　　bc 段：此时外磁场 H 已很大，铁磁材料中的磁感应强度 B 的增加率却变得很缓慢，这主要是因为大部分的磁畴已转向造成的。

　　c 段以后：此时再增加外磁场 H，铁磁材料中的磁感应强度 B 也增加得很少，且与真空或空气中一样近似于直线，这种现象就称为铁磁材料的磁饱和性。

　　图中的③为铁磁性物质的 $\mu-H$ 曲线，即铁磁材料的磁导率 μ 随外磁场 H 变化的曲线。开始磁化时 μ 较小，随着 H 的增大，μ 达到最大值 μ_m，以后又逐渐减小，最后逐渐接近于真空中的磁导率 μ_0。可见，铁磁性物质的磁导率 μ 并不是一个常数，它随外磁场 H 的变化而呈非线性的变化。

1.2.3　铁磁材料的磁滞性

除了磁饱和性外，铁磁材料还有一些磁的性能必须在反复磁化的过程中才能显现出来。所谓反复磁化，就是指在大小和方向均作周期性变化的外磁场 H 作用下，铁磁性物质中磁感应强度 B 的变化规律。下面以图 1.4 说明铁磁材料的磁化过程。

在图 1.4 中，当外磁场 H 从 0 开始增大，磁感应强度 B 随之增大，直到 B 达到饱和值 B_m，此时外磁场 H 的值为 H_m，如图中的 Oa 段，这个过程叫做磁化。

此时将外磁场 H 逐步减小，那么材料中的磁感应强度 B 也会随之减小，但在这个过程中，因为磁畴的翻转是不可逆的，所以 B 值并不按原始磁化曲线（Oa 段）的规律下降，而是沿高于原始磁化曲线即图中的 ab 段下降，当 H 值下降为 0 时，B 仍然等于某一数值，用 B_r 表示，称为铁磁物质的剩磁，即图中的 b 点。

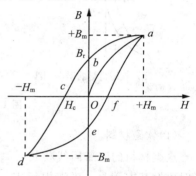

图 1.4　磁滞回线

若要消去这个剩磁，就需在相反方向上增加外磁场，使 B 由 B_r 逐渐减小至 0，这一过程叫做去磁。使 B 值下降为 0 所对应的磁场强度 H_c 称为矫顽磁力，即图中的 c 点。

继续增加反方向的外磁场 H，B 值将会由 0 反向增大至反向的饱和值—B_m，这个过程叫反向磁化，如图中的 cd 段。

此时再逐渐减小反方向的 H 值，B 值也随之反向减小，如图中的 de 段，当 H 值反向减小为 0 时，B 值将出现反向的剩磁，如图中的 e 点。

若要消去这个反向剩磁，就需在正方向上继续增加外磁场 H，使磁感应强度 B 减至为 0，如图中的 f 点，这个过程叫反向去磁。

接着继续增加外磁场 H，B 又随之增加至正向的饱和值 B_m，即图中的 fa 段。

铁磁材料在经过多次这样的磁化、去磁、反向磁化、反向去磁的过程中，磁感应强度 B 的变化总是落后于磁场强度 H 的变化，这种现象就称为磁滞现象。而在这个过程中，$B-H$ 的关系将沿着一条近似对称于原点的闭合曲线 abcdefa 反复变化，将这个曲线称为磁滞回线。

1.2.4　交变磁通的铁芯损耗

在交变磁通作用下，铁芯中有能量损耗，简称为铁损。铁损主要由两部分组成。

1. 磁滞损耗

铁磁性物质在反复磁化时，内部的磁畴反复转向，磁滞损耗就是克服各种阻碍作用而消耗掉的那部分能量，这部分能量转换为热能而使铁磁材料发热。理论和实践都证明，反复磁化一次所产生的磁滞损耗与磁滞回线的面积成正比。为了减小磁滞损耗，应尽量采用磁滞回线狭窄的材料作铁芯，如硅钢片与坡莫合金等。

按照磁滞回线的形状和在工程中的用途，铁磁材料大体可分为三类：软磁材料、硬磁材料、矩磁材料，它们的磁滞回线分别如图 1.5 所示。

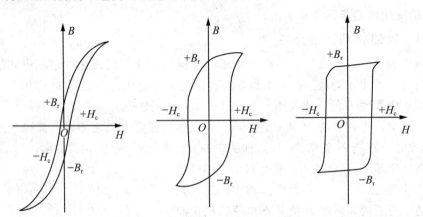

（a）软磁材料的磁滞回线　　（b）硬磁材料的磁滞回线　　（c）矩磁材料的磁滞回线

图 1.5　铁磁材料的磁滞回线

（1）软磁材料。

这类材料的磁滞回线狭长，剩磁及矫顽磁力都很小，磁滞现象不明显，没有外磁场时磁性基本消失，磁滞损耗小。如纯铁、硅钢、坡莫合金等都是软磁材料，常用于制作电机、变压器、电磁铁的铁芯。

（2）硬磁材料。

这类材料的磁滞回线较宽，剩磁及矫顽磁力都很大，磁滞现象显著。常用的硬磁材料有钨、钴、镍、铬等的合金，它们适合于制造永久磁铁，广泛用于各种磁电式测量仪表、永磁发电机等装置。

（3）矩磁材料。

这类材料的磁滞回线几乎呈矩形，特点是受较小的外磁场作用就能达到磁饱和状态，而去掉外磁场后，仍然保持磁饱和状态，即易磁化却不易去磁。利用其正反两个方向上的磁饱和状态，可代表数字 0 和 1，因此通常用来制作计算机存储器的铁芯。常用的矩磁材料有镁锰铁氧体、锂锰铁氧体等。

2. 涡流损耗

铁芯中的交变磁通，随着时间的变化在铁芯中引起感应电动势，由于铁芯也是导体，便产生一圈圈的电流，称之为涡流。涡流在铁芯内流动时，在所经回路的导体电阻上产生的能量损耗称为涡流损耗，也表现为铁芯发热。涡流的存在会降低设备的效率，为了减小涡流损耗，铁芯一般都是用很薄的硅钢片叠压而成的，片上涂有绝缘漆。

▶ 1.3　磁路定律

1.3.1　磁路的基本概念

在设计、制造电机或电器等电气设备时，总想用较小的电流就能获得较强的磁场。由于铁磁性材料的磁导率较大，通常根据实际需要，把铁磁材料制成适当的形状来控制磁通的路径，这就是我们通常说的铁芯。这样，只要将绕在铁芯上的线圈通以较小的电流，就能得到较大的磁通。把这种磁通集中通过的闭合回路称为磁路，磁路中常常有很短的空气隙存在。一般将磁路中的磁通分为两部分，绝大部分磁通是通过铁芯而闭合的，这部分磁通叫作主磁通，用 Φ 表示；穿出铁芯，经过磁路周围的空气而闭合的磁通叫作漏磁通，用 Φ_σ 表示。在工程实际中，因为漏磁通一般很小，在磁路的计算中，一般可将其略去不计。图 1.6 是几种常见电气设备的磁路。其磁路按结构不同，可分为无分支磁路和有分支磁路，如图(a)是一无分支磁路，图(b)是一有分支磁路。

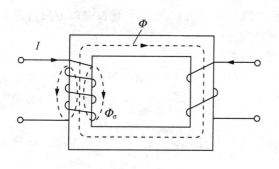

（a）单相变压器的磁路

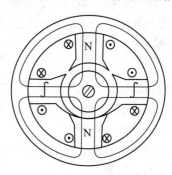

（b）直流电机的磁路

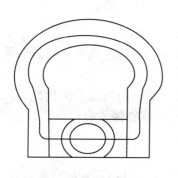

（c）磁电系仪表的磁路

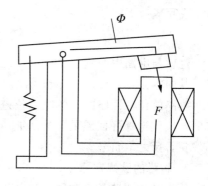

（d）直流电磁铁的磁路

图 1.6　几种常见电磁设备的磁路

1.3.2　磁路的基本定律

1. 磁路的基尔霍夫第一定律

如图 1.7 的有分支磁路所示，将磁路中没有分支的部分叫作磁路的支路，如图中的 ab 段等共有三条支路。磁路中有分支的地方，叫做磁路的节点，如图中的 a 和 b 点。若在某节点作一闭合面 S，则穿过闭合面的磁通应符合磁通的连续性原理，即磁场中任一闭合面的总磁通恒等于 0。通常设穿出闭合面的磁通值为正，穿入闭合面的磁通值为负，则对节点 b 来说，

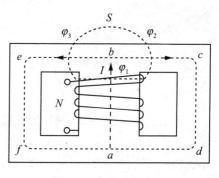

图 1.7　有分支磁路

$$-\Phi_1 + \Phi_2 + \Phi_3 = 0$$

这个形式与电路中的基尔霍夫第一定律（KCL）相似，故称为磁路的基尔霍夫第一定律。其内容是：磁路的任一节点所连各支路磁通的代数和恒等于 0。或写成：

$$\sum \Phi = 0 \tag{1-6}$$

2. 磁路的基尔霍夫第二定律

将磁路看成由材料相同、截面积相等的若干段组成，在每一段中，各截面的磁通相等，所以该段磁路路径上各点的磁感应强度 B 和磁场强度 H 的值都相等，将某段磁路长度与其磁场强度的乘积称为该段磁路的磁位差，用 U_m 表示，磁位差的方向与磁场方向相同。

$$U_m = Hl \tag{1-7}$$

因为励磁电流是产生磁场的本质原因，所以把 $F = NI$ 叫做线圈的磁通势，单位为安培（A），方向规定为励磁电流的参考方向与环绕方向符合右手螺旋关系时，该磁通势取正号，反之取负号。

如图 1.7 所示，在 $abcda$ 回路里，根据安培环路定律，选择顺时针方向为回路的绕行方向，可得：

$$H_1 l_1 + H_2 l_2 = NI$$

或写成

$$\sum U_m = \sum F \tag{1-8}$$

这就与电路中的基尔霍夫第二定律（KVL）相似，所以叫做磁路的基尔霍夫第二定律，其内容是：

磁路的任一回路中，各段磁位差的代数和恒等于各段磁通势的代数和。运用该定律时，应先选择好回路的绕行方向，当磁位差或磁通势的方向与该绕行方向一致时，值取正，反之取负号。

3. 磁路的欧姆定律

假设某段磁路是由磁导率为 μ 的铁磁材料均匀构成，它的平均长度为 l，横截面积为 S，磁场强度为 H，磁感应强度为 B，磁通为 Φ，则因为

$$H = \frac{B}{\mu}$$

$$B = \frac{\Phi}{S}$$

所以，该段磁路的磁位差

$$U_m = Hl = \frac{B}{\mu} \times l = \frac{l}{\mu S} \Phi \tag{1-9}$$

把上式中的 $R_m = l/\mu S$ 称为该段磁路的磁阻，单位为 1/亨（1/H），可见磁阻的大小取决于磁路的尺寸及材料的磁导率，因为 μ 不是常数，所以由铁磁材料构成的磁路是非线性磁阻元件，磁路中若有长为 l_0，截面 S_0 的空气隙，则气隙的磁阻为一常数，因为 $\mu_0 \ll \mu$，可见磁路中若有空气隙，就会大大增加磁阻。引用了磁阻后，上式又可写成：

$$\Phi = \frac{U_m}{R_m} \tag{1-10}$$

这就是磁路的欧姆定律,即无分支磁路的磁通 Φ 与磁位差 U_m 成正比,与磁阻成反比。

▶ 1.4　简单磁路的计算

1.4.1　直流磁路的计算

直流磁路是由直流电励磁的磁路,在这种磁路中,磁通不随时间变化,是一个恒定值,所以又叫恒定磁通磁路。由于构成磁路的铁磁材料及其结构、尺寸已经固定,所以磁路中的磁通势、某点的磁感应强度都不随时间变化。

在设计电气设备时,常常会遇到磁路的计算。如在电机的设计过程中,一般是已知电动势 E,根据电机的转速和结构求出磁通 Φ,然后按照磁路的具体情况计算出励磁绕组的磁通势 F;而在电磁铁和继电器的设计过程中,一般是从已知量电磁吸力出发,根据公式求出磁通后,再按照一定的步骤计算出线圈的磁通势 F,这一类问题属于已知磁通求磁通势的问题,可直接按磁路定律计算,叫做求解磁路正面问题;另一类问题与之相反,已知磁路的结构、尺寸和材料及磁通势,要计算磁路中的磁通,这类问题一般不能正面求解,叫做求解磁路反面问题。

1. 磁路的正面问题

正面问题的一般解题步骤如下:

(1)将磁路分段。

分段的原则是将横截面积相等、材料相同的磁路分为一段。

(2)计算各段磁路的尺寸。

根据磁路的尺寸分别计算出各段磁路的横截面积 S 和磁路的平均长度 l。

计算铁芯的横截面积时,若铁芯是由电工钢片叠成的,因为钢片上涂有绝缘漆,因而磁通所通过的实际铁芯面积应扣除漆层的厚度,按有效面积来计算。通常,引用填充系数

$$K = \frac{有效面积}{视在面积} = \frac{S}{S'}$$

视在面积是指按铁芯的几何尺寸求得的面积,所以有效面积 $S = KS'$,K 的大小随钢片和绝缘漆的厚度而定,一般厚度为 0.5mm 的钢片,K 取 0.92 左右;厚度为 0.35mm 的钢片,K 取 0.85 左右。

当磁路中有气隙存在时,磁通经过气隙,将向外扩张形成"边缘效应",如图 1.8 所示,因而气隙的有效截面积比实际尺寸大。气隙的有效面积可按下列公式近似计算:

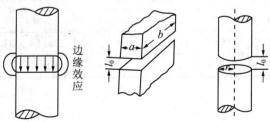

图 1.8　气隙的边缘效应

对于截面为矩形的铁芯，气隙的有效面积为：

$$S_0 = (a + l_0)(b + l_0) \approx ab + (a + b)l_0$$

对于截面为圆形的铁芯，气隙的有效面积为：

$$S_0 = \pi (r + l_0)^2 \approx \pi r^2 + 2\pi r l_0$$

磁路的长度是指中心线的平均长度。

(3) 由已知磁通算出各段的磁感应强度。

用公式 $B = \dfrac{\Phi}{S}$ 分别求出各段磁感应强度的大小。

(4) 按照 B 求出各段的磁场强度 H。

对于铁芯，可查磁化曲线或数据表找出各段的磁场强度；对于气隙，可按下式计算：

$$H_0 = \frac{B_0}{4\pi \times 10^{-7}} = 0.8 \times 10^6 B_0 \, \text{A/m}$$

上式中，各物理量的单位均采用国际单位制。常见铁磁材料的磁化曲线数据表分别如表 1.2、表 1.3、表 1.4、表 1.5 所示。

表 1.2　铸钢基本磁化曲线数据表　　　　　　　　　　（H：A/cm）

B（高斯）	0	100	200	300	400	500	600	700	800	900
0	0	0.08	0.16	0.24	0.32	0.40	0.48	0.56	0.64	0.72
1 000	0.80	0.88	0.96	1.04	1.12	1.20	1.28	1.36	1.44	1.52
2 000	1.60	1.68	1.76	1.84	1.92	2.00	2.08	2.16	2.24	2.32
3 000	2.40	2.48	2.56	2.64	2.72	2.80	2.88	2.96	3.04	3.12
4 000	3.20	3.28	3.36	3.44	3.52	3.60	3.68	3.76	3.84	3.92
5 000	4.00	4.80	4.17	4.26	4.34	4.43	4.52	4.61	4.70	4.79
6 000	4.88	4.97	5.06	5.16	5.25	5.35	5.44	5.54	5.64	5.74
7 000	5.84	5.93	6.03	6.13	6.23	6.32	6.42	6.52	6.62	6.72
8 000	6.82	6.93	7.03	7.24	7.34	7.45	7.55	7.66	7.76	7.87
9 000	7.98	8.10	8.23	8.35	8.48	8.5	8.73	8.85	8.98	9.11
10 000	9.24	9.38	9.53	9.86	9.69	10.04	10.22	10.39	10.56	10.73
11 000	10.90	11.08	11.27	11.47	11.67	11.87	12.07	12.27	12.48	12.69
12 000	12.90	13.15	13.40	13.70	14.00	14.30	14.60	14.90	15.20	15.55
13 000	15.90	16.30	16.70	17.20	17.60	18.10	18.60	19.20	19.70	20.30
14 000	20.90	21.60	22.30	23.00	23.70	24.40	25.30	26.20	27.10	28.00
15 000	28.90	29.90	31.00	32.10	33.20	34.30	35.60	37.00	38.30	39.60
16 000	41.00	42.50	44.00	45.50	57.00	43.70	50.00	51.50	53.00	55.00

表 1.3　铸铁基本磁化曲线数据表　　　　　　　　　　　　　　（H：A/cm）

B（高斯）	0	100	200	300	400	500	600	700	800	900
0	0	1.0	2.0	2.8	3.6	4.2	4.6	5.0	5.4	5.7
1 000	6.0	6.3	6.6	6.9	7.2	7.5	7.8	8.1	8.4	8.7
2 000	9.0	9.3	9.6	9.9	10.2	10.5	10.8	11.1	11.4	11.8
3 000	12.2	12.6	13.0	13.4	13.8	14.3	14.7	15.1	15.6	16.0
4 000	16.4	16.9	17.5	18.0	18.6	19.1	19.7	20.2	20.8	21.4
5 000	22.0	22.6	23.5	24.0	24.7	25.5	26.2	27.0	27.8	28.6
6 000	29.4	30.3	31.3	32.0	33.2	34.2	35.2	36.2	37.2	38.2
7 000	39.2	40.5	41.8	43.2	44.6	46.0	47.5	49.1	50.7	52.3
8 000	54.0	55.7	57.5	59.3	61.6	63.0	65.0	67.1	69.3	71.4
9 000	73.6	75.0	77.8	80.0	83.0	86.0	89.0	92.0	95.0	98.0
10 000	101	105	108	112	116	120	124	128	132	136
11 000	140	144	149	154	159	165	170	175	181	186
12 000	192	198	204	221	218	225	232	240	247	255
13 000	262	270	278	286	294	303	312	321	330	339
14 000	384	359	370	382	392	409	423	436	450	464
15 000	478	494	510	528	545	562	580	600		

表 1.4　D21 电工钢片磁化曲线数据表　　　　　　　　　　　　（H：A/cm）

B（高斯）	0	100	200	300	400	500	600	700	800	900
4 000	1.40	1.42	1.46	1.49	1.52	1.55	1.58	1.61	1.64	1.67
5 000	1.71	1.75	1.79	1.83	1.87	1.91	1.95	1.99	2.03	2.07
6 000	2.12	2.17	2.22	2.27	2.32	2.37	2.42	2.48	2.54	2.60
7 000	2.67	2.74	2.81	2.88	2.95	3.02	3.09	3.16	3.24	3.32
8 000	3.40	3.48	3.56	3.64	3.72	3.80	3.89	3.98	4.07	4.16
9 000	4.25	4.35	4.45	4.55	4.65	4.75	4.88	5.00	5.12	5.24
10 000	5.36	5.49	5.62	5.75	5.88	6.02	6.16	6.30	6.45	6.60
11 000	6.75	6.91	7.08	7.26	7.45	7.65	7.86	8.08	8.31	8.55
12 000	8.80	9.06	9.38	9.61	9.90	10.20	10.50	10.90	11.20	11.60
13 000	12.0	12.5	13.0	13.5	14.0	14.5	15.0	15.6	16.2	16.8
14 000	17.4	18.2	18.9	19.8	20.6	21.6	22.6	23.8	25.0	26.4
15 000	28.0	29.7	31.5	33.7	36.0	38.5	41.3	44.0	47.0	50.0
16 000	52.9	55.9	59.0	62.1	65.3	69.2	72.8	76.6	80.4	84.2
17 000	88.0	92.0	95.6	100	105	110	115	120	126	132
18 000	138	145	152	159	166	173	181	189	197	205

表 1.5　D23 电工钢片磁化曲线数据表　　　　　　　（H：A/cm）

B(高斯)	0	100	200	300	400	500	600	700	800	900
4 000	1.38	1.40	1.42	1.44	1.46	1.48	1.50	1.52	1.54	1.56
5 000	1.58	1.60	1.62	1.64	1.66	1.69	1.71	1.74	1.76	1.78
6 000	1.81	1.84	1.86	1.89	1.91	1.94	1.97	2.00	2.03	2.06
7 000	2.10	2.13	2.16	2.20	2.24	2.28	2.32	2.36	2.40	2.54
8 000	2.50	2.55	2.60	2.65	2.70	2.76	2.81	2.87	2.93	2.99
9 000	3.06	3.13	3.19	3.26	3.33	3.41	3.49	3.57	3.65	3.74
10 000	3.83	3.92	4.01	4.11	4.22	4.33	4.44	4.56	4.67	4.80
11 000	4.93	5.07	5.21	5.36	5.52	5.68	5.84	6.00	6.16	6.33
12 000	6.52	6.72	6.94	7.16	7.38	7.62	7.86	8.10	8.36	8.62
13 000	8.90	9.20	9.50	9.80	10.1	10.5	10.9	11.3	11.7	12.1
14 000	12.6	13.1	13.6	14.2	14.8	15.5	16.3	17.1	18.1	19.1
15 000	20.4	21.2	22.4	23.7	25.0	26.7	28.5	30.4	32.6	35.1
16 000	37.8	40.7	43.7	46.8	50.4	53.4	56.8	60.4	64.0	67.8
17 000	72.0	76.4	80.8	85.4	90.2	95.0	100	105	110	116
18 000	122	128	134	140	146	152	158	165	172	180

（5）计算所需的磁通势 F。

按照磁路的基尔霍夫第二定律求出所需的磁通势 $F = NI = \sum Hl$。

例 1.1　一个直流电磁铁的磁路如图 1.9 所示。π 形铁芯由 D23 硅钢片叠成，填充系数取 0.92，下部衔铁的材料为铸钢。要使气隙中的磁通为 3×10^{-3} Wb，试求所需的磁通势。若励磁绕组的匝数 $N = 1000$，则所需的励磁电流为多大？图中标注的长度单位为 cm。

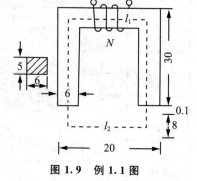

图 1.9　例 1.1 图

解：（1）从磁路的结构可知磁路可分为铁芯、衔铁和气隙三段。

（2）求各段磁路的尺寸。

铁芯的平均长度

$$l_1 = (20 - 6) \times 10^{-2} + 2 \times \left(30 - \frac{6}{2}\right) \times 10^{-2} = 0.68 \text{(m)}$$

铁芯的有效截面积

$$S_1 = KS_1' = 0.92 \times 6 \times 5 \times 10^{-4} = 2.76 \times 10^{-3} \text{(m}^2)$$

衔铁的平均长度

$$l_2 = (20 - 6) \times 10^{-2} + 2 \times \frac{8}{2} \times 10^{-2} = 0.22 \text{(m)}$$

衔铁的截面积

$$S_2 = 8 \times 5 \times 10^{-4} = 4 \times 10^{-3}(\text{m}^2)$$

气隙的平均长度

$$l_0 = 2 \times 0.1 \times 10^{-2} = 0.002(\text{m})$$

因气隙很小，忽略边缘效应，则气隙的有效截面积

$$S_0 = 6 \times 5 \times 10^{-4} = 3 \times 10^{-3}(\text{m}^2)$$

（3）求每段的磁感应强度。

$$B_1 = \frac{\Phi}{S_1} = \frac{3 \times 10^{-3}}{2.76 \times 10^{-3}} = 1.09(\text{T})$$

$$B_2 = \frac{\Phi}{S_2} = \frac{3 \times 10^{-3}}{4 \times 10^{-3}} = 0.75(\text{T})$$

$$B_0 = \frac{\Phi}{S_0} = \frac{3 \times 10^{-3}}{3 \times 10^{-3}} = 1(\text{T})$$

（4）求每段的磁场强度。

由 B_1 的值查表 1.4 得：

$$H_1 = 6.60\text{A/cm} = 660\text{A/m}$$

由 B_2 的值查表 1.2 得

$$H_2 = 6.32\text{A/cm} = 632\text{A/m}$$

计算得：

$$H_0 = 0.8 \times 10^6 B_0 = 0.8 \times 10^6 \times 1 = 8 \times 10^5(\text{A/m})$$

（5）所需的磁通势。

$$F = NI = \sum Hl = H_1 l_1 + H_2 l_2 + H_0 l_0$$
$$= 660 \times 0.68 + 632 \times 0.22 + 8 \times 10^5 \times 0.22 = 2187.84(\text{A})$$

当 $N = 1000$ 时，所需的励磁电流

$$I = \frac{F}{N} = \frac{2187.84}{1000} \approx 2.188(\text{A})$$

在实际工作中，有时会遇到这样的问题，例如一个直流电磁铁的铁芯线圈被烧坏了，需要重配一下，该怎么办呢？我们可以从该电磁铁的铭牌或说明书上找出该电磁铁的吸力 F，按照公式 $\Phi = 5000\sqrt{FS}$ 求出磁通，从磁通出发按照上述步骤即可求出相应的磁通势大小，也就确定了励磁绕组的匝数和电流大小。上式中 F 的单位为千克（kg），S 的单位为平方厘米（cm^2），Φ 的单位为 Mx。

2. 磁路的反面问题

反面问题就是已知磁通势求磁通，若直接计算磁通，一般来说是不可能的，因为磁路是非线性的，不可能把磁通势按磁路的各段分开，从而求出该段的磁场强度 H 值，所以反面问题一般是用试探法求解。即先假定一个磁通值，按照正面问题的求解方法和步骤，算出对应的磁通势，和给定的磁通势进行比较，如果求出的磁通势正好等于给定值时（允许有 1% 的误差），那么所假定的磁通就是要求的磁通，一般需要试探几次才能得出正确的结果。

如果磁路有气隙存在，由于其磁位差占总磁位差的大部分，可先按公式：

$$\Phi_0 = \frac{FS_0}{0.8 \times 10^6 l_0} \tag{1-11}$$

计算出此时的气隙磁通，为了减少试探次数，第一次试探所选取的 Φ 值应比 Φ_0 略小。

当磁路中没有气隙时，可认为磁路中各段的磁阻近似为一常数，则第一次试探所选取的 Φ 值可按下式计算：

$$\Phi = \frac{F}{R_m} = \frac{F}{\dfrac{l}{\mu S}}$$

其中，μ、l 与 S 可按磁路中某段的材料和尺寸来选取。

例 1.2 在例 1.1 的磁路中，若励磁绕组的磁通势 $F = 1800A$，试求磁路中的磁通为多少？

解： 因为磁路的材料及尺寸未变，即：

$$l_1 = 0.68m$$
$$l_2 = 0.22m$$
$$l_0 = 0.002m$$
$$S_0 = 3 \times 10^{-3} m^2$$

则气隙中的磁通：

$$\Phi_0 = \frac{FS_0}{0.8 \times 10^6 l_0} = \frac{1800 \times 3 \times 10^{-3}}{0.8 \times 10^6 \times 0.002} = 3.38 \times 10^{-3}(\text{Wb})$$

第一次取 $\Phi = 3 \times 10^{-3}$Wb 试探，由例 1.1 可知，此时算出的磁通势 $F = 2187.84A$，结果偏大。为了简便起见，将各次试探的步骤和结果列表如表 1.6 所示。

表 1.6 例 1.2 计算列表

序号	Φ ($\times 10^{-3}$Wb)	B_1(T)	B_2(T)	B_0(T)	H_1 (A/m)	H_2 (A/m)	H_0 ($\times 10^5$ A/m)	F(A)	与原磁通势比较
1	3	1.09	0.75	1	660	632	8	2 187.84	偏大
2	2.5	0.91	0.63	0.83	435	516	6.6	1 729.32	略小
3	2.56	0.93	0.64	0.85	455	525	6.8	1 784.9	相近

由上表可知，当 $\Phi = 2.56 \times 10^{-3}$Wb 时，所算得磁通势 $F = 1784.9A$，与给定值很接近，其误差为

$$\frac{1800 - 1784.9}{1800} = 0.84\% < 1\%$$

所以取解答 $\Phi \approx 2.56 \times 10^{-3}$Wb

1.4.2 交流磁路的计算

交流磁路一般是指由正弦交流电励磁的磁路，在这种磁路中，由于磁通交变，在铁芯中引起感应电动势，而产生了感应电流。感应电流在铁芯中流通，使铁芯发热，所造成的能量损耗称为涡流损耗。又因为铁芯中磁通交变，使得铁芯始终处于交变磁

化状态，而每次磁化都要消耗一部分能量，这部分由磁滞现象引起而使铁芯发热的损耗称为磁滞损耗。因为涡流损耗和磁滞损耗都表现为铁芯发热，通常把它们合称为铁芯损耗，简称铁损。

1. 涡流损耗

工程上常用下列经验公式来计算涡流损耗：

$$P_e = \sigma_e f^2 B_m^2 V \tag{1-12}$$

上式中，P_e 为涡流损耗，单位为瓦（W），σ_e 为与铁芯电导率、厚度及磁通波形有关的常数，可从相关手册中查阅；f 为频率，单位为 Hz；B_m 为磁感应强度的最大值，单位为特斯拉（T）；V 为铁芯的体积。

由上式可见，涡流损耗与磁路材料的电导率、钢片厚度等因素有关，因此在钢片中掺入硅可减小材料的导电率，再将钢片压得很薄可减小厚度，这些措施都可有效地减小涡流损耗。

2. 磁滞损耗

实践证明，运行中的电气设备磁滞损耗比涡流损耗一般要大二至三倍，因此，更应注意磁滞损耗的影响。工程中常用下列经验公式来计算磁滞损耗：

$$P_h = \sigma_h f B_m^n V \tag{1-13}$$

上式中，P_h 为磁滞损耗，单位为瓦（W），σ_h 为与材料性质有关的系数，可由实验确定，也可从有关手册中查阅；f 为频率，单位为 Hz；B_m 为磁感应强度的最大值，单位为特斯拉（T）；指数 n 与 B_m 有关，当 $B_m < 1\text{T}$ 时，$n \approx 1.6$；$B_m > 1\text{T}$ 时，$n \approx 2$，V 为铁芯的体积。为了减少磁滞损耗，一般选择软磁材料作铁芯。

在电机、变压器等的设计、计算与测试中，一般都没有必要单独求出涡流损耗和磁滞损耗，而常常是计算和测量总的铁损，铁损常按下列经验公式计算：

$$P_{Fe} = P_{\frac{10}{50}} \left(\frac{B}{10000}\right)^2 \left(\frac{f}{50}\right)^{1.3} \text{W/kg} \tag{1-14}$$

上式中，B 的单位为高斯（Gs）；$P_{\frac{10}{50}}$ 称为损耗系数，是指 1kg 的硅钢片，当 $f = 50\text{Hz}$、$B_m = 10^4\text{Gs}$ 时的铁损，其数值与钢片型号和厚度有关，如表 1.7 所示。

表 1.7　损耗系数与钢片型号、厚度的关系

钢片型号	钢片厚度（mm）	$P_{\frac{10}{50}}$
D12	0.5	2.8
D21	0.5	2.5
D31	0.5	2.0
D42	0.5	2.4
D44	0.35	1.2

3. 交流铁芯线圈

由于交流铁芯线圈的电流是变化的，引起了感应电动势，电路中的电压、电流关系还与磁路情况有关，影响交流铁芯线圈工作的因素有：铁芯的磁饱和、磁滞现象、涡流现象、漏磁通、线圈电阻等，下面分两种情况来讨论这些因素的影响。

（1）只考虑磁饱和的情况。

理论和实践都证明，铁芯线圈的电压为正弦量时，磁通也为正弦量，但由于磁饱和的影响，磁化电流不是一个正弦量，其波形为尖顶波。工程上分析交流铁芯线圈，都采用等效的正弦波来代替非正弦的磁化电流，所谓等效，即频率相同，有效值和平均功率都要相等。这样，就可以运用正弦交流电路中的相量法和相量图去分析铁芯线圈电路。若设主磁通的最大值相量为：
$$\dot{\Phi}_m = \Phi_m \angle 0°$$

则电压的有效值相量为：
$$\dot{U}_0 = j4.44fN\dot{\Phi}_m \tag{1-15}$$

感应电动势的有效值相量为：
$$\dot{E} = -j4.44fN\dot{\Phi}_m \tag{1-16}$$

磁化电流的等效正弦量的相量为：
$$\dot{I}_M = I_M \angle 0°$$

相量图如图 1.10 所示。此时铁芯线圈的端电压刚好超前电流的相位差 90°，所以这时可把铁芯线圈看成一个纯电感元件 L_e，$X_e = \omega L_e$ 叫做铁芯线圈的等效电抗。

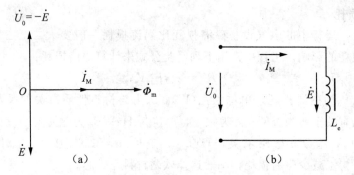

图 1.10 磁饱和情况下的相量图和等效电路

（2）考虑线圈电阻及漏磁通的情况。

考虑线圈电阻 R 时，一方面要引起电压 U_R，第二要产生功率 I^2R，使铁芯线圈的总损耗为 $P = P_{Fe} + I^2R$，通常把 I^2R 称为铜损。

考虑漏磁通时，漏磁通主要通过空气闭合，因此可认为漏磁通磁路的磁阻为常数，但是变化的漏磁通也产生了感应电动势，引用漏磁电感和漏磁电抗，则此时铁芯线圈的电压相量为 $\dot{U}_0$，相量图如图 1.11 所示，其中，无功分量 $\dot{I}_M$ 相当于产生主磁通的励磁分量，而与 $-\dot{E}$ 同相的 $\dot{I}_a$ 分量叫做有功分量，它相当于铁损引起的损耗分量。φ 为电压与电流之间的相位差，应满足如下关系：

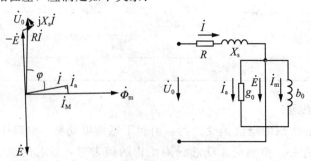

图 1.11 考虑线圈电阻及漏磁通情况下的相量图和等效电路

$$\cos \varphi = \frac{P}{U_0 I} \tag{1-17}$$

图中，g_0 叫做励磁电导，b_0 叫做励磁电纳，此时：

$$\dot{U}_0 = -\dot{E} + R\dot{I} + jX_s\dot{I} \tag{1-18}$$

例 1.3   已知铁芯线圈的电阻 $R = 1\Omega$，漏磁电抗 $X_s = 2\Omega$，当外加工频正弦电压 $U_0 = 220V$ 时，测得线圈的电流 $I = 5A$，功率 $P = 200W$，试求铁芯损耗、主磁通产生的感应电动势及励磁电流 I_M，并作出相量图。

解：(1)铁芯线圈的铜损为

$$P_R = I^2 R = 5^2 \times 1 = 25 (W)$$

则铁损为

$$P_{Fe} = P - P_R = 200 - 25 = 175 (W)$$

(2)设

$$\dot{I} = I \angle 0° = 5 \angle 0° (A)$$

因为 $\cos \varphi = \dfrac{P}{U_0 I} = \dfrac{200}{220 \times 5} = 0.18$

故 $\varphi = \arccos 0.18 = 79.9°$

则 $\dot{U}_0 = U_0 \angle \varphi = 220 \angle 79.9° (V)$

所以 $-\dot{E} = \dot{U}_0 - \dot{I}(R + jX_s) = 220 \angle 79.9° - 5(1 + j2) = 208.49 \angle 80.4° V$

即主磁通产生的感应电动势的有效值

$$E = 208.49V$$

(3)励磁电流 $I_M = I\sin 80.4° = 5 \times \sin 80.4° = 4.92 (A)$

各相量之间的关系如相量图 1.12 所示。

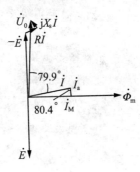

图 1.12   例 1.3 图

本 章 小 结

1. 描述磁场的基本物理量有：磁感应强度 B；磁通 Φ；磁导率 μ 和相对磁导率 μ_r；磁场强度 H。它们之间的关系是：

$$\Phi = BS; \ \mu = \frac{B}{H}; \ \mu_r = \frac{\mu}{\mu_0}$$

2. 铁磁材料的磁性能有：高导磁性；磁饱和性；磁滞性。

高导磁性体现为铁磁材料的磁导率 μ 比弱磁性物质大得多。

磁饱和性使得 $B-H$ 关系为非线性关系，磁导率 μ 也不是常数。

磁滞性使得铁磁材料磁化后若去掉外磁场，还具有剩磁。按磁滞回线的形状，可将铁磁材料分为软磁材料、硬磁材料和矩磁材料。铁磁材料在磁化时还有铁芯损耗。

3. 磁路的基本定律有：磁路的基尔霍夫第一定律、磁路的基尔霍夫第二定律和磁路的欧姆定律。

磁路的基尔霍夫第一定律：磁路的任一节点所连各支路磁通的代数和恒等于 0。即 $\sum \Phi = 0$

磁路的基尔霍夫第二定律：磁路的任一回路中，各段磁位差的代数和恒等于各段磁通势的代数和。即 $\sum U_m = \sum F$

磁路的欧姆定律：一段磁路的磁阻 $R_m = \dfrac{l}{\mu S}$

$$\Phi = \frac{U_m}{R_m}$$

即无分支磁路的磁通 Φ 与磁位差 U_m 成正比，与磁阻成反比。

4. 简单磁路的计算：直流磁路正面问题和反面问题的计算、交流磁路的计算。

直流磁路的正面问题就是已知磁通求磁通势，一般解题步骤如下：

(1)将磁路分成横截面积相等、材料相同的各段。

(2)计算各段磁路的横截面积 S 和磁路的平均长度 l。

(3)由已知磁通用公式 $B = \dfrac{\Phi}{S}$ 分别求出各段磁感应强度的大小。

(4)按照 B 采用不同的方法分别求出铁芯和气隙各段的磁场强度 H。

(5)按照磁路的基尔霍夫第二定律计算所需的磁通势 $F = NI = \sum Hl$。

直流磁路的反面问题就是已知磁通势求磁通，一般是用试探法求解。即先假定一个磁通值，按照正面问题的求解方法和步骤，算出对应的磁通势，和给定的磁通势进行比较，一般需要试探几次才能得出正确的结果。如果磁路有气隙存在，第一次可取略小于 Φ_0 的值进行试探。

交流磁路的计算主要通过相量法和相量图来求解。主要公式有：

$$\dot{U}_0 = -\dot{E} = j4.44fN\dot{\Phi}_m$$

或者
$$\cos\varphi = \frac{P}{U_0 I}$$

$$\dot{U}_0 = -\dot{E} + R\dot{I} + jX_s\dot{I}$$

>>> 思考题与习题

1.1　变压器的铁芯通常用什么材料制成？有什么好处？

1.2　磁场中有一根与磁场方向垂直的短导线，长 0.5cm，当通入 0.3A 的电流时，所受磁力为 3×10^{-4} N，试求该处磁感应强度的大小。

1.3　某磁路的气隙长 $l_0=2$ mm，$S_0=20$ cm^2，求它的磁阻。若气隙中的磁通为 40 000Mx，试求其磁位差。

1.4　已知磁路如图 1.13 所示，材料均为 D23 电工钢片，若不考虑填充系数与边缘效应，求在该磁路要得到磁通 $\Phi = 5\times10^{-3}$ Wb 所需的磁通势（图中单位均为厘米）。

1.5　已知磁路如图 1.14 所示，材料为 D21 电工钢片叠成，设钢片的填充系数 $K=0.92$，气隙磁通为 16×10^4 Mx，如果考虑气隙的边缘效应，则线圈磁通势为多少（图中单位均为厘米）？

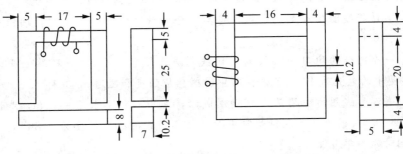

图 1.13　　　　　　　　　　　图 1.14

1.6　涡流损耗和磁滞损耗分别是什么原因引起的？它们的大小与哪些因素有关？

1.7　有一交流铁芯线圈，接在 220V、50Hz 的正弦交流电源上，线圈的匝数为 1 000匝，铁芯的横截面积为 20cm^2，求铁芯中磁通的最大值和磁感应强度的最大值是多少？

1.8　一个边长为 5cm 的正方形线圈放在 $B=0.5$ T 的匀强磁场中，线圈平面与磁场方向垂直，试求穿过该线圈的磁通为多大？若将该线圈倾斜，使其法线方向与磁场方向夹角为 $60°$，则此时磁通又为多少？

1.9　有一线圈匝数为 1 200 匝，套在铸钢制成的闭合铁芯上，铁芯的横截面积为 45cm^2，长度为 200cm，求：

(1)若要在铁芯中产生 0.003Wb 的磁通，线圈上应通入多大的直流电？

(2)若在铁芯中通入 2.5A 的电流，则铁芯中的磁通是多大？

1.10　一个 40W 日光灯镇流器的铁芯截面为 50cm^2，接在 220V、50Hz 的正弦交流电源上，铁芯中磁感应强度的最大值为 1.09T，忽略线圈电阻和漏磁通，试求线圈的匝数。

1.11 两个铁芯线圈，它们的铁芯材料、匝数和磁路的平均长度都相等，但横截面积 $S_1 > S_2$，试问当绕组中通过相同的直流电时，哪个铁芯中的磁感应强度更大？

1.12 把一个有气隙的铁芯线圈接到电压不变的直流电压源，改变气隙的大小，试问线圈中的电流和铁芯中的磁通怎么变化？若接到电压不变的正弦电压源又怎样？

1.13 铁磁材料如何分类？各有什么作用？

1.14 在图 1.15 画出的电磁铁磁路中，已知铁芯由 D23 电工钢片迭成，衔铁由铸钢制成，图中的尺寸单位为厘米，当磁通势为 2 000A 时，求气隙磁通为多少？

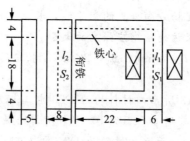

图 1.15

1.15 某铁芯线圈在频率 50Hz 的正弦交流电作用下，铁芯中交变磁通的最大值 $\Phi_m = 2.25 \times 10^5 \text{Mx}$，若想得到 100V 的电动势，则线圈的匝数应为多少？

1.16 当铁芯线圈接入交流电后，将其闭合的铁芯锯开一个缺口，问线圈中的电流会发生什么变化？

1.17 一个闭合的均匀铁芯线圈由铸铁制成，匝数为 1 000，磁路的平均长度为 100cm，线圈中的电流为 1A，试求铁芯中的磁感应强度和磁通。

1.18 一环形线圈的铁芯是由硅钢制成的，其中心线周长 $l = 40\text{cm}$，线圈匝数为 560 匝，通入 0.5A 的电流，测得此时中心线上各点的磁感应强度为 0.88T，试求此硅钢材料的相对磁导率 μ_r。

第2章　变压器

1. 变压器的基本结构、原理参数及应用。
2. 变压器的运行特性。
3. 变压器的连接组别及参数测定。
4. 其他特殊的变压器。

1. 熟悉变压器结构，理解参数。
2. 掌握变压器原理及运行特性。
3. 知道变压器参数测定方法和特殊变压器特点原理和应用。

▶ 2.1　变压器工作原理与结构

2.1.1　变压器用途及分类

1. 变压器用途

变压器是一种静止的电气设备，它根据电磁感应原理，将某一等级的交流电转换为同频率的另一等级的交流电，实现电能的传递和分配及控制，具有变换电压、电流、阻抗作用，因此变压器在电力系统输配电及电子技术和测量等焊接领域得到广泛的应用。

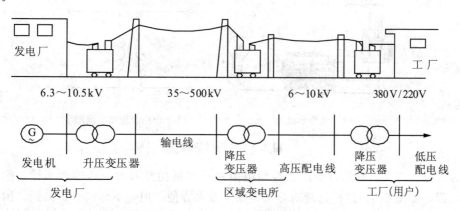

图2.1　电力系统输电示意图

在电力系统中，变压器是输配电能的主要设备，具有升压降压的作用如图2.1所示。电能是从发电厂产生的经输配电网送到各地，传输距离遥远电能在传输网中有能量损耗，为了减少损耗都通过高压输电，以减小输电线电流来减少损耗，一般将发电厂产生的交流电压经升压变压器升高，然后经高压传输导线输送到各地的变压站，再经降压变压器降压到用户需要的各种等级的交流电。我们国家规定的高压线路电压等级为 110kV、220kV、330kV 及 500kV、750kV 等，而用户常用的电压等级 380V、220V、36V 等，因此变压器对电能的经济传输，灵活分配和安全使用起重要作用。

另外变压器在测量中将不能直接测量的交流高压大电流变换为可用常规仪表可直接测量的低压小电流，如各种电压、电流互感器等就是变压器的应用实例。

在电子线路中变压器作为隔离传输传感耦合及阻抗变换得到广泛应用。

2. 变压器分类

变压器的类型很多，具体分类如下：

(1)按照用途分：电力变压器、调压变压器、仪用互感器(电流互感器和电压互感器)、特种变压器(整流变压器、电炉变压器、高压试验变压器、小容量控制变压器、矿用变压器、船用变压器)、调压器。

(2)按照绕组数目分：双绕组变压器、三绕组变压器、多绕组变压器、自耦变压器。

(3)按照相数分：单相变压器、三相变压器、多相变压器。

(4)按照冷却方式分：干式变压器、充气变压器、油浸式变压器(按照冷却条件，又可细分为自冷、风冷、水冷、强迫油循环风冷、强迫油循环水冷变压器)。

(5)按照调压方式分：无载调压变压器、有载调压变压器、自动调压变压器。

(6)变压器按铁芯结构分为两种：芯式和壳式。

2.1.2 变压器的工作原理

1. 变压器变压原理

我们以单相变压器为例介绍变压器的工作原理，如图 2.2 所示。

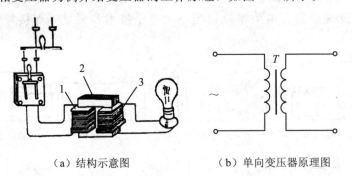

（a）结构示意图　　　　　（b）单向变压器原理图

图 2.2　变压器原理

为了分析方便，我们将变压器绕组电阻及铁芯损耗及漏磁通等因素不计，称为理想变压器，如图 2.3。这样处理对分析带来了极大方便，但并不影响分析结果。因此下面我们来分析变压器的原理。

在初级绕组(又称一次绕组或原级)加入交流电压 u_1 时，在初级就会产生交流电流，产生交变磁通，且磁通沿铁芯形成闭合磁路。因铁芯磁阻很小，因此只有很小部分通过空气后回到铁芯，我们称漏磁通。交流磁通几乎通过铁芯内部形成磁路，称之为主磁通 Φ_m，它通过一次侧和二次侧绕组(又称副级绕组)。

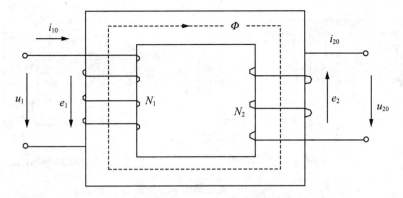

图 2.3   理想变压器空载原理图

主磁通通过一、二次侧，即穿过初级和次级和绕组，则根据电磁感应定律可知，在一、二次侧绕组会产生感生电动势，设初级匝数为 N_1，次级为 N_2，则各绕组产生感生电动势数学表达式为：

$$E_1 = 4.44 f N_1 \Phi_m$$
$$E_2 = 4.44 f N_2 \Phi_m$$

因为是理想变压器，所以感应电动势等于端电压。但方向相反。

即：
$$U_1 = E_1 = 4.44 f N_1 \Phi_m \tag{2-1}$$
$$U_2 = E_2 = 4.44 f N_2 \Phi_m \tag{2-2}$$

或：
$$\frac{U_1}{U_2} = \frac{N_1}{N_2} = K_u \tag{2-3}$$

其中 u_1、u_2 为交流电压瞬时值。U_1、U_2 为有效值，K_u 为变压器的电压变比，即初级与次级匝数之比。通过上式可看出，当输入电压一定时，就可在次级得到所需交流电压。其大小由上式确定。即当 N_1 比 N_2 大于 1 时，即 N_1 大于 N_2 或初级匝数大于次级时，为降压变压器；反之则为升压变压器。交流电能从一次侧传递到二次侧，供负载使用，因为一、二次绕组之间没有直接电的连接，电能是通过磁场传递，因此变压器也具有能量传递和隔离的作用。以后我们为了分析方便起见，用变压器电路原理图说明，如图 2.2(b) 所示。

2. 变压器电流变换原理

变压器在变压使用时，实现能量传递作用，电能传输后不会增加。如果忽略损耗，根据能量守恒定律变压器输入电功率 P_1 等于副边输出电功率 P_2 即 $P_1 = P_2$，有如下关系

$$\frac{I_1}{I_2} = \frac{U_2}{U_1} = \frac{N_2}{N_1} = \frac{1}{K_u} = K_i \tag{2-4}$$

上式表明，变压器工作时，电流之比与电压或匝数之比成反比关系。但一次侧电流大小由二次侧的负载电流大小决定，K_i 为电流变比。

3. 阻抗变换原理

变压器不但可以变换电压电流，而且还有阻抗变换作用。如图 2.4 所示。

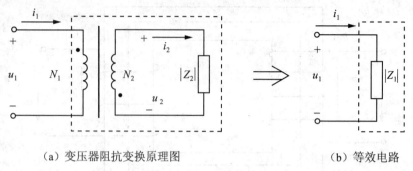

（a）变压器阻抗变换原理图　　　　　　　　（b）等效电路

图 2.4　变压器阻抗变换图

当变压器副边的负载阻接模为 $|Z_2|$，对于电源端，Z_1 为虚线框内的变压器与负载等效阻抗，则有：

$$\frac{|Z_1|}{|Z_2|} = \frac{U_1}{I_1} \times \frac{I_2}{U_2} = \left(\frac{N_1}{N_2}\right)^2 = K_u^2$$

即：
$$|Z_1| = K_u^2 |Z_2| \tag{2-5}$$

例 2.1　某车间用变压器对 40 盏"36V、40W"电灯供电，设变压器的原线圈为 1 320 匝，接在 220V 照明线路上，问：副线圈应为几匝，能使各个灯正常发光？此时原、副线圈的电流为多少？

解： 变压器副线圈的电压 $U_2 = 36\text{V}$，由 $\dfrac{U_1}{U_2} = \dfrac{N_1}{N_2}$ 可得

副线圈匝数　　　$N_2 = \dfrac{U_2}{U_1}N_1 = \dfrac{36}{220} \times 1\,320 = 216（匝）$

副线圈输出的总功率等于 40 盏电灯功率之和，即：

$$P_2 = 40 \times 40\text{W} = 1\,600\text{W}$$

所以，副线圈的电流和原线圈的电流分别为：

$$I_2 = \frac{P_2}{U_2} = \frac{1\,600}{36}\text{A} = 44.44\text{A}$$

$$I_1 = \frac{P_1}{U_1} = \frac{P_2}{U_1} = \frac{1600}{220}\text{A} = 7.27\text{A}$$

这说明负载阻抗 Z 经过变压器后，阻抗扩大了 K 的平方倍，在电子线路中，应用变压器进行阻抗变换，来实现负载获得足够大的功率。（要得到最大功率，负载阻抗应与其输出电阻相匹配。）

2.1.3　变压器的基本结构

虽然变压器种类很多，用途各异，但其结构大致相同。最简单的变压器由一个闭合的软磁铁芯及两个绕在铁芯上的相互绝缘的绕组构成，为单相变压器，如图 2.3 所示。按铁芯和绕组的组合结构，通常又把变压器分为芯式和壳式两种，如图 2.5 所示。芯式变压器的绕组套在铁芯柱上，如图 2.5(a)所示，结构较简单，绕组的装配和绝缘都比较方便，且用铁量少，因此多用于容量较大的变压器，如电力变压器；壳式变压器的铁芯把绕组包围在中间，如图 2.5(b)所示，故不要专门的变压器外壳，但它的制造工艺复杂，用铁量较多，常用于小容量的变压器中，如电子线路中的变压器多采用壳式结构。

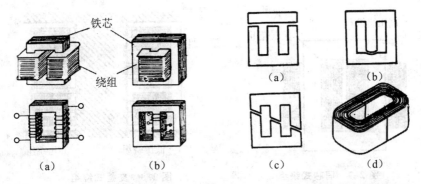

图 2.5　变压器结构　　　　　图 2.6　变压器铁芯形式

1. 铁芯

铁芯是变压器磁路部分，为了减小涡流及磁滞损耗，铁芯一般采用厚 0.35～ 0.5mm 的硅钢片叠成，其表面涂有绝缘漆，使各片之间绝缘，其结构可分为两种：芯式，壳式铁芯。对单相小容量的变压器的铁芯一般采用各种不同形状的硅钢片叠合而成，常用有 F 型、E 型、日字型等及 C 型如图 2.6 所示。

2. 线圈

变压器线圈常称为绕组，是变压器电路部分，常用表面绝缘的漆包线绕制而成。容量较大的变压器一般采用绝缘的铜线或铝线绕制，我们把与电源连接的绕组称为初级绕组或原绕组，与负载连接的绕组称作次级或副绕组。根据不同的需要，一个变压器原边可有一个或几个初级，副边也可有一个或多个次级。

在变压器中，接到高压电网的绕组称高压绕组，接到低压电网的绕组称低压绕组。按高压绕组和低压绕组的相互位置和形状不同，绕组可分为同芯式和交叠式两种。变压器工作时绕组会存在电流的热效应以及铁芯的涡流，使变压器温度升高，发热，如果温度太高会使变压器的性能变差、寿命缩短、甚至烧坏变压器。因此必须对容量大的变压器要进行冷却降温。一般采用油浸自冷，油浸风冷或油循环冷却等方式。

（1）同芯式绕组。

同芯式绕组是将高、低压绕组同芯地套装在铁芯柱上，如图 2.7 所示。为了便于与铁芯绝缘，把低压绕组套装在里面，高压绕组套装在外面。对低压大电流大容量的变压器，由于低压绕组引出线很粗，也可以把它放在外面。高、低压绕组之间留有空隙，可作为油浸式变压器的油道，既利于绕组散热，又作为两绕组之间的绝缘。

同芯式绕组按其绕制方法的不同又可分为圆筒式、螺旋式和连续式等多种。同芯式绕组的结构简单、制造容易，常用于芯式变压器中，这是一种最常见的绕组结构形式，国产电力变压器基本上均采用这种结构。

（2）交叠式绕组。

交叠式绕组又称饼式绕组，它是将高压绕组及低压绕组分成若干个线饼，沿着铁芯柱的高度交替排列。为了便于绝缘，一般最上层和最下层安放低压绕组，如图 2.8 所示。交叠式绕组的主要优点是漏抗小、机械强度高、引线方便。这种绕组形式主要用在低电压、大电流的变压器上，如容量较大的电炉变压器、电阻电焊机(如点焊、滚焊和对焊电焊机)变压器等。

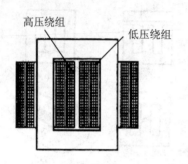

图 2.7　同芯式绕组

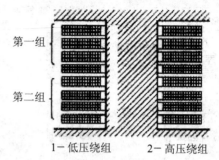

1—低压绕组　　2—高压绕组

图 2.8　交叠式绕组

3. 电力变压器的结构简介

在三相电力变压器中，目前使用最广的是油浸式电力变压器，它主要由铁芯、绕组、油箱和冷却装置、保护装置等部件组成，其外形如图 2.9 所示，现简介如下：

铁芯是三相变压器的磁路部分，与单相变压器一样，它也是由 0.35mm 厚的硅钢片叠压（或卷制）而成，新型电力变压器铁芯均用冷轧晶粒取向硅钢片制作，以降低其损耗。三相电力变压器铁芯均采用芯式结构。

绕组是三相电力变压器的电路部分。一般用绝缘纸包的扁铜线或扁铝线绕成，绕组的结构形式与单相变压器一样有同芯式绕组和交叠式绕组。当前新型的绕组结构为箔式绕组电力变压器，绕组用铝箔或铜箔氧化技术和特殊工艺绕制，使变压器整体性能得到较大的提高，我国已开始批量生产。

由于三相变压器主要用于电力系统进行电压变换，因此其容量都比较大，电压也比较高，为了铁芯和绕组的散热和绝缘，均将其置于绝缘的变压器油内，而油则盛放在油箱内，如图 2.9 所示。为了增加散热面积，一般在油箱四周加装散热装置，老型号电力变压器采用在油箱四周加焊扁形散热油管，见图 2.9。新型电力变压器以采用片式散热器散热为多。容量大于 10 000 kV·A 的电力变压器，采用风吹冷却或强迫油循环冷却装置。

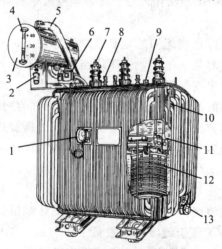

图 2.9　电力变压器结构

1—信号式温度计；2—吸湿器；3—储油柜；4—油表；5—安全气道；6—气体继电器；
7—高压套管；8—低压套管；9—分接开关；10—油箱；11—铁芯；12—线圈；13—放油阀门

较多的变压器在油箱上部还安装有储油柜，它通过连接管与油箱相通。储油柜内的油面高度随变压器油的热胀冷缩而变动。储油柜使变压器油与空气的接触面积大为减小，从而减缓了变压器油的老化速度。新型的全充油密封式电力变压器则取消了储油柜，运行时变压器油的体积变化完全由设在侧壁的膨胀式散热器（金属波纹油箱）来补偿，变压器端盖与箱体之间焊为一体，设备免维护，运行安全可靠，在我国以 S10 系列低损耗电力变压器为代表，现已开始批量生产。

气体继电器，在油箱和储油柜之间的连接管中装有气体继电器，当变压器发生障时，内部绝缘物汽化，使气体继电器动作，发出信号或使开关跳闸。

防爆管（安全气道）。装在油箱顶部，它是一个长的圆形钢筒，上端用酚醛纸板密封，下端与油箱连通。若变压器发生故障，使油箱内压力骤增时，油流冲破酚醛纸板，以免造成变压器箱体爆裂。近年来，国产电力变压器已广泛采用压力释放阀来取代防爆管，其优点是动作精度高，延时时间短，能自动开启及自动关闭，克服了停电更换防爆管的缺点。

2.1.4　变压器的额定值与主要系列

1. 额定值

变压器的额定值是制造厂根据国家技术标准，对变压器长期正常可靠运行所制订的限制参数。额定值通常标注在变压器的铭牌上，故又称铭牌值。为了正确选择和使用变压器，必须了解和掌握其额定值。变压器的额定值主要包括额定电压、额定电流、额定容量、阻抗电压和额定频率。

（1）额定电压 U_{1N}、U_{2N}。

变压器原绕组的额定电压是其绝缘强度和允许发热所规定的一次侧应加的正常工作电压有效值，用符号 U_{1N} 表示。电力系统中，副绕组的额定电压 U_{2N} 是指在变压器空载以原绕组加额定电压 U_{1N} 时，副绕组两端端电压的有效值。在仪器仪表中，U_{2N} 通常指在变压器原边施加额定电压，副边接额定负载时的输出电压有效值。

（2）额定电流 I_{1N}、I_{2N}。

额定电流是指变压器连续运行时原、副绕组允许通过的最大电流有效值，用 I_{1N} 和 I_{2N} 表示。一次侧的额定电流值 I_{1N} 是指变压器在额定条件下一次侧中允许长期通过的最大电流值。二次侧的额定电流值 I_{2N} 是指变压器在额定情况下二次侧中允许长期通过的最大电流值。

（3）额定容量 S_N。

S_N 是指二次侧的额定电压与额定电流的乘积，即二次侧的额定视在功率。

$$S_{N单} = U_{1N}I_{1N} = U_{2N}I_{2N}$$

$$S_{N三} = \sqrt{3}U_{1N}I_{1N} = \sqrt{3}U_{2N}I_{2N}$$

额定容量实际上是变压器长期运行时允许输出的最大有功功率，它反映了变压器所传送电功率的能力，但变压器实际使用时的输出功率则取决于负载的大小和性质。即使副边正好是额定电压和额定电流，也只有在功率因数为 1 时输出功率等于额定容量。一般情况下，变压器的实际输出有功功率小于额定容量。

（4）阻抗电压（又称短路电压）$U_d\%$。

阻抗电压是指将变压器副绕组短路，在原绕组通入额定电流时加到原绕组上的电压值。常用该绕组额定电压的百分数表示阻抗电压 $U_d\%$。电力变压器的阻抗电压一般为 5% 左右。$U_d\%$ 越小，变压器输出电压 U_2 随负载变化的波动就越小。

（5）额定频率 f_N。

额定频率 f_N 是指变压器应接入的电源频率。我国电力系统的标准频率为 50 Hz。

2. 主要系列

（1）变压器型号。

型号表示了变压器结构特点、额定容量及高低压侧电压等级。

旧型号 SJL—560/10 含义为：

S—三相，D—单相，J—油浸自冷，F—风冷，G—干式，S—水冷；L—铝线，P—强迫油循环；560—表示额定容量(kVA)，10—高压侧电压(kV)。

新型号 S7—500/10 含义为：三相电力变压器第 7 设计序号。额定容量 500kVA，U_{IN} 为 10kV（高压侧），S9—80/10，表示第 9 设计序号，额定容量为 80kVA，高压侧10kV；SZ9 表示有载调压三相电力变压器；S9—M—代表全密封三相电力变压器。

（2）变压器主要系列。

我国已生产多种系列电力变压器，主要包括如下。

①SJ6 系列。是 SJ1 系列的改进型，铁芯采用 0.35 毫米冷轧硅钢片，高压侧无励磁调压开关。

②SJL 系列。采用铝导线绕制的油浸式变压器，铁芯采用 D43 热轧硅钢片。

③SJL1 系列。是 SJL 系列改进型，铁芯用 D330 冷轧硅钢片，空载损耗下降，质量减轻。

④S7 系列。是 20 世纪 80 年代推广的低功耗电力变压器，铁芯采用优质冷轧硅钢片，铁芯的结构较以前的改进了，可有载或无载调压，但目前已经停止生产不允许使用。

⑤S9 系列。是 20 世纪 90 年代后期生产的，铁芯质量更好，接缝工艺改进，绕组结构更合理，损耗下降性能提高，是 S7 的替代品。

⑥S10—Mba 系列。全密封膨胀散热节能变压器，较 S9 系列性能更好，可靠性更高，得到广泛应用。

还有干式变压器，引进国外技术真空树脂浇注，无变压器油，体积小，质量轻，性能更优。

▶ 2.2　变压器的空载运行

2.2.1　空载运行的电磁关系

变压器的一次侧接在额定电压的交流电源上，二次侧开路（不接负载），这种运行方式称为空载运行。其工作原理如图 2.10 所示。

图中所标 u_1 为一次侧电压即电源电压，u_{20} 为空载时二次侧输出电压；N_1 和 N_2 分别为一次侧和二次侧的绕组匝数。

一次侧加上正弦电压 u_1 后，一次侧中便有交变电流 i_0 通过，i_0 称为空载电流。空载

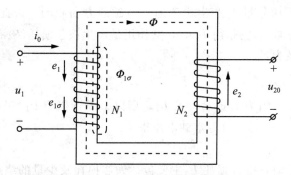

图 2.10 单相变压器的空载运行图

电流通过一次侧在铁芯中产生正弦交变的磁通，其中，大部分沿铁芯闭合且同时与一次、二次侧交链的磁通，称为主磁通 Φ，在一、二次侧感应电动势 E_1、E_2 但另外还有很少的一部分磁通沿一次侧周围的空间闭合，不与二次侧相交链，称为漏磁通 $\Phi_{1\sigma}$，它在一次侧产生的感生电动势称为漏抗电动势 $E_{1\sigma}$，对应的漏电抗用 X_1 表示。设各量的正方向按通用的法则确定，则空载时的电磁关系：

$$\dot{U}_1 \longrightarrow \dot{I}_0 \longrightarrow \dot{F}_0 = N_1\dot{I}_0 \longrightarrow \begin{bmatrix} \dot{\Phi}_0 \longrightarrow \begin{matrix} \dot{E}_2 \\ \dot{E}_1 \end{matrix} \\ \dot{\Phi}_{1\sigma} \longrightarrow \dot{E}_{1\sigma} \end{bmatrix}$$
$$\longrightarrow R_1\dot{I}_0$$

假定主磁通按正弦规律变化，即：

$$\Phi = \Phi_{\mathrm{m}} \sin \omega t$$

根据电磁感应定律和对正方向规定，一、二次绕组中感应电动势的瞬时值为：

$$e_1 = -N_1 \frac{\mathrm{d}\Phi}{\mathrm{d}t} = -\omega N_1 \Phi_{\mathrm{m}} \cos \omega t = \sqrt{2} E_1 \sin(\omega t - 90°)$$

$$e_2 = -N_2 \frac{\mathrm{d}\Phi}{\mathrm{d}t} = -\omega N_2 \Phi_{\mathrm{m}} \cos \omega t = \sqrt{2} E_2 \sin(\omega t - 90°)$$

$$e_{1\sigma} = -N_1 \frac{\mathrm{d}\Phi_{1\sigma}}{\mathrm{d}t} = -\omega N_1 \Phi_{1\sigma\mathrm{m}} \cos \omega t = \sqrt{2} E_{1\sigma} \sin(\omega t - 90°)$$

其有效值为：

$$E_1 = \frac{\omega N_1 \Phi_{\mathrm{m}}}{\sqrt{2}} = 4.44 f N_1 \Phi_{\mathrm{m}}$$

$$E_2 = \frac{\omega N_2 \Phi_{\mathrm{m}}}{\sqrt{2}} = 4.44 f N_2 \Phi_{\mathrm{m}}$$

$$E_{1\sigma} = \frac{\omega N_1 \Phi_{1\sigma\mathrm{m}}}{\sqrt{2}} = 4.44 f N_1 \Phi_{1\sigma\mathrm{m}}$$

2.2.2 空载电流和空载损耗

1. 空载电流

变压器空载运行时原绕组中的电流 I_0 称为空载电流，主要用来产生磁场，它包含两个分量，一个是无功分量 I_P 产生主磁通，与磁通方向相同，因此又称为励磁电流；另一个分量是有功分量 I_{Fe} 它超前 I_P 90°，其作用是产生铁芯损耗（磁滞和涡流损耗），称为铁损耗，它们关系为：

$$\dot{I}_0 = \dot{I}_p + \dot{I}_{Fe}$$

在电力变压器中，因为 I_P 远远大于 I_{Fe}，所以 I_0 就近似等于励磁电流，一般 I_0 为一次侧额定电流的 $2\% \sim 10\%$，可见空载电流很小。

2. 空载损耗

变压器空载运行时，空载损耗 P_0 主要包括铁芯损耗及少量的绕组铜损，由于 I_0 及 R_1（一次绕组电阻）很小，因此铜损也很小，故 $P_0 \approx I_{Fe}$，对电力变压器而言，空载损耗不超过变压器容量 1%，且随着变压器容量增大而减小。

2.2.3 空载时的电动势方程、等效电路和向量图

1. 空载时的电势方程

根据图 2.10 对正方向的规定，可以得到空载时电动势平衡方程式：

$$\dot{U}_1 = -\dot{E}_1 - \dot{E}_{1\sigma} + \dot{I}_0 R_1$$

将漏感电动势写成压降的形式：

$$\dot{E}_{1\sigma} = -\mathrm{j}\omega L_{1\sigma}\dot{I}_0 = -\mathrm{j}X_1\dot{I}_0$$

上式可以写为：

$$\dot{U}_1 = -\dot{E}_1 + \dot{I}_0 R_1 + \mathrm{j}X_1\dot{I}_0 = -\dot{E}_1 + \dot{I}_0 Z_1 \tag{2-6}$$

式中：$Z_1 = R_1 + \mathrm{j}X_1$——原绕组的漏阻抗。

在副边，由于电流为零，则副边的感应电动势等于副边的空载电压，即：

$$\dot{U}_{20} = \dot{E}_2$$

2. 等效电路

由前面分析可知，漏磁通在一次侧感应的漏电动势 $\dot{E}_{1\sigma}$ 在数值上可用 $\dot{I}_0$ 在漏电抗 X_1 上产生的压降表示；同理主磁通在一次侧感应的电动势 $\dot{E}_1$ 也可以用 $\dot{I}_0$ 在某一电抗 X_m 上产生的压降表示，考虑到变压器铁芯产生铁损耗，因此要引入一个电阻 R_m，故有：

$$\dot{U}_1 = -\dot{E}_1 + \dot{I}_0 R_1 + \mathrm{j}X_1\dot{I}_0 = -\dot{E}_1 + Z_1\dot{I}_0 = \dot{I}_0(R_m + \mathrm{j}X_m) + \dot{I}_0(R_1 + \mathrm{j}X_1) \tag{2-7}$$

根据上式画出如图 2.11 所示等效电路。

由于此电路反映了变压器空载运行内部的电磁关系，因此称之为变压器空载运行的等效电路，在工程中，对分析变压器运行很有效。

3. 空载运行的向量图

为了直观表示变压器各个物理量间的关系，在复平面上将变压器各个物理量用向量的形式来表示称为变压器的运行向量图。

根据式(2-7)可画出如图 2.12 所示变压器空载运行的向量图。画法如下：

做向量图要点，以主磁通为参考向量，画出励磁电流向量；一、二次绕组感生电

动势滞后主磁通 90°作出其向量。

通过此向量图可以看出，变压器空载电流 I_0 与电压 U_1 接近 90°，即空载时功率因数很低。

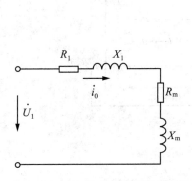 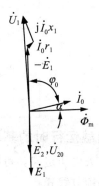

图 2.11 　变压器的空载等效电路　　　　图 2.12 　变压器的空载向量图

2.3 　变压器的负载运行

在前面我们通过分析了解了变压器的空载运行情况，当变压器原边接入交流电源，副边接上负载时的运行方式称为变压器的负载运行。

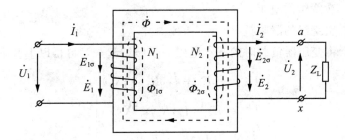

图 2.13 　变压器负运行原理图

2.3.1 　负载运行的电磁关系

通过原理图可以看出，负载运行时，原边由空载电流变为 $\dot{I}_1$，它远远大于空载电流，因此负载运行时一次绕组电流产生的磁通势 $\dot{F}=\dot{I}_1 N_1$ 比空载时大得多，那么是不是负载运行时变压器总的磁通势就比空载时大呢？根据前面分析可知，变压器一次电压大小决定主磁通，而负载运行时，一次绕组电压没变，还为额定电压，因此空载和负载运行时的磁通势不变；副边负载电流 I_2 同样亦在变压器副边产生磁通势，因此负载运行时磁通势为一、二次合成的磁通势且等于空载磁通势，即：

$$\dot{F}_1 + \dot{F}_2 = \dot{F}_0$$

或：

$$\dot{I}_1 N_1 + \dot{I}_2 N_2 = \dot{I}_0 N_1 \tag{2-8}$$

通过上式可知，负载运行时一次电流增大的部分所产生的磁通势刚好抵消了二次负载电流所产生的磁通势，即负载电流增大，一次绕组的电流也随之增大，使得变压器磁通势处于新的平衡状态。负载运行时的电磁关系如下：

$$
\begin{array}{l}
\text{在一次绕组中相平衡} \\
\dot{U}_1 \rightarrow \dot{I}_1 \rightarrow \dot{F}_1 = N_1\dot{I}_1 \rightarrow \dot{\Phi}_{1\sigma} \rightarrow \dot{E}_{1\sigma} \rightarrow R_1\dot{I}_1 \\
\quad\quad\quad \dot{F}_0 = N_1\dot{I}_0 \rightarrow \dot{\Phi}_0 \begin{cases} \dot{E}_1 \\ \dot{E}_2 \end{cases} \\
\dot{U}_2 \rightarrow \dot{I}_2 \rightarrow \dot{F}_2 = N_2\dot{I}_2 \rightarrow \dot{\Phi}_{2\sigma} \rightarrow \dot{E}_{2\sigma} \rightarrow R_2\dot{I}_2 \\
\text{在二次绕组中相平衡}
\end{array}
$$

2.3.2 负载运行时的基本方程式

根据基尔霍夫电压定律，可得：

原边电势平衡方程式：

$$\dot{U}_1 = -\dot{E}_1 - \dot{E}_{1\sigma} + \dot{I}_1 R_1 = -\dot{E}_1 + \dot{I}_1(R_1 + jX_1) = -\dot{E}_1 + \dot{I}_1 Z_1 \tag{2-9}$$

副边电势平衡方程式：

$$\dot{U}_2 = \dot{E}_2 + \dot{E}_{2\sigma} - \dot{I}_2 R_2 = \dot{E}_2 - \dot{I}_2(R_2 + jX_2) = \dot{E}_2 - \dot{I}_2 Z_2 \tag{2-10}$$

式中：$\dot{E}_{2\sigma} = -j\dot{I}_2 X_2$。

X_2——二次绕组的漏电抗；

R_2——二次绕组的电阻；

Z_2——二次绕组的漏阻抗。

综上所述，将变压器负载时的基本电磁关系归纳起来，可得以下基本方程式：

$$
\left.
\begin{array}{l}
\dot{U}_1 = -\dot{E}_1 + \dot{I}_1(R_1 + jX_1) \\[4pt]
\dot{U}_2 = \dot{E}_2 - \dot{I}_2(R_2 + jX_2) \\[4pt]
\dot{I}_1 N_1 + \dot{I}_2 N_2 = \dot{I}_0 N_1 \\[4pt]
\dot{E}_1 = k\dot{E}_2 \\[4pt]
\dot{E}_1 = -\dot{I}_0 Z_m \\[4pt]
\dot{U}_2 = \dot{I}_2 Z_L
\end{array}
\right\} \tag{2-11}
$$

以上就是变压器负载运行的基本方程，可以画出等效电路，对变压器进行分析计算，由于上面方程计算很繁琐，通过对副边进行等效变换，使得其与原边匝数相同，电磁关系不变，得到副边各物理量折算到原边折合值，折算后的基本方程为：

（1）二次侧电流的折算值。

因等效变压器电压比 $K=1$，二次侧等效匝数为 $N_2{}' = N_2$，依据折算前后磁通势不变的原则，有

$$N_2' I_2' = N_2 I_2$$

$$I_2' = \frac{N_2 I_2}{N_2'} = \frac{N_2 I_2}{N_1} = \frac{I_2}{K} \tag{2-12}$$

（2）二次侧电动势、电压的折算值。

因折算后的变压器二次绕组与一次绕组有相同的匝数，因此 $E_2' = E_1$，有：

$$E_2' = KE_2 \tag{2-13}$$

同样二次侧的电压 U_2，漏电动势 $E_{\sigma 2}$ 也可以按同样的规律折算，有：

$$U_2' = KU_2 \qquad E_{\sigma 2}' = KE_{\sigma 2}$$

（3）二次侧漏阻抗的折算值。

根据折算前后副绕组的铜损耗不变的原则，可得：

$$\left.\begin{array}{l} R_2' = \dfrac{I_2^2 R_2}{I_2'^2} = K^2 R_2 \\[3mm] X_2' = \dfrac{I_2^2 X_2}{I_2'^2} = K^2 X_2 \end{array}\right\} \tag{2-14}$$

同样　　　　　　$Z_2' = K^2 Z_2$　　　　　　　　$Z_L' = K^2 Z_L$

折算以后，变压器负载运行时的基本方程式变为：

$$\left.\begin{array}{l} \dot{U}_1 = -\dot{E}_1 + R_1 \dot{I}_1 + jX_1 \dot{I}_1 \\[2mm] \dot{U}_2' = \dot{E}_2' - R_2' \dot{I}_2' - jX_2' \dot{I}_2' \\[2mm] \dot{I}_1 + \dot{I}_2' = \dot{I}_0 \\[2mm] \dot{E}_1 = \dot{E}_2' \\[2mm] \dot{E}_1 = -Z_m \dot{I}_0 \\[2mm] \dot{U}_2' = Z_L' \dot{I}_2' \end{array}\right\} \tag{2-15}$$

2.3.3　负载时等效电路和相量图

1. 等效电路

根据上面的等效折算的结果，可画出变压器负载运行的等效电路如图 2.14 所示。

2. 向量图

根据折算后的方程就可以依照变压器空载运行的向量图的画法，画出其负载运行向量图如图 2.15 所示。

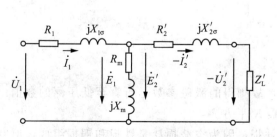

图 2.14　负载时等效电路

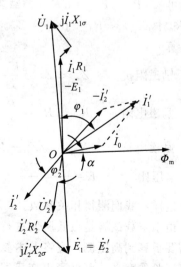

图 2.15　变压器负载运行向量图

▶ 2.4 变压器参数的测定

变压器等效电路中的各种电阻、电抗或阻抗等称为变压器的参数，它们对变压器运行性能有直接的影响。所以，我们有必要看一下各种参数是如何通过试验的方法测定。

2.4.1 空载试验

试验目的和方法

试验目的：测定变压器的空载电流 I_0、变比 K、空载损耗 P_0 及励磁阻抗 $Z_m = R_m + jX_m$。

空载试验接线如图 2.16 所示。为了便于测量和安全起见，通常在低压侧加电压，将高压侧开路。

实验过程：外加电压从额定电压开始在一定范围内进行调节在电压变化的过程中，记录相应的空载电流，空载损耗，作出相应的曲线，找出当电压为额定时相对应的空载电流和空载损耗，则为要测量的空载电流和空载损耗，亦可作为计算励磁参数的依据。

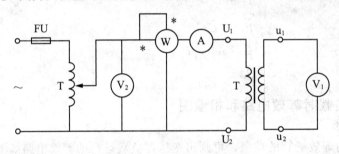

图 2.16　变压器空载接线图

变压器空载试验的等效电路如图 2.17 所示，根据电路可知，$P_0 \approx P_{Fe} = I_0^2 R_m$，空载阻抗 $Z_0 = (R_2 + jX_2) + (R_m + jX_m) \approx R_m + jX_m = Z_m$。这样根据测量结果，可计算

$$
\left.
\begin{aligned}
\text{励磁阻抗} \quad & Z_m \approx Z_0 = \frac{U_0}{I_0} = \frac{U_{2N}}{I_0} \\[2mm]
\text{励磁电阻} \quad & R_m \approx R_0 = \frac{P_0}{I_0^2} \\[2mm]
\text{励磁电抗} \quad & X_m = \sqrt{Z_m^2 - R_m^2}
\end{aligned}
\right\} \quad (2\text{-}16)
$$

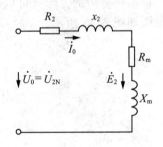

图 2-17　空载试验的等效电路

电压比　$K = \dfrac{N_1}{N_2} = \dfrac{U_{1N}}{U_{2N}}$

这样，我们测得相关参数。

由于空载试验是在低压侧进行的，故测得的激磁参数是折算至低压侧的数值。如果需要折算到高压侧，应将上述参数乘 K 平方。

试验的意义：可以测出变压器的铁损，因为空载损耗是铁损和铜损组成，但空载时电流很小，铜损可不计，可近似认为空载损耗就是铁损，又因为铁损与电压有关，当一次侧电压不变时，铁损为常数，成为不变损耗。

通过空载损耗的测量，可以检查铁芯绕组及装配的质量，如果 P_0 及 I_0 过大，说明铁芯质量差；如果 K 过小或过大，说明绕组绝缘或匝数有问题。

例 2.2　一单相变压器 $S_N = 200 \text{kV} \cdot \text{A}$，$U_{1N}/U_{2N} = 10 \text{kV}/0.38 \text{kV}$ 在低压侧加电压做空载实验，测的数据为 $U_{2N} = 380 \text{V}$，$I_{20} = 39.5 \text{A}$，$P_0 = 1\,100 \text{W}$ 试计算变压器空载参数及折算到高压侧的参数。

解：由空载试验数据求励磁参数：

励磁阻抗
$$Z_m = \frac{U_{2N}}{I_{20}} = \frac{380}{39.5} = 9.6(\Omega)$$

励磁电阻
$$R_m = \frac{P_0}{I_{20}^2} = \frac{1100}{39.5^2} = 0.705(\Omega)$$

励磁电抗
$$X_m = \sqrt{Z^2 - R_m^2} = \sqrt{9.6^2 - 0.705^2} \approx 9.57(\Omega)$$

变比
$$K = \frac{U_{1N}}{U_{2N}} = \frac{10}{0.38} = 26.3$$

折算后高压侧励磁参数为
$$Z'_m = K^2 Z_m = 26.3^2 \times 9.6 = 6640.224(\Omega)$$
$$R'_m = K^2 R_m = 26.3^2 \times 0.705 = 488(\Omega)$$
$$X'_m = K^2 X_m = 26.3^2 \times 9.57 = 6619.47(\Omega)$$

2.4.2　短路试验

将变压器的副边直接短路，原边加上一定电压使原边电流为额定值，称为变压器短路试验。

1. 试验目的和方法

目的：测量变压器的额定铜损 P_{Cu}、短路电压 U_K 及短路阻抗 Z_K。

试验过程：按图 2.18 所示接线，在一次侧从小到大慢慢的调整输入的交流电压，观察电流表和功率表及电压表读数，直到电流表的值和一次侧额定值相等，做记录，这时的电压表的读数为短路电压 U_K（很低），功率表的读数为短路损耗 P_K。因为电压很小，所以铁损可以不计，这时的短路损耗就近似等于铜损 P_{Cu}。

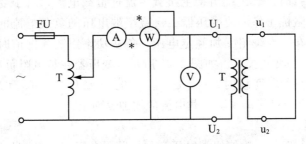

图 2.18　变压器短路试验接线图

变压器短路试验的等效电路如图 2.19 所示，由等效电路可知，$P_K \approx P_{Cu} = I_K^2(R_1 + R'_2) = I_K^2 R_K$，根据等效电路和测量结果，可计算如下短路参数：

短路阻抗　　　　$Z_k = \dfrac{U_k}{I_k} = \dfrac{U_k}{I_{1N}}$

短路电阻　　　　$R_k = \dfrac{P_k}{I_k^2} = \dfrac{P_k}{I_{1N}^2}$　　$\left.\begin{matrix}\\ \\ \\ \\ \\ \\ \end{matrix}\right\}$ $(2\text{-}17)$

短路电抗　　　　$X_k = \sqrt{Z_k^2 - R_k^2}$

2. 短路试验的意义

测量短路损耗可以计算变压器铜损；短路电压和短路阻抗它反映了变压器内部压降及内部阻抗，可以用来分析变压器的运行性能，其值愈小，电压调整率就小，电压愈稳定。

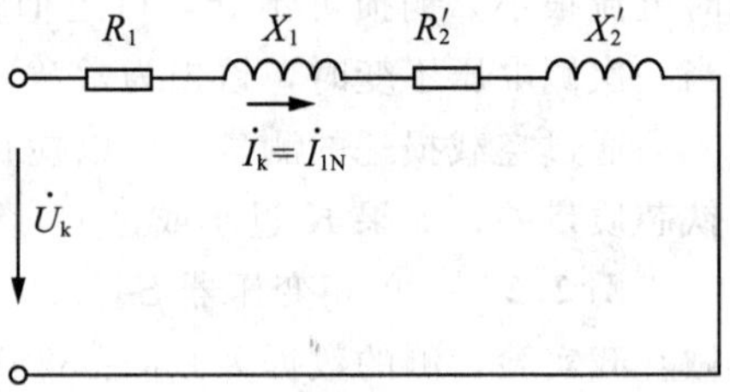

图 2.19　短路试验的等效电路

2.4.3　标么值

在工程计算中，各物理量往往不用实际值表示，而采用相应的标幺值来进行表示：

$$标么值＝实际值/基值$$

通常取各量的额定值作为基值。

采用标么值的优点：

(1)采用标么值可以简化各量的数值，并能直观地看出变压器的运行情况。

(2)采用标么值计算，原、副边各量均不需要折算。

(3)用标么值表示，电力变压器的参数和性能指标总在一定的范围之内，便于分析比较。

例如：短路阻抗标么值 $Z_k^* = 0.04 \sim 0.175$；空载电流 $I_0^* = 0.02 \sim 0.1$。

(4)采用标么值，某些物理意义尽管不同，但它们具有相同的数值。

标么值的缺点是其量纲为1，因而物理概念比较模糊，也无法用量纲作为检查计算结果是否正确的手段。

▶ 2.5　变压器的运行特性

2.5.1　变压器的外特性和电压变化率

1. 变压器的外特性

变压器负载运行时，二次绕组接上负载，流过负载电流，由于变压器内部存在电阻和漏电抗，产生阻抗压降，使变压器二次绕组端电压随负载电流的变化而变化。变压器的外特性是指在一次绕组上加额定电压，负载功率因数为定值时，二次绕组端电压 U_2 随负载电流 I_2 的变化关系。如图 2.20 所示。变压器在纯电阻负载时，$\cos \varphi_2 = 1$，电压变化较小；为感性负载时，$\cos \varphi_2 \leqslant 1$，电压变化较大；而在容性负载时，$\cos(-\varphi_2) \leqslant 1$，端电压可能出现随负载电流的增加反而上升。

2. 电压变化率

变压器负载运行时，二次绕组端电压变化情况用电压变化率 ΔU 来表示。电压变化率是在变压器一次绕组加上额定电压，负载功率因数一定时，二次绕组端电压 U_2 与额定电压 U_{2N} 之差，对额定电压 U_{2N} 的百分比，即：

$$\Delta U = \frac{U_{2N} - U_2}{U_{2N}} \times 100\% \qquad (2\text{-}18)$$

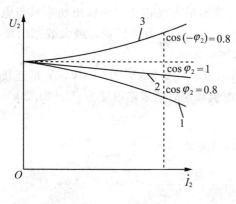

图 2.20　变压器的外特性　　　　　　图 2.21　变压器的效率特性

电压变化率是变压器的主要性能指标之一，它反映了供电电压的质量，即电压的稳定性。

2.5.2　变压器的效率特性

1. 变压器的功率关系

变压器原边从电网吸收电功率 P_1，其中很小部分功率消耗在原绕组的电阻上（$P_{cu1} = I_1^2 R_1$）和铁芯损耗上（$P_{Fe} = I_0^2 R_m$）。其余部分通过电磁感应传给副绕组，称为电磁功率 P_M，副绕组获得的电磁功率中又有很小部分消耗在副绕组的电阻上（$P_{cu2} = I_2^2 R_2$），其余的传输给负载，即输出功率 P_2。

$$P_1 = P_{Cu1} + P_{Fe} + P_{Cu2} + P_2 \tag{2-19}$$

在额定运行时 $P_{Cu} = P_K$，如变压器没有额定运行时，设负荷系数 $\beta = I_2 / I_{2N}$，则 $P_{Cu} = \beta^2 P_{kN}$，而变压器的铁损 $P_{Fe} = P_0$。

2. 变压器的效率

变压器的效率是输出功率与输入功率之比值：

$$\eta = \frac{P_2}{P_1} \times 100\% = \frac{P_1 - \sum P}{P_1} \times 100\% \tag{2-20}$$

根据上面的关系式有：

$$\eta = \left(1 - \frac{P_0 + \beta^2 P_{kN}}{\beta S_N \cos \varphi_2 + P_0 + \beta^2 P_{kN}}\right) \times 100\% \tag{2-21}$$

式中：S_N——变压器额定容量；

　　　P_{kN}——短路损耗；

　　　P_0——空载损耗，

　　　β——负荷系数；

　　　$\cos \varphi_2$——负载功率因数。

因此变压器的效率特性是负载功率因数不变的情况下，变压器效率随负载电流变化的关系，如图 2.21 所示。

决定变压器效率的是铁芯损耗、铜耗和负载电流大小。当负载电流很小时，铜耗很小，因此铁芯损耗是决定效率的主要因素。此时如果负载电流增大，总损耗变化不大，而输出功率随负载电流正比增大，故效率随负载电流增大而增大。当负载电流较大时，铜耗成为总损耗的主要成分，它与电流的平方成正比，而输出功率只与电流成正比，当负载电流继续增大时，效率反而下降。对于电力变压器，最大效率出现在 $I_2 = (0.5 \sim 0.75)I_{2N}$ 时，其额定效率 $\eta_N = 0.95 \sim 0.99$。

例 2.3　三相变压器 $S_N = 1\,800$ kVA，$U_{1N}/U_{2N} = 6.3$ kV/3.15 kV，Y 形连接，加额定电压时的空载损耗 $P_0 = 6.6$ kW，短路电流额定时的短路损耗为 $P_K = 21.2$ kW，求额定负载 $\cos\varphi_2 = 0.8$ 时的效率

解：
$$\eta = \left(1 - \frac{P_0 + \beta^2 P_{kN}}{\beta S_N \cos\varphi_2 + P_0 + \beta^2 P_{kN}}\right) \times 100\%$$

$$= \left(1 - \frac{6600 + 1^2 \times 21200}{1 \times 1800000 \times 0.8 + 6600 + 1^2 \times 21200}\right) \times 100\% = 98.1\%$$

▶ 2.6　三相变压器

2.6.1　三相变压器的磁路系统

三相变压器有三相变压器组与三相芯式变压器两种。

1. 三相变压器组的磁路

三相变压器是由三个单相变压器按一定方式连接在一起的，如图 2.22 所示。由于各相的主磁通沿着各自独立的磁路闭合，各相磁路彼此无关，因此三相变压器组各相之间只有电的联系。当三相变压器组一次绕组加上三相对称电压时，将产生三相对称的一次绕组空载电流，进而产生三相对称磁通。

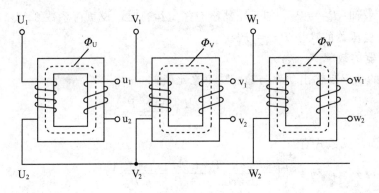

图 2.22　三相变压器组的磁路系统

2. 三相芯式变压器的磁路

三相芯式变压器的铁芯是将变压器组的三个铁芯合在一起演变而成。如图 2.23 所示。当变压器一次绕组加上三相对称电压时，流过三相对称电流，产生三相对称主磁通，此时中间铁芯柱内的磁通为 0，于是可将中间铁芯柱省去，如图 2.24 所示。为制造方便，节省材料，减小体积，将三相铁芯柱布置在同一平面上，便成为图 2.25 所示的常用三相芯式变压器的铁芯结构。这种结构的三相磁路长短不等，中间 V 相最短，两边 U、W 相较长，造成三相磁路磁阻不等。当一次绕组接上三相对称电压时，三相磁通相等，但由于磁路磁阻不等，将使三相空载电流不相等。但一般电力变压器的空

载电流很小，因此它不对称对变压器负载运行的影响很小，可忽略不计。

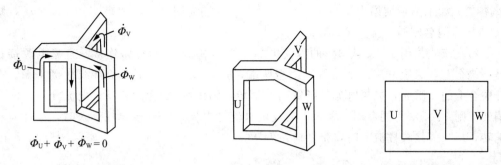

图 2.23　有中间铁芯柱型磁路系统　图 2.24　无中间铁芯柱型磁路系统　图 2.25　常用的平面布置图

2.6.2　三相变压器的电路系统

变压器的电路系统就是由变压器绕组构成，是我们分析变压器的主要对象，为了分析三相变压器的电路系统，我们首先学习单相变压器绕组电路系统。

1. 单相变压器的连接组

(1)单相主压器绕组的极性。

因为变压器的一、二次绕组在同一个铁芯上，故都被磁通 Φ 交链。当磁通变化时，在两个绕组中的感应电动势也有一定的方向性，当一次绕组的某一端点瞬时电位为正时，二次绕组也必有一电位为正的对应点，这两个对应的端点，我们称之为同极性端或同名端，用符号"·"表示。

对两个绕向已知的绕组，我们可以从电流的流向和它们所产生的磁通方向判断其同名端。如图 2.26(a)所示，已知一、二次绕组的方向，当电流从 1 端和 3 端流入时，它们所产生的磁通方向相同，因此 1、3 端为同名端，同样，2、4 端也为同名端。同理可以知道，图 2.26(b)中 1、4 端为同名端。

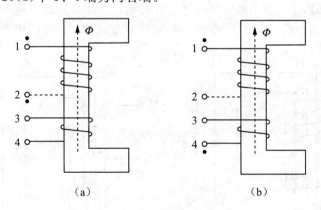

图 2.26　变压器的同名端

(2)单相变压器绕组极性的判别。

大部分情况下，我们并不知道变压器绕组的方向，因此同名端不可能通过观察分析知道，而只能通过实验的方法得到。

1)交流法。如图 2.27 所示，将一、二次绕组各取一个接线端连接在一起，如图中

2端和4端，并在N_1绕组上加上适当的交流电u_{12}，再用交流电压表分别测量u_{12}、u_{13}、u_{34}各值。如果测量结果为$u_{13}=u_{12}-u_{34}$，则1、3端为同名端，如果$u_{13}=u_{12}+u_{34}$，则1、4端为同名端。

2) 直流法。用1.5V或3V的直流电源，按图2.28所示电路连接。直流电源接在高压绕组上，灵敏电流计接在低压绕组两端，正接线柱接3端，负接线柱接4端。在开关合上的一瞬间，如果电流计指针向右偏转，则1、3端为同名端；电流计指针向左偏转，则1、4端为同名端。因为一般灵敏电流计电流从"＋"接线柱流入时，指针向右偏转，从"－"接线柱流入时，指针向左偏转。

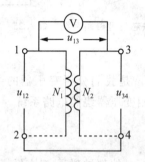 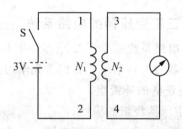

图2.27　测定同名端的交流法　　图2.28　测定同名端的直流法

(3) 单相变压器的连接组。

规定绕组的相电动势的正方向是从绕组首端指向末端。当单相变压器高、低压侧绕组的同名端为首端时，如图2.29 (a) 所示，高、低压侧绕组相电动势同相位。此时，若将高压侧绕组的相电动势作为时针的分针即长针，指向时钟钟面的"12"处，则低压侧绕组的相电动势作为时钟的短针也指向时钟的"0"("12"点)，此时二者同相位，二者之间的相差为零，故该单相变压器的连接组为II0，其中"II"表示高、低压绕组均为单相，即单相变压器，"0"表示两绕组的电动势同相位。如果同时将高、低压绕组的异名端标为首端，则高、低压绕组的相电动势相位相反，"6"表示反相位，如图2.29 (b) 所示。

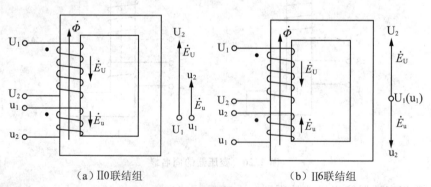

(a) II0联结组　　　　　　　　(b) II6联结组

图2.29　单相变压器的连接组

2. 三相变压器的连接组

(1) 三相变压器绕组的连接方法。

三相电力变压器高、低压绕组的出线端都分别标记，以供正确连接及使用变压器，其出线端标志如表 2.1 所示。

表 2.1　绕组的首端和末端的标记

绕组名称	单相变压器		三相变压器		中性点
	首端	末端	首端	末端	
高压绕组	U_1	U_2	U_1、V_1、W_1	U_2、V_2、W_2	N
低压绕组	u_1	u_2	u_1、v_1、w_1	u_2、v_2、w_2	n

　　一般三相电力变压器中不论是高压绕组，还是低压绕组，均采用星形连接和三角形连接两种方式。在旧的国家标准中分别用 Y 和 △ 表示。新的国家标准规定：高压绕组星形连接用 Y 表示，三角形连接用 D 表示，中性线用 N 表示，低压绕组星形连接用 y 表示，三角形连接用 d 表示，中性线用 n 表示。

　　星形连接将三相绕组的末端 U_2、V_2、W_2（或 u_2、v_2、w_2）连接在一起，构成中性点 N，而将它们的首端 U_1、V_1、W_1（或 u_1、v_1、w_1）用导线引出，接到三相电源上，如图 2.30(a) 所示。

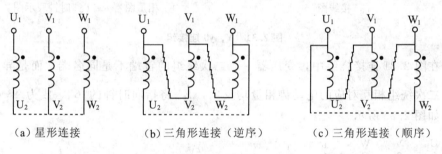

（a）星形连接　　　（b）三角形连接（逆序）　　　（c）三角形连接（顺序）

图 2.30　三相绕组的连接方法

　　三相变压器一、二次绕组不同接法的组合形式有：Y，y；YN，d；Y，d；Y，yn；D，y；D，d 等，其中最常用的组合形式有三种，即 Y，yn；YN，d 和 Y，d。不同形式的组合，各有优缺点。对于高压绕组来说，接成星形最为有利，因为它的相电压只有线电压的 $1/\sqrt{3}$，当中性点引出接地时，绕组对地的绝缘要求降低了。大电流的低压绕组，采用三角形连接可以使导线截面比星形连接时小 $1/\sqrt{3}$，方便于绕制，所以大容量的变压器通常采用 Y，d 或 YN，d 连接。容量不太大而且需要中性线的变压器，广泛采用 Y，yn 连接，以适应照明与动力混合负载需要的两种电压。

　　(2) 三相变压器绕组的连接组别。

　　上述各种接法中，一次绕组线电压与二次绕组线电压之间的相位关系是不同的，这就是所谓三相变压器的连接组别。三相变压器连接组别不仅与绕组的绕向和首末端的标记有关，而且还与三相绕组的连接方式有关。理论与实践证明，无论怎样连接，一、二次绕组线电动势的相位差总是 30° 的整数倍。因此，国际上规定，标志三相变压器一、二次绕组线电动势的相位关系用时钟表示法，即规定一次绕组线电势 $\dot{E}_{uv}$ 为长针，永远指向钟面上的 "12"，二次绕组线电势 $\dot{E}_{uv}$ 为短针，它指向钟面上的哪个数字，该数字则为该三相变压器连接组别的标号。现就 Y，y 连接和 Y，d 连接的变压器分别加以分析。

1）Y，y 连接组。

如图 2.31(a)所示，变压器一、二次绕组都采用星形连接，且首端为同名端，故一、二次绕组相互对应的相电动势之间相位相同，因此对应的线电动势之间的相位也相同，如图 2.31(b)所示，当一次绕组线电动势 $\dot{E}_{\mathrm{UV}}$（长针）指向时钟的"12"时，二次绕组线电动势 $\dot{E}_{\mathrm{uv}}$（短针）也指向"12"，这种连接方式称 Y，y0 连接组，如图 2.31(c)所示。

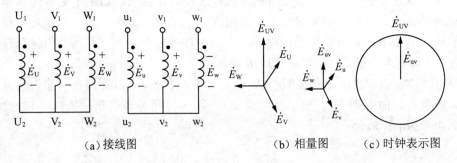

（a）接线图　　　　　　（b）相量图　　　（c）时钟表示图

图 2.31　Y，y0 连接组

若在图 2.31 连接绕组中，变压器一、二次绕组的首端不是同名端，而是异名端，则一、二次绕组相互对应的电动势相量均反向，$\dot{E}_{\mathrm{uv}}$ 将指向时钟的"6"，成为 Y，y6 连接组，如图 2.32 所示。

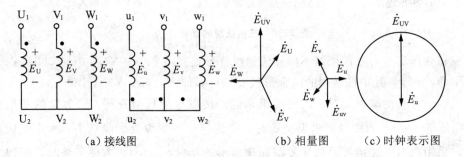

（a）接线图　　　　　　（b）相量图　　　（c）时钟表示图

图 2.32　Y，y6 连接组

2）Y，d 连接组。

如图 2.33 所示，变压器一次绕组用星形连接，二次绕组用三角形连接，且二次绕组 u 相的首端 u_1 与 v 相的末端 v_2 相连，即如图 2.33(a)所示的逆序连接，如一、二次绕组的首端为同名端，则对应的相量图如图 2.33(b)所示。其中 $\dot{E}_{\mathrm{uv}}$ 就是 $\dot{E}_{\mathrm{v}}$，它超前 $\dot{E}_{\mathrm{UV}}$ 30°，指向时钟"11"，故为：y，d11 连接组，如图 2.33(c)所示。

图 2.34 中，变压器一次绕组仍用星形连接，二次绕组仍为三角形连接，但二次绕组 u 相的首端 u_1 与 w 相末端 w_2 相连，即如图 2.34(a)所示的顺序连接，且一、二次绕组的首端为同名端，则对应的相量图如图 2.34(b)所示。其中 $\dot{E}_{\mathrm{uv}}$ 就是 $\dot{E}_{\mathrm{u}}$，它滞后

$\dot{E}_{UV}$ 30°，指向时钟"1"，故为：Y，d1 连接组，如图 2.34(c)所示。

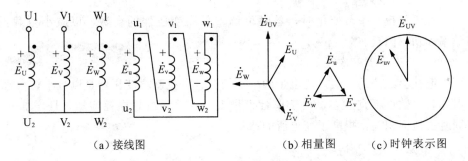

（a）接线图　　　　　　（b）相量图　　　（c）时钟表示图

图 2.33　Y，d11 连接组

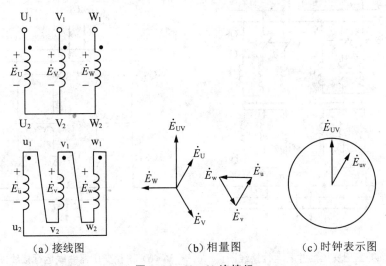

（a）接线图　　　　　　（b）相量图　　　（c）时钟表示图

图 2.34　Y，d1 连接组

2.6.3　三相变压器的标准连接组

三相电力变压器的连接组别还有许多种，但实际上为了制造及运行方便的需要，国家标准规定了三相电力变压器只采用五种标准连接组；即 Y，yn0、YN，d11、YN，y0、Y，y0 和 Y，d11。

在上述五种连接组中，Y，yn0 连接组是我们经常碰到的，它用于容量不大的三相配电变压器，低压侧电压为 230～400 V，用以供给动力和照明的混合负载。一般这种变压器的最大容量为 1 800kV·A，高压侧的额定电压不超过 35kV。此外，Y，y0 连接组不能用于三相变压器组，只能用于三铁芯的三相变压器。

2.6.4　三相变压器的并联运行

变压器并联运行是指两台或两台以上的变压器的原、副绕组分别并联到公共母线上。同时向负载供电的方式，如图 2.35 所示。

1. 变压器并联运行的意义

(1)可提高供电的可靠性。

多台变压器并联运行，当某台变压器发生故障或需检修，可将该变压器从电网断开，但其他变压器仍可保证重要用户供电。

（2）可提高供电效率。

当负载随昼夜、季节变化时，随时可调整并联变压器的台数，以减小空载损耗，提高效率和功率因数。

（3）可减小变压器初次投资。

可根据社会经济的发展，用电量的增加情况，分批新增变压器，以减小初次投资。

但并联台数也不宜过多，由于单台容量太小，并联组总损耗增加，且增加安装费用。同时占地面积大，提高了变电所的造价。

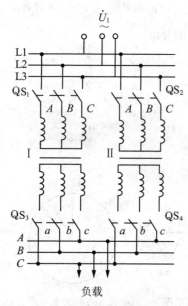

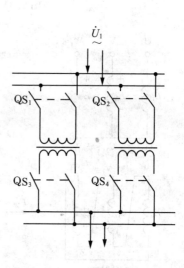

（a）三相变压器并联运行接线图　　　　　（b）单相变压器并联运行接线图

图 2.35　变压器并联运行

2. 变压器并联运行的理想状态

（1）各并联变压器空载时，只存在原边空载电流 I_0，副边电流为零（$I_2 = 0$），即各变压器之间无环流。

（2）各并联变压器负载时，分担的负载电流应与各自的容量成正比。

3. 三相变压器并联运行的条件

（1）并联运行的各台变压器，其额定电压、电压比要相等。

（2）并联运行变压器的连接组别必须相同。

（3）并联运行的各台变压器，其短路阻抗的相对值要相等。

如满足了前两个条件则可保证空载时变压器绕组之间无环流。满足第三个条件时各台变压器能合理分担负载。在实际并联运行时，同时满足以上三个条件不容易也不现实，所以除第二条必须严格保护证外，其余两条稍有差异。

2.7 其他种类的变压器

在实际生产中，还有各种不同用途的特殊变压器。主要有自耦变压器、仪用互感变压器和弧焊变压器等。

2.7.1 自耦变压器

它是一种特殊变压器，主要在实验室或电机启动时使用。其结构与前面一般变压器不同，如图 2.36(a)所示。

前面介绍的双绕组变压器的原、副绕组是相互绝缘的，它们之间只有磁的耦合而无电的直接关系。如果把两个绕组合二为一，使低压绕组成为高压绕组的一部分，如图 2.36(b)所示，这个绕组的总匝数为 N_1，原绕组接电源，绕组的一部分匝数为 N_2，作为副绕组接负载，这样，原、副绕组不仅有磁的耦合，而且还有电的直接联系。

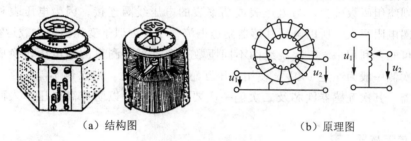

（a）结构图　　　　　　　　　　　　（b）原理图

图 2.36　自耦变压器图

自耦变压器的工作原理与普通双绕组变压器基本相同。由于同一主磁通穿过原、副绕组，所以原、副边的电压仍与它们的匝数成正比；有载时，原、副边的电流(负载的电流)仍与它们的匝数成反比，即：

$$\frac{U_1}{U_2} \approx \frac{N_1}{N_2} = K \tag{2-22}$$

$$\frac{I_1}{I_2} \approx \frac{N_1}{N_2} = \frac{1}{K} \tag{2-23}$$

而公共绕组的电流 $I = I_2 - I_1 = (K-1)I_1$，当 K 接近 1 时，公共绕组的电流 I 很小，因此这部分绕组的截面可以减小，以节省铜线。

再看它输出的视在功率 $S_2 = U_2 I_2(I+I_1) = U_2 I + U_2 I_1 = S + S_1$ 是由两部分组成，S 是通过磁场传递的能量，而 S_1 是通过电路直接传递过来的能量，这是自耦变压器与一般变压器区别所在。

在生产和实践中，为了得到连续可调的交流电压，常将自耦变压器的铁芯做成圆形，副边抽头做成滑动触头，可以自由滑动，如图 2.36(b)所示，这种自耦变压器称为自耦调压器。当用手柄移动触头位置时，就改变了副绕组的匝数，调节了输出电压的大小。

使用自耦调压器时应注意以下两点：

(1)接通电源前，应先将滑动触头旋至零位，接通电源后再逐渐转动手柄，将输出电压调到所需电压值。使用完毕后，应将滑动触头再旋回零位。

（2）在使用时，原、副绕组不能对调。如果把电源接到副绕组，可能会烧坏调压器或使电源短路。

2.7.2 仪用互感器

在电气测量中，如果为了安全及方便测量交流大电流高电压，通过变压器变压、变流原理制造出电压和电流互感器，通过它们就可以用常规仪表进行安全测量的高电压和大电流。

1. 电压互感器

实质上是降压变压器，如图 2.37 所示。根据变压器原理有下列关系式：

$$\frac{U_1}{U_2} = \frac{N_1}{N_2} = K_u \tag{2-24}$$

$$U_1 = K_u U_2$$

电压互感器是一台小容量的降压变压器，它的原绕组匝数较多，与被测的高压电网并联；副绕组匝数较少，与电压表或功率表的电压线圈连接。因为电压表和功率表的电压线圈电阻很大，所以电压互感器副边电流很小，近似于变压器的空载运行。

由此可知：利用一、二次绕组的不同匝数互感器可将测量的高电压转换成低电压测量，二次侧一般为额定 100V。使用电压互感器时应注意，二次侧不能短路，否则会烧坏互感器，其次互感器铁芯及二次侧一次要可靠接地，以防有高电压串入而发生触电事故。

2. 电流互感器

与电压互感器相反，一次侧串联在被测电路中 N_1 匝数很少（几匝）二次绕组匝数很多二次接电流表如图 2.38(b)。

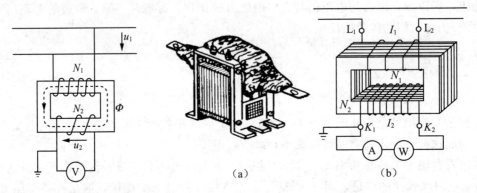

图 2.37　电压互感器图　　　图 2.38　电流互感器图

因为二次侧接电流表内阻很小变压器相当于短路运行，有如下式子：

$$\frac{I_1}{I_2} = \frac{N_2}{N_1} = K_i \tag{2-25}$$

或　　　　　　　　　　　　$$I_1 = K_i I_2$$

因此可知，电流互感器根据 N_1 N_2 将要测电路中大电流转化为小电流，通过电流表测量。一般，二次额定电流设计为 5A。使用电流互感器，必须注意其二次侧不允许开路以免发生烧坏以及人身安全。为此，不能在二次侧接熔断器。在运行中要换电表，首先要短接二次侧，然后再拆装仪表。其次，变压器铁芯及二次侧要可靠接地以便安全。

2.7.3   弧焊变压器

弧焊变压器是靠电弧放电产生的热量来熔化金属的，是一种特殊的变压器。为正常工作，弧焊变压器要求如下：

(1)二次侧空载电压应为 60～75V 以保证起弧。为了安全不超过 80V。

(2)具有陡降特性，外特性如图 2.39 所示。通常在额定负载时的输油管电压给为 30V。

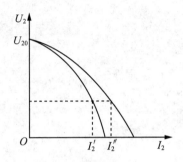

图 2.39   电焊变压器的外特性

(3)为适应不同材料尺寸的焊接，焊接电流可在一定范围内调节。

(4)短路电流不应太大，也不应太小。短路电流太大，会使焊条过热、金属颗粒飞溅，工件易烧穿；短路电流太小，引弧条件差，电源处于短路时间过长。一般短路电流不超过额定电流的两倍，在工作中电流要比较稳定。

为了满足上述要求，电焊变压器应有较大的可调电抗。电焊变压器的一次、二次绕组一般分装在两个铁芯柱上，以使绕组的漏抗比较大。改变漏抗的方法很多，常用的有磁分路法和串联可变电抗法两种，如图 2.40 所示。

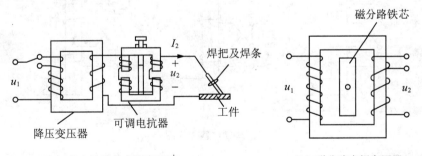

（a）带电抗器的电焊变压器   （b）磁分路电焊变压器

图 2.40   电焊变压器的原理接线图

带电抗器的电焊变压器如图 2.40(a)所示，它是在二次绕组中串接可调电抗器。电抗器中的气隙可以用螺杆调节，当气隙增大时，电抗器的电抗减小，电焊工作电流增大；反之，当气隙减小时，电抗增大，电焊工作电流减小。另外，在一次绕组中还备有分接头，以便调节起弧电压的大小，还可通过二次绕组头调节起弧电压的大小。

本 章 小 结

  1. 主要介绍了变压器结构原理,介绍了变压器的结构、原理、参数及应用,研究了变压器运行特性及绕组连接,简要介绍了变压器并联运行及特殊变压器。

  2. 变压器是利用电磁感应原理,实现交流电的变换,通过磁的关系将原副绕组电路联系起来,因此我们分析理解的核心就是电势和磁势的基本关系。

  3. 通过变压器空载、负载和短路运行的分析,是我们理解变压器特性基础,也是最重要的,从而引入了变压器参数、电压变化率、外特性、效率等重要的概念,是我们学习目的。

  4. 为了变压器的应用,我们学习了绕组连接组别及并联运行,同时简要地介绍了应用广泛的特殊变压器。

>>> 思考题与习题

  2.1 一台降压变压器的额定电压为 220/110V,若不慎将低压侧接到 220V 的交流电源上,能否得到 440V 的电压?允许这样做吗?会产生什么后果?如果将一次侧接 110V,空载电流 I_0 有何变化?为什么?

  2.2 某变压器的额定电压为 220/36V,额定容量为 300VA,问下列哪种规格的电灯可接在变压器的二次侧电路中使用? 36V/500W;36V/60W;12V/60W;220V/25W。

  2.3 图 2.41(b)中,若将 2、4 两端相接,1、3 两端间加 220V 的电压,会出现什么后果?为什么?

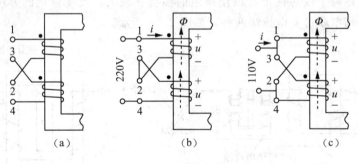

     (a)   (b)   (c)

图 2.41 题 2.3 图

  2.4 自耦变压器是否可以用来做隔离变压器使用?为什么?

  2.5 变压器在制造时,一次侧线圈匝数较原设计时少,试分析对变压器铁芯饱和程度、激磁电流、激磁电抗、铁损、变比等有何影响?

  2.6 有一台 SSP-125000/220 三相电力变压器,YN,d 接线,U_{1N}/U_{2N} = 220/10.5kV,求(1)变压器额定电压和额定电流;(2)变压器原、副线圈的额定电流和额定电流。

  2.7 联接组号不同的变压器不能并联运行,是因为_____。

2.8　变压器的参数包括 _____，_____，_____，_____，_____。

2.9　在采用标幺制计算时，额定值的标幺值为 _____。

2.10　一台变压器，原设计的频率为 50Hz，现将它接到 60Hz 的电网上运行，额定电压不变，励磁电流将 _____，铁耗将 _____。

2.11　试从物理意义上分析，若减少变压器一次侧线圈匝数（二次线圈匝数不变）二次线圈的电压将如何变化？

2.12　有一额定容量 $S_N=2\text{kVA}$ 的单相变压器，一次侧额定电压 $U_{1N}=380\text{V}$，匝数 $N_1=1\,140$，二次侧匝数 $N_2=108$，试求：（1）该变压器二次侧额定电压 U_{2N} 及一、二次侧的额定电流 I_{1N}、I_{2N} 各是多少？（2）若在二次侧接入一个电阻性负载，消耗功率为 800W，一、二次侧的电流 I_1、I_2 各是多少？

2.13　一台电源变压器，一次侧电压 $U_1=380\text{V}$，二次侧电压 $U_2=38\text{V}$，接有电阻性负载。一次侧电流 $I_1=0.5\text{A}$，二次侧电流 $I_2=4\text{A}$，试求变压器的效率 η 及功率损耗 ΔP 损耗。

实验 1　单相变压器空载、短路及负载试验

一、实验目的

1. 了解和熟悉单相变压器的实验方法。

2. 通过单相变压器的空载和短路实验，测定变压器的变比和参数。

3. 通过负载实验测取单相变压器运行特性。

二、实验内容

1. 测定单相变压器变比及绕组极性。

2. 空载实验：测定 U_0、P_0、$\cos\varphi_0=f(I_0)$。

3. 短路实验：测定 U_k、P_k、$\cos\varphi_k=f(I_k)$。

4. 负载实验：（在 $U_1=U_{1N}$，$\cos\varphi=0.8$ 电感负载下）测定 $U_2=f(I_2)$。

三、预习要点

变压器空载短路及负载相关知识。

四、实验方法

1. 变压器电压比的测定

(1)实验线路参照图 2.42，高压绕组接电源，低压绕组开路。

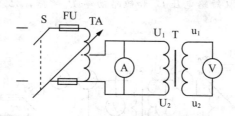

图 2.42　变压变比实验电路

(2)在调压器处于零位时合上电源开关，调节调压器使高压绕组的电压约为高压边额定电压的 50%，测量一、二次侧电压。

(3)调节调压器改变电压，在上述电压附近再读取两组数据，记录在表 2.2 中。

2. 变压器绕组极性的测定

(1)实验线路参照图 2.43，电源正极接高压绕组 U_1 端，电源负极接低压绕组 U_2 端，低压绕组接万用表直流毫伏挡。

(2)合上开关 S 同时注意万用表的指针偏转，如合闸时指针正向偏转，说明接万用表正端的二次测出线端与 U_1 为同名端；如指针反向偏转，则说明该出线端与 U_2 为同名端。

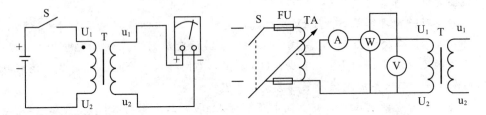

图 2.43 变压器极性测试电路　　　　图 2.44 空载实验电路

3. 空载实验

(1)实验线路参照图 2.44，低压边接电源，高压边开路。

(2)在调压器处于零位时合上电源开关，调节调压器使其输出电压为变压器高压侧额定电压的 1.1 倍，读取被试变压器高压侧空载电压 U_0、空载电流 I_0 和空载功率 P_0 并记入表 2.3 中，表中 $\cos\varphi_0 = P_0/(U_0 I_0)$。

(3)读取 1.0、0.9、0.8、0.65、0.5 倍额定电压时的上述各量并记入表 2.3 中。

4. 短路实验

(1)实验线路参照图 2.45，高压边接电源，低压边用较粗导线短接。

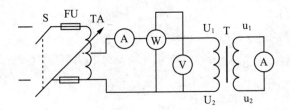

图 2.45 变压器短路实验电路

(2)在调压器位于零位时合电源开关 S，逐渐升高调压器输出电压，使短路电流 $I_k = 1.2 I_N$，迅速读取短路电压 U_k 和短路功率 P_k 数据，记入表 2.4 中，表中 $\cos\varphi_k = P_k/(U_k I_k)$。

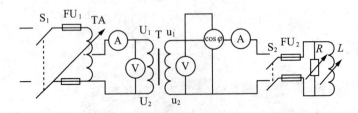

图 2.46 变压器感性负载实验电路

5. $\cos\varphi = 0.8$(感性)时的负载实验

(1)实验线路参照图 2.46，负载阻抗为可调的，为保持功率因数不变，须接入功率因数表监视。

(2)先将负载阻抗调至最大，调节外加电压，使 $U_1 = U_{1N}$，闭合负载端开关，使变压器带上负载，保持原边电压不变，逐渐增加负载电流，在 $0 \sim 1.1 I_N$ 范围内读取 I_2、U_2 共 6~7 点，记录于表 2.5 中。

表 2.2　实验记录

序号	U_{U1U21}(V)	U_{u1u2}(V)	k
1			
2			
3			

表 2.3　实验记录

序号	U_0(V)	I_0(A)	P_0(W)	$\cos\varphi_0$
1				
2				
3				
4				
5				

表 2.4　实验记录

序号	U_k(V)	I_k(A)	P_k(W)	$\cos\varphi_k$
1				
2				
3				
4				
5				

表 2.5　实验记录

序号	U_2(V)	I_2(A)
1		
2		
3		
4		

五、实验设备

根据实验线路及实验室设备条件，正确选用实验设备及仪器，并记录。

六、数据处理

1. 计算变压器的变比；根据表 2.2 数据，分别计算出三次测定的变比，然后取其平均值。

2. 计算变压器空载参数

(1)根据表 2.3 数据，绘出空载特性曲线 $U_0=f(I_0)$、$P_0=f(I_0)$、$\cos\varphi_0=f(I_0)$ 并由此查出空载电压等于额定电压时的 I_{0N}、P_{0N} 值，以计算空载参数。

(2)忽略绕组铜耗计算励磁电阻 R_m。 $R_m=\dfrac{P_{0N}}{I_{0N}^2}$

(3)忽略绕组漏电抗计算励磁阻抗 Z_m。 $Z_m=\dfrac{U_{0N}}{I_{0N}}$

(4)励磁电抗 X_m。 $X_m=\sqrt{Z_m^2-X_m^2}$

3. 计算变压器短路参数

(1)根据表 2.4 数据，绘出短路特性曲线 $U_k=f(I_k)$，$P_k=f(I_k)$，$\cos\varphi_k=f(I_k)$，并由此查出短路电流等于额定电流($I_k=I_N$)时的短路电压 U_{kN}、P_{kN} 值，以计算短路参数。

(2)计算短路电阻 R_k。 $R_k=\dfrac{P_{kN}}{I_{kN}^2}$

(3)短路阻抗 Z_k。 $Z_k=\dfrac{U_{kN}}{I_{kN}}$

(4)短路电抗 X_k。 $X_k=\sqrt{Z_k^2-X_k^2}$

由于短路电阻随温度而变化，因此，算出的短路电阻应按国家标准换算到基准工作温度 75℃ 时的阻值。

铜线变压器 $R_{k75℃}=R_k\dfrac{235+75}{235+t}$

铝线变压器 $R_{k75℃}=R_k\dfrac{288+75}{288+t}$

求出 $R_{k75℃}$ 之后，由于 X_k 与温度无关，则 75℃ 时的短路阻抗为

$$Z_{k75℃}=\sqrt{X_k^2+R_{k75℃}^2}$$

4. 计算电压变化率

(1)根据表 2.5 数据，绘出 $\cos\varphi=0.8$(感性)时的外特性曲线 $U_2=f(I_2)$，并按照下式计算额定负载时的电压变化率

$$\Delta U=\frac{U_{20}-U_2}{U_{20}}\times100\%$$

(2)按照短路实验数据计算电压变化率

$$\Delta U=\beta(u_{kr}\cos\varphi_2+u_{kx}\sin\varphi_2)$$

式中：β——变压器负载系数，此处取为 1。

(3)比较上述两法得出的 ΔU。

5. 计算效率特性

(1)根据实验数据和下列公式计算效率。

$$\eta=\left(1-\frac{P_0+\beta^2P_{kN}}{\beta S_N\cos\varphi_2+P_0+\beta^2P_{kN}}\right)\times100\%$$

令 $\beta=0.2$、0.4、0.6、0.8、1.0、1.2，$\cos\varphi_2=0.8$，$U_1=U_{1N}$ 计算 η，并记录于表 2.6 中。

表 2.6　实验记录

序号	β	$P_2(\mathrm{W})$	$P_{0N}(\mathrm{W})$	$\beta^2 P_{kN}(\mathrm{W})$	η
1					
2					
3					

(2)根据表 2.6 作效率曲线 $\eta = f(\beta)$。

(3)由效率曲线找出最大效率 $\eta_{\max}$ 以及 $\beta = \sqrt{\dfrac{P_{0N}}{P_{kN}}}$ 相比较。

6. 记录直流感应法测定绕组极性的结果。

七、思考分析

1. 做变压器空载和短路实验时，电源应分别接在变压器的哪一侧？为什么？

2. 做变压器空载和短路实验时，仪表的位置有什么不同？为什么？

实验 2　三相变压器连接组的测定

一、实验目的

1. 掌握测定三相变压器绕组极性的方法。

2. 掌握三相变压器的连接方法和连接组校验方法。

3. 了解用示波器观察三相变压器不同磁路结构和不同连接方法时空载电流和电势波形的方法。

二、实验内容

1. 三相变压器相间极性和一、二次侧极性的测定。

2. 校验 Y，y0 连接组。

3. 连接 Y，y6 和 Y。

三、预习要点

1. 变压器绕组极性和连接组的有关知识。

2. 如何按照连接组要求连接变压器。

四、实验方法

1. 三相变压器相间极性和一、二次侧极性的测定

(1)极性测定。

①用万用表电阻挡测量 12 个出线端通断情况及电阻的大小，找出三相变压器高的六个端头，暂标记为 U_1、V_1、W_1、U_2、V_2、W_2。然后按图 2.47(a)接线，将 V_2、W_2 两端用导线连接。

②在 U 相施加低电压，约 U_N 的 50% 左右，用电压表测量 U_{V1V2}、U_{W1W2} 及 U_{V1W1} 间电压，若 $U_{V1W1} = U_{V1V2} - U_{W1W2}$，则说明 V、W 两相首端为同名端，标号正确。若 $U_{V1W1} = U_{V1V2} + U_{W1W2}$，则说明 V、W 两相首端为异名端，标号是错误的，应更换标号及连接端头。

③用同样的方法，在 V 相施加低电压，决定 U、W 相间极性。相间极性确定后，把高压绕组首末端作正式标记。

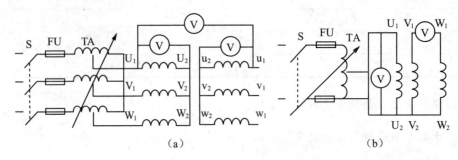

（a）　　　　　　　　　　　　　　（b）

图 2.47　三相变压器的极性测定

（2）测定三相变压器高、低压绕组极性。

①在定好一次侧极性后，暂定二次侧的六个标记 u_1、v_1、w_1、u_2、v_2、w_2 并按图 2.47(b)接线，此时一、二次侧都接为 Y 形，两中点间用导线连接。

②在高压边加三相电压，约为 $50\%U_N$，用电压表分别测量 U_{U1U2}、U_{V1V2}、U_{W1W2}、U_{u1u2}、U_{v1v2}、U_{w1w2}、U_{U1u1}、U_{V1v1}、U_{W1w1}。若 $U_{U1u1}=U_{U1U2}-U_{u1u2}$ 时，则 U_{U1U2} 和 U_{u1u2} 同相位，U_1、u_1 端点极性相同标之为同名端，用"●"表示。若 $U_{U1u1}=U_{U1U2}+U_{u1u2}$，则 U_{U1U2} 和 U_{u1u2} 反相位，U_1、u_1 端点极性相反，称为异名端。

③用同样的方法观察 U_{V1v1} 与 U_{V1V2}、U_{v1v2} 的关系以确定 V 相的同极性端，观察 U_{W1w1} 与 U_{w1w2}、U_{W1W2} 的关系以确定 W 相的同极性端。

2. 校验 Y，y0 连接组

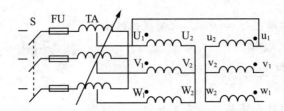

图 2.48　三相变压器 Y，y 连接组别的校验

按图 2.48 所示进行接线。用导线将 U_1、u_1 端连在一起，将三相调压器调到其输出电压 100V 左右。用电压表分别测量电压 U_{U1V1}、U_{u1v1}、U_{V1v1}、U_{W1w1} 及 U_{V1w1} 数值，记录于表 2.7 中。根据 Y，y0 连接组的电压向量图可知：

$$U_{V1W1} = U_{u1v1}\sqrt{K^2 - K + 1}$$
$$U_{V1u1} = U_{W1w1} = (K-1)U_{u1v1}$$

式中：K——变压器的线电压比。

若实测结果与计算结果相同，则表明该变压器连接组别为 Y，y0。

3. 连接 Y，y6 和 Y，d5 的三相变压器，并用实验方法校验

（1）按 Y，y6 连接组要求，正确连接三相变压器。

（2）用导线将 U_1、u_1 端连在一起，将三相调压器调到其输出电压 100V 左右。

（3）用电压表分别测量电压 U_{U1V1}、U_{u1v1}、U_{V1v1}、U_{W1w1}、U_{V1w1} 数值，记录于表 2.8 中。

(4)根据 Y，y6 连接组的电压向量图验算电压。

$$U_{\text{V1w1}} = U_{\text{u1v1}} \sqrt{K^2 + K + 1}$$
$$U_{\text{V1v1}} = U_{\text{W1w1}} = (K + 1)U_{\text{u1v1}}$$

(5)按 Y，d5 连接组要求，重新连接三相变压器。

(6)用导线将 U_1、u_1 端连在一起，将三相调压器调到其输出电压 100V 左右。

(7)用电压表分别测量电压 U_{U1V1}、U_{u1v1}、U_{V1v1}、U_{W1w1} 及 U_{V1w1} 数值，记入表 2.9 中。

(8)根据 Y，d5 连接组的电压向量图验算电压。

$$U_{\text{V1v1}} = U_{\text{W1w1}} = U_{\text{V1w1}} = \sqrt{K^2 + \sqrt{3}K + 1}U_{\text{u1v1}}$$

表 2.7   实验记录

测 量 值					计 算 值		
U_{U1V1}	U_{u1v1}	U_{V1v1}	U_{W1v1}	U_{V1w1}	U_{V1v1}	U_{W1v1}	U_{V1w1}

表 2.8   实验记录

测 量 值					计 算 值		
U_{U1V1}	U_{u1v1}	U_{V1v1}	U_{W1v1}	U_{V1w1}	U_{V1v1}	U_{W1v1}	U_{V1w1}

表 2.9   实验记录

测 量 值					计 算 值		
U_{U1V1}	U_{u1v1}	U_{V1v1}	U_{W1v1}	U_{V1w1}	U_{V1v1}	U_{W1v1}	U_{V1w1}

五、实验设备

根据实验线路及实验室设备条件，正确选用实验设备及仪器，并记入表格。

六、数据处理

按实验要求计算不同连接组别的 U_{V1v1}、U_{W1v1}、U_{V1w1} 的数值与实测值进行比较，判断绕组连接组别是否正确。

七、思考分析

1. 总结测定三相变压器极性的方法。

2. 总结用实验法测定三相变压器连接组别的方法。

第3章 直流电机

1. 直流电机的工作原理、结构、励磁方式和铭牌数据。
2. 直流电机的电枢电动势和电磁转矩。
3. 直流发电机和直流电动机的基本方程式和特性。

1. 知道直流电机的工作原理和结构。
2. 掌握电枢电动势和电磁转矩的计算公式和性质。
3. 熟练运用基本方程式,理解直流发电机运行特性和直流电动机工作特性。

▶ 3.1 直流电机的工作原理与结构

　　直流电机是电能和机械能互相转换的旋转电机之一。当用作发电机时,它将机械能转换为直流电能;当用作电动机时,它将直流电能转换为机械能。由于直流发电机能提供无脉动的大功率直流电源,且输出电压可以精确地调节和控制,主要用作各种直流电源,如直流电动机电源、化学工业中所需的低电压大电流的直流电源,直流电焊机电源等。而直流电动机因为具有良好的启动和调速性能,常应用于对启动和调速有较高要求的场合,如大型可逆式轧钢机、矿井卷扬机、高速电梯、龙门刨床、电力机车、内燃机车、城市电车、地铁列车、电动自行车、造纸和印刷机械、船舶机械、大型精密机床和大型起重机等生产机械中。

3.1.1 直流电机的工作原理

1. 直流发电机的工作原理

　　直流发电机的工作原理基于电磁感应原理,即在磁感应强度为 B_x 的均匀磁场中,一根长度为 l 的导体以速度 v 作垂直切割磁力线运动,会在导体中产生感应电动势 e,其大小按法拉第电磁感应定律来计算:

$$e = B_x l v \tag{3-1}$$

　　直流发电机的工作原理模型如图 3.1 所示。N、S 是一对固定的磁极(可以是永久磁铁,也可以是电磁铁),$abcd$ 是安装在可旋转圆柱体(导磁材料制成的)上的线圈,线圈的末端 a、d 连接到两个相互绝缘并可以随线圈一同转动的半圆形导电片上,该导电片还可以与 A、B 两个固定电刷保持滑动接触,以便与外电路相连。这样,旋转着的线圈可以与外电路形成一个通路。

　　当原动机拖动线圈以一定的转速逆时针旋转时,根据电磁感应原理,在图 3.1 的两种情况下,线圈的 ab 边和 cd 边都会切割磁力线产生感应电动势,其方向用右手定则

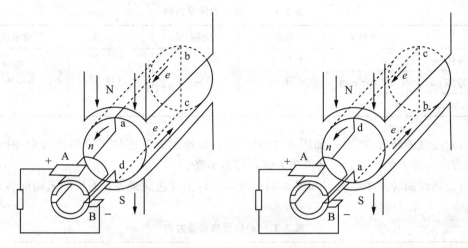

图 3.1　直流发电机的工作原理模型

确定，加上负载后形成通路，继而产生电流。需要注意的是，这两种情况下电流都是从 A 沿着负载流向 B 的，也就是说直流发电机输出的电动势极性是固定的：A 为正极，B 为负极。

　　上述的两种情况属于线圈垂直切割磁力线的瞬间，若我们将负载改为灯泡来做一个实验，可以观察线圈在不同位置的输出状态，如图 3.2 所示。

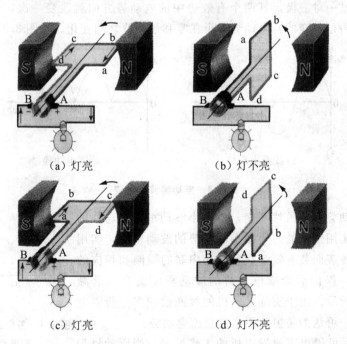

（a）灯亮　　　　　　　　　　（b）灯不亮

（c）灯亮　　　　　　　　　　（d）灯不亮

图 3.2　直流发电机测试

　　(1)当原动机带着线圈逆时针方向旋转至图 3.2(a)位置时，线圈的有效边垂直切割磁力线，灯泡最亮。图示瞬间各物理量方向如表 3.1 所示。

表 3.1　(a)位置物理量方向

	电势 e	电流 i	电刷 A	电刷 B	负载电流
导体 ab	b→a	b→a			
导体 cd	d→c	d→c	+	−	A→B
线圈 abcd	d→a	d→a			

（2）当线圈转过 90°时，如图 3.2(b)所示，线圈的有效边位于磁场物理中性面上，运动方向与磁力线平行，不切割磁力线，灯泡不亮。

（3）当线圈转过 180°时，如图 3.2(c)所示，灯泡又达到最亮状态。图示瞬间各物理量方向如表 3.2 所示。

表 3.2　(c)位置物理量方向

	电势 e	电流 i	电刷 A	电刷 B	负载电流
导体 ab	a→b	a→b			
导体 cd	c→d	c→d	+	−	A→B
线圈 abcd	a→d	a→d			

（4）当线圈转过 270°时，如图 3.2(d)所示，灯泡又变为不亮状态。

线圈每转过一对磁极，其两个有效边中的电动势方向就改变一次，但是两电刷之间的电动势方向是不变的，电动势大小在零和最大值之间变化，如图 3.3 所示。

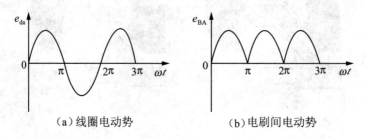

（a）线圈电动势　　　　　　　（b）电刷间电动势

图 3.3　电动势波形比较

显然，电动势方向虽然不变，但大小波动很大，这样的电动势是没有实用价值的。要减小电动势的波动程度，实用的电机在圆柱体表面装有较多数量互相串联的线圈和相应的铜片数。这样，换向后合成电动势的波动程度就会显著减小，如图 3.4 所示。由于实际发电机的线圈数较多，所以电动势波动很小，可认为是恒定不变的直流电动势。

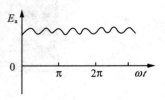

图 3.4　多个线圈串联时电刷间电动势波形

由以上分析可得出直流发电机的工作原理：当原动机带动直流发电机线圈旋转时，在线圈中产生方向交变的感应电动势，通过电刷和导电片（又称换向器）的作用，在电刷两端输出方向不变的直流电动势。

2. 直流电动机的工作原理

直流电动机的工作原理基于电磁力定律。若磁场 B_x 与导体相互垂直，且导体中通

以电流 i，则作用于载流导体上的电磁力 f 为：

$$f = B_x li \tag{3-2}$$

直流电动机在机械构造上与直流发电机完全相同，只要把电刷 A、B 接到直流电源上，电刷 A 接电源的正极，电刷 B 接电源的负极，就得到如图 3.5 所示的直流电动机工作原理模型。在图中的两种情况下，线圈的 ab 边和 cd 边都会受到电磁力的作用，其方向用左手定则确定。需要注意的是，这两种情况下线圈都是逆时针旋转的，也就是说直流电动机由电磁力形成的电磁转矩方向始终一致。

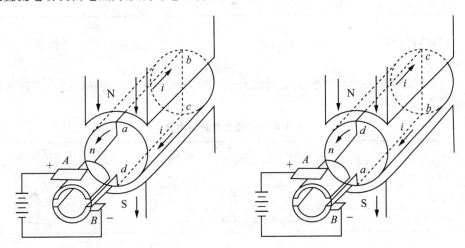

图 3.5　直流电动机工作原理模型

若要分析直流电动机的一般情况，需要向电刷 A、B 间通入直流电源后旋转一周，并将其分解成四个阶段，如图 3.6 所示。

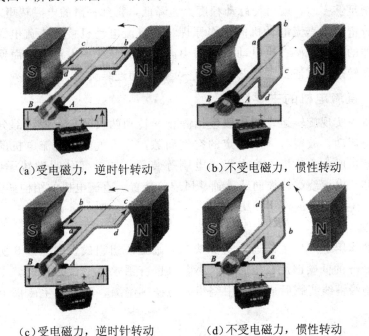

（a）受电磁力，逆时针转动　　　　（b）不受电磁力，惯性转动

（c）受电磁力，逆时针转动　　　　（d）不受电磁力，惯性转动

图 3.6　直流电动机测试

电机及拖动

（1）当线圈位于图 3.6(a)位置时，线圈开始逆时针旋转。图示瞬间各物理量方向如表 3.3 所示。

表 3.3　(a)位置物理量方向

	电流 i	电磁力 f	电磁转矩
导体 ab	$a{\rightarrow}b$	↑	
导体 cd	$c{\rightarrow}d$	↓	↻
线圈 $abcd$	$a{\rightarrow}d$		

（2）当线圈转过 90°时，如图 3.6(b)所示，线圈中虽无转矩，但在惯性的作用下继续旋转。

（3）当线圈转过 180°时，如图 3.6(c)所示，线圈继续逆时针旋转。图示瞬间各物理量方向如表 3.4 所示。

表 3.4　(c)位置物理量方向

	电流 i	电磁力 f	电磁转矩
导体 ab	$b{\rightarrow}a$	↓	
导体 cd	$d{\rightarrow}c$	↑	↻
线圈 $abcd$	$d{\rightarrow}a$		

（4）当线圈转过 270°时，如图 3.6(d)所示，线圈中无转矩，但在惯性作用下继续旋转。

同直流发电机输出的感应电动势类似，直流电动机的电磁转矩也是脉动的。当圆柱体上的线圈足够多时，就可使脉动程度大为降低，得到平滑的电磁转矩。

由以上分析可得直流电动机的工作原理：当直流电动机接入直流电源时，借助于电刷和换向器的作用，使直流电动机线圈中流过方向交变的电流，从而使线圈产生恒定方向的电磁转矩，保证了直流电动机朝一定的方向连续旋转。

3.1.2　直流电机的主要结构

直流电机为实现旋转运动，一般包括静止和转动两大部分，静止部分和转动部分之间因有相对运动，故留有一个确定的空气间隙，称为气隙。直流电机的静止部分叫做定子，包括机座、主磁极、换向极、电刷等装置。转动部分叫做转子（又称电枢），包括电枢铁芯、电枢绕组、换向器、轴、风扇等装置。直流电机的结构如图 3.7 所示。

直流电机主要部件的作用介绍如下：

1. 主磁极

主磁极的作用是产生主磁通，它由铁芯和励磁绕组组成，如图 3.8 所示。铁芯一般用 1～1.5mm 的低碳钢片叠压而成，小电机也有用永磁铁做磁极的。主磁极上的励磁绕组是用绝缘铜线绕制而成的集中绕组，与铁芯绝缘，而且各主磁极上的绕组一般都是串联的。

62

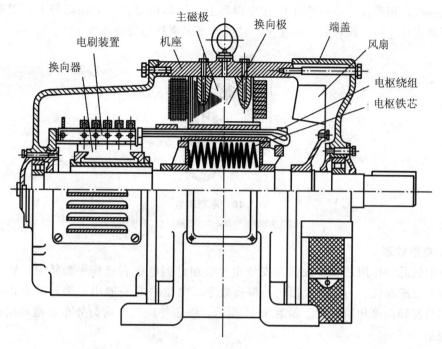

图 3.7 直流电机的结构

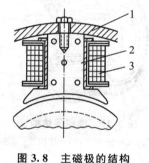

图 3.8 主磁极的结构

1—机座；2—主磁极铁芯；3—励磁绕组

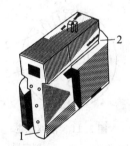

图 3.9 换向极的结构

1—换向极铁芯；2—换向极绕组

2. 换向极

换向极的作用是产生附加磁场，用以改善电机的换向性能。通常铁芯由整块钢做成，换向极绕组应与电枢绕组串联。换向极装在两个主磁极之间，如图 3.9 所示。其极性在作为发电机运行时，应与电枢导体将要进入的主磁极极性相同；在作为电动机运行时，则应与电枢导体刚离开的主磁极极性相同。

3. 机座

机座一方面用来固定主磁极、换向极和端盖等，另一方面作为电机磁路的一部分称为磁轭。机座一般用铸钢或钢板焊接制成。

4. 电刷装置

在直流电机中，为了使电枢绕组和外电路连接起来，必须装设固定的电刷装置，它是由电刷、刷握和刷杆座组成的，如图 3.10 所示。电刷是用石墨等做成的导电块，放在刷握内，用弹簧压指将它压触在换向器上。刷握用螺钉夹紧在刷杆上，用铜绞线将电刷和刷杆连接，刷杆装在刷座上，彼此绝缘，刷杆座装在端盖上。

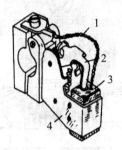

图 3.10　电刷装置

1—钢丝瓣；2—压指；3—电刷；4—刷握

5. 电枢铁芯

电枢铁芯的作用是通过磁通和安放电枢绕组。当电枢在磁场中旋转时，铁芯将产生涡流和磁滞损耗。为了减少损耗，提高效率，电枢铁芯一般用硅钢片冲叠而成。电枢铁芯具有轴向冷却通风孔，如图 3.11 所示。铁芯外圆周上均匀分布着槽，用以嵌放电枢绕组。

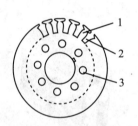

图 3.11　电枢铁芯

1—齿；2—槽；3—轴向通风孔

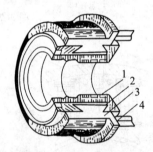

图 3.12　换向器结构

1—V 形套筒；2—云母片；3—换向片；4—连接片

6. 电枢绕组

电枢绕组的作用是产生感应电动势和通过电流产生电磁转矩，实现机电能量转换。绕组通常用漆包线绕制而成，嵌入电枢铁芯槽内，并按一定的规则连接起来。为了防止电枢旋转时产生的离心力使绕组飞出，绕组嵌入槽内后，用槽楔压紧；线圈伸出槽外的端接部分用热固性玻璃丝带扎紧。

7. 换向器

换向器的结构如图 3.12 所示。它由许多带有燕尾形的换向片叠成一个圆筒，片与片之间用云母片绝缘，借 V 形套筒和螺纹压圈拧紧成一个整体。每个换向片与绕组每个元件的引出线焊接在一起，其作用是将直流电动机输入的直流电流转换成电枢绕组内的交变电流，进而产生恒定方向的电磁转矩，使电动机连续运转。

3.1.3　直流电机的励磁方式

直流电机按照主磁极的不同，一般可分两大类：一类是由永久磁铁作为主磁极；而另一类利用给主磁极绕组通入直流电产生主磁场。后一类根据励磁方式（主磁极绕组与电枢绕组接线方式)的不同，还可分为他励方式、并励方式、串励方式和复励方式。

1. 他励方式

他励方式中，电枢绕组和励磁绕组电路相互独立，电枢电压与励磁电压彼此无关。接线图如图 3.13 所示。这种直流电机的特点是电枢电流即为直流电机负载线路的电流。

2. 并励方式

并励方式中，电枢绕组和励磁绕组是并联关系，由同一电源供电，接线图如图 3.14 所示。它的特点是主磁极励磁回路的励磁电压与电枢两端的电压相等。

3. 串励方式

串励方式中，电枢绕组与励磁绕组是串联关系，接线图如图 3.15 所示。它的特点是主磁极励磁回路的励磁电流与电枢回路电流相等。

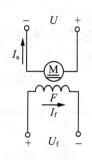

图 3.13　他励电机

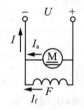

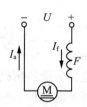

图 3.14　并励电机　　　图 3.15　串励电机

4. 复励方式

复励电机的主磁极上有两部分励磁绕组，其中一部分与电枢绕组串联，称为串励绕组；另一个为他励(或并励)绕组，通常他磁(或并励)绕组起主要作用，串励绕组起辅助作用。如图 3.16 所示。当两部分励磁绕组产生的磁通方向相同时，称为积复励，反之称为差复励。

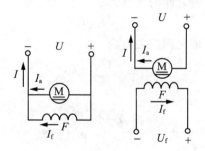

(a)串励和并励组合　　(b)串励和他励组合

图 3.16　复励电机

3.1.4　铭牌数据和主要系列

1. 直流电机铭牌数据

每一台电机上都有一块铭牌，上面列出一些具体的数据，称为额定值。这是电机制造厂家按照国家标准和该电机的特定情况规定的电机额定运行状态时的各种运行数据，也是对用户提出的使用要求。如果用户使用时处于轻载即负载远小于额定值，则电机能持续正常运行，但效率降低，不经济。如果电机运行超出了额定值，则称为过载，将缩短电机的使用寿命甚至可能损坏。所以根据负载条件合理选用电机，使其接近额定值才既经济合理，又可以保证电机可靠的工作，并且具有优良的性能。表3.5是一台直流电动机的铭牌。

表 3.5　直流电动机铭牌

型号	Z2-72	励磁电方式	并励
功率	22kW	励磁电压	220V
电压	220V	励磁电流	2.06A
电流	116A	定额	连续
转速	1 500r/min	温升	80℃
编号	××××	出厂日期	××××年×月×日
××××电机厂			

(1)额定功率 $P_N(\text{kW})$。

额定功率是指在电机的额定情况下，长期运行所允许的输出功率。对发电机而言，是指输出的电功率；对于电动机，则是指转轴上输出的机械功率。

(2)额定电压 $U_N(\text{V})$。

额定电压是指正常工作时电机出线端的电压值。对发电机而言，是指在额定运行时输出的端电压；对于电动机，是指额定运行时的电源电压。

(3)额定电流 $I_N(\text{A})$。

额定电流是电机对应于额定运行时的电流值。对发电机是指额定运行时供给负载额定的电流；对电动机是指额定运行时从电源输入的电流。

对于发电机，三个额定值之间的关系为：

$$P_N = U_N I_N \tag{3-3}$$

对于电动机，三个额定值之间的关系为：

$$P_N = U_N I_N \eta_N \tag{3-4}$$

额定效率为：

$$\eta_N = \frac{P_N}{P_1} \times 100\% \tag{3-5}$$

(4)额定转速 $n_N(\text{r/min})$。

额定转速是指在额定功率、额定电压、额定电流时电机的转速。

例 3.1　一台直流发电机，$P_N=10\text{kW}$，$U_N=230\text{V}$，$n_N=2850\text{r/min}$，$\eta_N=85\%$。求其额定电流和输入功率。

解：(1)额定电流为：

$$I_N = \frac{P_N}{U_N} = \frac{10 \times 10^3}{230}\text{A} = 43.48A$$

（2）输入功率为

$$P_1 = \frac{P_N}{\eta_N} = \frac{10 \times 10^3}{0.85}\text{W} = 11760\text{W} = 11.76\text{kW}$$

例 3.2　一台直流电动机，$P_N = 17\text{kW}$，$U_N = 220\text{V}$，$n_N = 1500\text{r/min}$，$\eta_N = 83\%$。求其额定电流和输入功率。

解：（1）额定电流为：

$$I_N = \frac{P_N}{U_N \eta_N} = \frac{17 \times 10^3}{220 \times 0.83}\text{A} = 93.1\text{A}$$

（2）输入功率为：

$$P_1 = \frac{P_N}{\eta_N} = \frac{17 \times 10^3}{0.83}\text{W} = 20482\text{W} = 20.48\text{kW}$$

2. 直流电机系列

我国目前生产的直流电机主要有以下系列。

（1）Z2 系列。

该系列为一般用途的小型直流电机系列。"Z"表示直流，"2"表示第二次改进设计。系列容量为 0.4～200kW，电动机电压为 110V、220V，发电机电压为 115V、230V，属防护式。

（2）ZF 和 ZD 系列。

这两个系列为一般用途的中型直流电机系列。"F"表示发电机，"D"表示电动机。系列容量为 55～1 450kW。

（3）ZZJ 系列。

该系列为起重、冶金用直流电机系列。电压有 220V、440V 两种。工作方式有连续、短时和断续三种。ZZJ 系列电机启动快速，过载能力大。

此外，还有 ZQ 直流牵引电动机系列及用于易爆场合的 ZA 防爆安全型直流电机系列等。常见电机产品系列见表 3.6。

表 3.6　常见电机产品系列

代号	含义
Z2	一般用途的中、小型直流电机，包括发电机和电动机
Z、ZF	一般用途的大、中型直流电机系列。Z 是直流电动机系列；ZF 是直流发电机系列
ZZJ	专供起重、冶金工业用的专用直流电动机
ZT	用于恒功率且调速范围比较大的驱动系统里的宽调速直流电动机
ZQ	电力机车、工矿电机车和蓄电池供电电车用的直流牵引电动机
ZH	船舶上各种辅助机械用的船用直流电动机
ZU	用于龙门刨床的直流电动机
ZA	用于矿井和有易爆气体场所的防爆安全型直流电动机
ZKJ	冶金、矿山挖掘机用的直流电动机

▶ 3.2　直流电机的感应电动势和电磁转矩

无论是直流电动机还是直流发电机，在转动时，其电枢绕组都会由于切割主磁极产生的磁力线而感应出电动势。同时，由于电枢绕组中有电流流过，电枢电流与主磁场作用又会产生电磁转矩。因此，直流电机的电枢绕组中同时存在着感应电动势和电磁转矩，它们对电机的运行起着重要的作用。不同的是，直流发电机中是感应电动势在起主要作用，直流电动机中是电磁转矩在起主要作用。

3.2.1　直流电机的感应电动势

对电枢绕组电路进行分析，可得直流电机电枢绕组的感应电动势 E_a 为

$$E_a = C_e \Phi n \tag{3-6}$$

式中：Φ——电机的每极磁通；

　　　n——电机的转速；

　　　C_e——是与电机结构有关的常数，称为电动势常数，$C_e = \dfrac{Np}{60a}$。

E_a 的方向由 Φ 与 n 的方向按右手定则确定。从式(3-6)可以看出，若要改变 E_a 的大小，可以改变 Φ(由励磁电流 I_f 决定)或 n 的大小。若要改变 E_a 的方向，可以改变 Φ 的方向或电机的旋转方向。

无论直流电动机还是直流发电机，电枢绕组中都存在感应电动势，在发电机中 E_a 与电枢电流 I_a 方向相同，是电源电动势；而在电动机中 E_a 与 I_a 的方向相反，是反电动势。

3.2.2　直流电机的电磁转矩

同样，我们也能分析得到电磁转矩 T 为

$$T = C_T \Phi I_a \tag{3-7}$$

式中：I_a——电枢电流；

　　　C_T——是一个与电机结构相关的常数，称为转矩常数。

电磁转矩 T 的方向由磁通 Φ 及电枢电流 I_a 的方向按左手定则确定。式(3-7)表明：若要改变电磁转矩的大小，只要改变 Φ 或 I_a 的大小即可；若要改变 T 的方向，只要改变 Φ 或 I_a 其中之一的方向即可。

转矩常数 C_T 与电动势常数 C_e 之间有固定的比值关系：

$$C_T = 9.55 C_e \tag{3-8}$$

例 3.3　已知一台直流电机的数据为：单叠绕组，极数 $2p=4$，电枢总元件数 $N=400$，电枢电流 $I_a=10A$，每极磁通 $\Phi=2.1\times10^{-2}$Wb，求转速 $n=1000$r/min 时的电枢电动势为多少？此时的电磁转矩又为多少？

解： 在计算过程中首先要弄清电机的绕组形式，是单波绕组还是单叠绕组，即公式中的 a 为多少。单波绕组的 $a=1$，单叠绕组的 $a=p$，对于本题 $a=2$。

（1）电枢电动势为：

$$E_a = C_e \Phi n = \frac{pN}{60a}\Phi n = \frac{2\times400}{60\times2}\times2.1\times10^{-2}\times1000\text{V} = 140\text{V}$$

（2）电磁转矩。

$$T = C_{\mathrm{T}} \Phi I_{\mathrm{a}} = 9.55 C_{\mathrm{e}} \Phi I_{\mathrm{a}} = 9.55 \times \frac{2 \times 400}{60 \times 2} \times 2.1 \times 10^{-2} \times 10 \mathrm{N} \cdot \mathrm{A} = 13.4 \mathrm{N} \cdot \mathrm{A}$$

感应电动势 E_{a} 和电磁转矩 T 是密切相关的。例如当他励直流电动机的机械负载增加时，电机转速将下降，此时反电动势 E_{a} 减小，I_{a} 将增大，电磁转矩 T 也增大，这样才能带动已增大的负载。

▶ 3.3　直流发电机

当用原动机拖动直流电机运行并满足一定的发电条件，直流电机即可发出直流电，供给负载，此时的电机作为发电机状态运行，称为直流发电机。目前，直流发电机的生产已经很少，它最终必将被体积小、效率高、成本低、使用维护方便的整流电源代替。

3.3.1　直流发电机的基本方程式

直流发电机的基本方程式是了解和分析直流发电机性能的主要方法和重要手段，直流发电机的基本方程式包括电动势平衡方程式、转矩平衡方程式、功率平衡方程式等。图 3.17 为并励直流发电机的工作原理图，以它为例分析电动势、转矩和功率基本方程式。

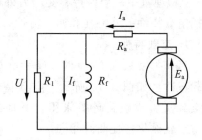

图 3.17　并励发电机电枢回路与励磁回路电路

并励直流发电机由于不需要其他电源供电，可利用其本身的剩磁建立稳定的电压，该过程称为自励过程。要形成自励，必须具备三个条件：

①并励直流发电机的主磁极要有剩磁；
②励磁电流产生的磁场方向必须与剩磁方向一致；
③励磁回路的电阻必须小于临界电阻。

1. 电动势平衡方程式

并励直流发电机中有两个电流回路：励磁回路和电枢回路。下面主要分析电枢回路的电压、电流以及电动势之间的关系。

直流并励发电机通过原动机转起来后，电枢导体切割主磁场，产生电枢电动势 E_{a}，在发电机中，此电动势的方向与电枢电流 I_{a} 的方向相同。电枢电动势 E_{a} 除了提供电枢内阻压降 $I_{\mathrm{a}} R_{\mathrm{a}}$ 外，主要给负载 R_{X} 提供端电压 U。列出电动势平衡方程式如下：

$$E_{\mathrm{a}} = U + I_{\mathrm{a}} R_{\mathrm{a}} \tag{3-9}$$

2. 转矩平衡方程式

直流发电机正常工作时，作用在轴上的转矩有三个：一个是原动机输入给发电机的驱动转矩 T_1；一个是电磁转矩 T，方向与转速 n 方向相反，为制动性质转矩；还有一个是发电机空载损耗形成的转矩 T_0，也是发电机空载运行时的制动转矩。稳态运行时，直流发电机中驱动性质的转矩总是等于制动性质的转矩，据此可得转矩平衡方程式：

$$T_1 = T + T_0 \qquad (3\text{-}10)$$

3. 功率平衡方程式

直流发电机要满足能量守恒原则，输入功率 P_1、输出功率 P_2 和损耗功率 $\sum p$ 的关系应满足功率平衡方程式：

$$P_1 = P_2 + \sum p \qquad (3\text{-}11)$$

另外，电磁功率与电磁转矩的计算公式有：

$$P = E_a I_a \qquad (3\text{-}12)$$

$$T = 9.55 \frac{P}{n_N} \qquad (3\text{-}13)$$

3.3.2 直流发电机的运行特性

直流发电机运行时转速一般保持为额定值，这时端电压 U、负载电流 I、励磁电流 I_f 三个物理量中一个保持不变，另外两个量之间的关系就构成发电机的一种运行特性，包括空载特性、外特性和调节特性。下面以他励直流发电机为例进行分析。

1. 空载特性

当 n 为常数且 $I=0$ 时，$U=f(I_f)$ 即是空载特性，如图 3.18 所示。空载特性可通过空载实验或磁路计算求得，其曲线的形状与空载磁化特性曲线相同。

2. 外特性

外特性指当 n 为常数且 I_f 为常数（或励磁回路总电阻 R_f 为常数）时，$U=f(I)$，如图 3.19 所示。由于 $U = E_a - I_a R_a = C_e \Phi n - I_a R_a$，而 Φ 会随着 I_a 的变化而变化，他励直流发电机的外特性曲线略微下垂。

3. 调节特性

当 n 为常数且 U 为常数时，$I_f = f(I)$ 是调节特性，如图 3.20 所示。

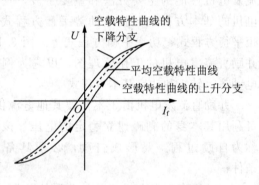

图 3.18 他励发电机的空载特性

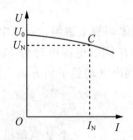

图 3.19 他励发电机的外特性

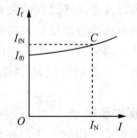

图 3.20 他励发电机的调节特性

▶ 3.4 直流电动机

本节重点分析并励直流电动机的基本方程式，并简要介绍可逆原理和他励直流发电机的工作特性。

3.4.1 直流电机的可逆原理

比较直流电动机与直流发电机的结构和工作原理，可以发现一台直流电机既可以作为发电机运行，也可以作为电动机运行，只是其输入输出的条件不同而已。如果在电刷两端加上直流电源，将电能输入电枢，则从电机轴上输出机械能，驱动生产机械工作，这时直流电机将电能转换为机械能，工作在电动机状态。如果用原动机驱动直流电机的电枢旋转，从电机轴上输入机械能，则从电刷两端可以引出直流电动势，输出直流电能，这时直流电机将机械能转换为直流电能，工作在发电机状态。

同一台电机，既能作发电机运行，又能作电动机运行的原理，称为电机的可逆原理。任何直流电机都是可逆的，但这并不是说厂商提供的直流机可以不分发电机和电动机了。因为电机是有额定工作状态的，这也是制造厂家为该电机设计的最佳工作状态，若混用，会不同程度地偏离最佳工作状态，使电机的性能变坏。实际的直流电动机和直流发电机在设计时考虑了工作特点的一些差别，因此有所不同。例如直流发电机的额定电压略高于直流电动机，以补偿线路的电压降，便于两者配合使用。直流发电机的额定转速略低于直流电动机，便于选配原动机。

3.4.2 直流电动机的基本方程式

图 3.21 为并励直流电动机的工作原理图。以它为例分析电动势、转矩和功率之间的关系。直流并励电动机的励磁绕组与电枢绕组并联，由同一直流电源供电。接通直流电源后，励磁绕组中流过励磁电流 I_f，建立主磁场；电枢绕组中流过电枢电流 I_a，电枢电流与主磁场作用产生电磁转矩 T，使电枢朝转矩 T 的方向以转速 n 旋转，将电能转换为机械能，带动生产机械工作。

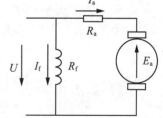

图 3.21　并励电动机电枢回路与励磁回路电路

1. 电动势平衡方程式

直流并励电动机通电旋转后，电枢导体切割主磁场，产生电枢电动势 E_a，在电动机中，此电动势的方向与电枢电流 I_a 的方向相反，称为反电动势。电源电压 U 除了提供电枢内阻压降 $I_a R_a$ 外，主要用来与电枢电动势 E_a 相平衡。列出电动势平衡方程式：

$$U = E_a + I_a R_a \tag{3-14}$$

2. 转矩平衡方程式

直流电动机正常工作时，作用在轴上的转矩有三个：一个是电磁转矩 T，方向与转速 n 方向相同，为驱动性质转矩；一个是电动机空载损耗形成的转矩 T_0，是电动机空载运行时的制动转矩，方向总与转速 n 方向相反；还有一个是轴上所带生产机械的负载转矩 T_L，一般为制动性质转矩。T_L 在大小上也等于电动机的输出转矩 T_2。可得直流电动机的转矩平衡方程式：

$$T = T_L + T_0 \tag{3-15}$$

3. 功率平衡方程式

直流电动机也要满足能量守恒原则，输入功率 P_1、输出功率 P_2 和损耗功率 $\sum p$ 的关系应符合功率平衡方程式：

$$P_1 = P_2 + \sum p \tag{3-16}$$

例3.4 一台并励直流电动机，$P_N = 96\text{kW}$，$U_N = 440\text{V}$，$I_N = 255\text{A}$，$I_L = 5\text{A}$，$n_N = 500\text{r/min}$，电枢回路总电阻 $R_a = 0.078\Omega$。试求：(1)额定输出转矩；(2)在额定电流时的电磁转矩。

解：(1)
$$T_N = 9.55\frac{P_N}{n_N} = 9.55 \times \frac{96 \times 10^3}{500} = 1833.6(\text{N} \cdot \text{m})$$

(2)
$$I_a = I_N - I_L = 255 - 5 = 250(\text{A})$$
$$E_a = U_N - I_a R_a = 440 - 250 \times 0.78 = 420.5(\text{V})$$
$$P = E_a I_a = 420.5 \times 250 = 105.125(\text{kW})$$
$$T = 9.55 \times \frac{P}{n_N} = 9.55 \times \frac{105.125 \times 10^3}{500} = 2008(\text{N} \cdot \text{m})$$

例3.5 一台并励直流发电机，铭牌数据如下：$P_N = 23\text{kW}$，$U_N = 230\text{V}$，$n_N = 1500\text{r/min}$，励磁回路 $R_f = 57.5\Omega$，电枢电阻 $R_a = 0.1\Omega$，不计电枢反应和磁路饱和。现将这台电机改为并励直流电动机运行，把电枢两端和励磁绕组两端都接到220V的直流电源上，运行时维持电枢电流为原额定值，试求电动机的下列数据：(1)转速 n；(2)电磁功率 P；(3)电磁转矩 T。

解：
$$I_f = \frac{U_N}{R_f} = \frac{230}{57.5}\text{A} = 4\text{A}$$
$$I_N = \frac{P_N}{U_N} = \frac{23 \times 10^3}{230} = 100(\text{A})$$
$$I_a = I_N + I_f = 100 + 4 = 104(\text{A})$$

(1)
$$E_a = U_N + R_a I_a = 230 + 0.1 \times 104 = 240.4(\text{V})$$
$$C_e\Phi = \frac{E_a}{n_N} = \frac{240.4}{1500} = 0.1603$$
$$E_a = U_N - R_a I_a = 220 - 0.1 \times 104 = 209.6(\text{V})$$
$$C_e\Phi' = \frac{220}{230}C_e\Phi = \frac{220}{230} \times 0.1603 = 0.1533$$
$$n = \frac{E_a}{C_e\Phi'} = \frac{209.6}{0.1533}\text{r/min} = 1367\text{r/min}$$

(2)
$$P = E_a I_a = 209.6 \times 104\text{W} = 21.798\text{kW}$$

(3)
$$T = 9.55 \times \frac{P}{n_N} = 9.55 \times \frac{21.798 \times 10^3}{1367} = 152.27(\text{N} \cdot \text{m})$$

3.4.3 直流电动机的工作特性

直流电动机的工作特性是指 $U = U_N$、$I_f = I_{fN}$ 时，电动机转速 n、电磁转矩 T 和效率 η 三者与输出功率 P_2 之间的关系，下面以他励直流电动机为例进行分析。

1. 转速特性

当 $U=U_N$、$I_f=I_{fN}$ 时，$n=f(I_a)$ 即是转速特性，如图 3.22 所示。

$$\left.\begin{array}{r} E_a = C_e\Phi n \\ U = E_a + I_aR_a \end{array}\right\} \quad n = \frac{U_N - I_aR_a}{C_e\Phi} = \frac{U_N}{C_e\Phi} - \frac{R_a}{C_e\Phi}I_a = n_0' - \frac{R_a}{C_e\Phi}I$$

图 3.22 中，若忽略电枢反应的去磁作用，转速与负载电流按线性关系变化（图 3.22 中下方直线）；若考虑电枢反应的电磁作用时，转速的下降会减少，他励电动机的转速特性将是一条略微下倾的曲线（图中上方曲线）。

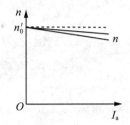
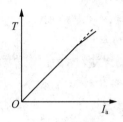

图 3.22　他励电动机的转速特性　　图 3.23　他励电动机的转矩特性

2. 转矩特性

转矩特性是指当 $U=U_N$、$I_f=I_{fN}$ 时，$T=f(I_a)$，如图 3.23 所示。由于 $T=C_T\Phi I_a$，当 I_a 很小时，电枢反应的去磁作用很小，有 $T=C_T\Phi I_a \propto I_a$，当 I_a 较大时，电枢反应的去磁作用使主磁通 Φ 有所减小，曲线向下弯曲。

3. 效率特性

当 $U=U_N$、$I_f=I_{fN}$ 时，$\eta=f(I_a)$ 为效率特性，如图 3.24 所示。其中当他励电动机的功率损耗中，可变损耗（即铜耗）等于不变损耗（其他损耗）时，效率最高。

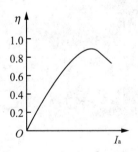

图 3.24　他励电动机的效率特性

本 章 小 结

1. 直流电机是直流电能和机械能相互转换的一种旋转电机。直流电机的工作原理是建立在电磁感应原理和电磁力定律的基础上的，它赖以实现机电能量转换的媒介是气隙磁场。任何一台直流电机既可作为发电机运行，也可以作为电动机运行，这就是直流电机运行的可逆性。

2. 常用的直流电机是换向器式电机，直流电机电枢旋转时，从电机外部看，它的电压、电流和电动势都是直流，但是每个线圈中的电压、电流和电动势都是交流。这种交直流之间的转换是通过换向器和电刷的配合作用实现的。

3. 直流电机由定子和转子两大部分组成，定子部分包括主磁极、机座、换向极、电刷装置、端盖等。转子部分包括转轴、电枢铁芯、电枢绕组、换向器等。定子的作用是建立主磁场和进行机械固定。转子的作用是产生电动势，流过电流，产生电磁转矩。

4. 额定值是电机长期运行时允许的各物理量的值。直流电机的额定值主要有额定功率 P_N、额定电压 U_N、额定电流 I_N、额定转速 n_N 等。

5. 直流电机电枢绕组的感应电动势 $E_a = C_e \Phi n$。

无论直流电动机还是直流发电机，电枢绕组中都存在感应电动势，在发电机中 E_a 与电枢电流 I_a 方向相同，是电源电动势；而在电动机中 E_a 与 I_a 的方向相反，是反电动势。

6. 直流电机电枢绕组的电磁转矩 $T = C_T \Phi I_a$。

在发电机中电磁转矩 T 与电枢旋转的方向相反，为制动转矩；而在电动机中 T 与电枢旋转的方向相同，为驱动转矩。

7. 直流发电机的基本方程式包括：

电动势平衡方程式：$E_a = U + I_a R_a$

转矩平衡方程式：$T_1 = T + T_0$

功率平衡方程式：$P_1 = P_2 + \sum p$

8. 直流电动机的基本方程式包括：

电动势平衡方程式：$U = E_a + I_a R_a$

转矩平衡方程式：$T = T_L + T_0$

功率平衡方程式：$P_1 = P_2 + \sum p$

>>> **思考题与习题**

3.1 直流电机有哪些优缺点？应用于哪些场合？

3.2 直流电机的基本结构由哪些部件所组成？

3.3 直流电机中，换向器的作用是什么？

3.4 直流电机按励磁方式不同可以分成哪几类？

3.5 什么叫直流电机的可逆原理？

3.6 用哪些方法可以改变直流电动机的转向？同时调换电枢绕组的两端和励磁绕组的两端接线，直流电动机的转向是否改变？

3.7 直流电动机停机时，应该先切断电枢电源，还是先断开励磁电源？

3.8 直流发电机中电枢绕组元件内的电动势和电流是交流的还是直流的？若是交

流的，为什么计算稳态电动势 $E_a = U + I_a R_a$ 时不考虑元件的电感？

3.9　已知某直流电动机铭牌数据如下，额定功率 $P_N = 30\text{kW}$，额定电压 $U_N = 220\text{V}$，额定转速 $n_N = 1500\text{r/min}$，额定效率 $\eta_N = 87\%$，试求该电机的额定电流和额定输出转矩。

3.10　已知一台并励直流发电机，额定功率 $P_N = 10\text{kW}$，额定电压 $U_N = 230\text{V}$，额定转速 $n_N = 1450\text{r/min}$，电枢回路总电阻 $R_a = 0.486\Omega$，励磁绕组电阻 $R_f = 215\Omega$。求：额定负载时的电磁功率和电磁转矩。

3.11　一台并励直流发电机，$P_N = 26\text{kW}$，$U_N = 230\text{V}$，$n_N = 960\text{r/min}$，$2p = 4$，单波绕组，电枢导体总数 $N = 444$ 根，额定励磁电流 $I_{fN} = 2.592\text{A}$，空载额定电压时的磁通 $\Phi_0 = 0.0174\text{Wb}$。电刷安放在几何中性线上，忽略交轴电枢反应的去磁作用，试求额定负载时的电磁转矩及电磁功率。

3.12　一台并励直流电动机，$U_N = 110\text{V}$，$R_a = 0.04\Omega$（包括电刷接触电阻），已知电动机在某负载下运行时，$I_a = 40\text{A}$，转速 $n = 1000\text{r/min}$。现在使负载转矩增加到原来的 4 倍，问电动机的电流和转速各为多少（忽略电枢反应的作用和空载转矩）？

第4章　直流电动机的电力拖动

>>> **本章概述**

1. 电力拖动系统的运动方程式和负载的转矩特性。
2. 他励直流电动机的机械特性。
3. 他励直流电动机的启动、制动和调速过程。
4. 串励、复励直流电动机的电力拖动特点。

>>> **学习目标**

1. 熟悉电力拖动系统的运动方程式和负载的转矩特性。
2. 理解他励直流电动机的机械特性。
3. 掌握他励直流电动机的启动、制动和调速过程。
4. 了解串励、复励直流电动机的电力拖动特点。

▶ 4.1　电力拖动系统的动力学基础

凡是由电动机拖动生产机械，并完成一定工艺要求的系统，都称为电力拖动系统。生产机械称为电动机的负载。电力拖动系统一般由电动机、传动机构、生产机械的工作机构、控制设备以及电源五部分组成，如图4.1所示。其实例是四柱成型机电气自动控制系统，传动机构是联轴器，生产机械的工作机构是成型机，控制设备和电源组合在电气控制柜内。

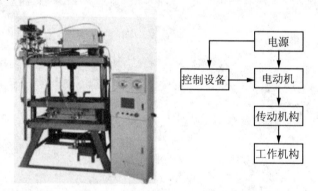

图4.1　电力拖动系统的实例和组成框图

现代化生产过程中，多数生产机械都采用电力拖动，其主要原因是：电能的传输和分配非常方便，电机的效率高，电动机的多种特性能很好地满足大多数生产机械的不同要求，电力拖动系统的操作和控制都比较简便，可以实现自动控制和远距离操作等。

4.1.1　电力拖动系统的运动方程式

在图 4.1 所示的四柱成型机电气自动控制系统中，电动机直接与生产机械的工作机构相连接，电动机与负载用同一个轴，以同一转速运行。电力拖动系统中主要的机械物理量有电动机的转速 n，电磁转矩 T，负载转矩 T_L。由于电动机负载运行时，一般情况下 $T_L \gg T_0$，故可忽略 T_0（T_0 为电动机空载转矩）。各物理量的正方向按电动机惯例确定，如图 4.2 所示，电磁转矩 T 的方向与转速 n 方向一致时取正号；负载转矩 T_L 方向与转速 n 方向相反时也取正号。根据转矩平衡的关系，可以写出如下形式的电力拖动系统运动方程式。

$$T - T_L = \frac{GD^2}{375} \frac{dn}{dt} \tag{4-1}$$

式中 $\dfrac{GD^2}{375}$ 是反映电力拖动系统机械惯性的一个常数。上式表明，$T = T_L$ 时，系统处于恒定转速运行的稳态；$T > T_L$ 时，系统处于加速运动的过渡过程中；$T < T_L$ 时，系统处于减速运动的过渡过程中。

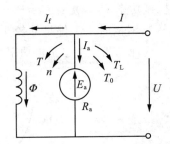

图 4.2　并励直流电动机的工作原理图

4.1.2　负载的转矩特性

生产机械工作机构的转速 n 与负载转矩 T_L 之间的关系，即 $n = f(T_L)$ 称为负载的转矩特性。生产机械的种类很多，它们的负载特性各不相同，但根据统计分析，负载的转矩特性按照性能特点，可以归纳为以下三类。

1. 恒转矩负载特性

恒转矩负载是指负载转矩 T_L 的大小不随转速变化，$T_L = T_N$，这种特性称为恒转矩负载特性。它有反抗性和位能性两种：

（1）反抗性恒转矩负载。

反抗性恒转矩负载的特点是，工作机构转矩的绝对值是恒定不变的，转矩的性质总是阻止运动的制动性转矩。即：$n > 0$ 时，$T_L > 0$（常数）；$n < 0$ 时，$T_L < 0$（常数），T_L 的绝对值不变。其负载特性如图 4.3 所示，位于坐标第 Ⅰ、第 Ⅲ 象限。由于摩擦力的方向总是与运动方向相反，摩擦力的大小只与正压力和摩擦系数有关，而与运动速度无关。属于这类特性的生产机械有轧钢机和机床的平移机构等。

（2）位能性恒转矩负载。

位能性恒转矩负载的特点是，工作机构转矩的绝对值是恒定的，而且方向不变（与运动方向无关），总是沿重力作用方向。当 $n > 0$ 时，$T_L > 0$，是阻碍运动的制动转矩；

当 $n<0$ 时，$T_L>0$，是帮助运动的驱动转矩，其负载特性如图 4.4 所示，位于坐标第Ⅰ、第Ⅳ象限。起重机提升和下放重物就属于这个类型。

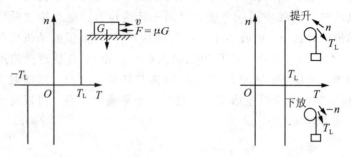

图 4.3　阻力性恒转矩负载特性　　　图 4.4　位能性恒转矩负载特性

2. 恒功率负载特性

某些车床，在粗加工时，切削量大，切削阻力大，这时工作在低速状态；而在精加工时，切削量小，切削阻力小，往往工作在高速状态。因此，在不同转速下，负载转矩基本上与转速成反比，而机械功率 $P_L \propto n \cdot T_L = P_S$，称为恒功率负载，其负载转矩特性如图 4.5 所示。轧钢机轧制钢板时，工件尺寸较小则需要高速度低转矩，工件尺寸较大则需要低速度高转矩，这种工艺要求也是恒功率负载。

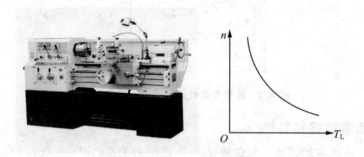

图 4.5　车床与准功率须载特性

3. 通风机型负载特性

水泵、油泵、鼓风机、电风扇和螺旋桨等，其转矩的大小与转速的平方成正比，即 $T_L \propto n^2$，此类称之为通风机型负载，其负载特性如图 4.6 所示。

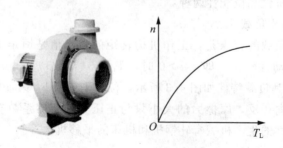

图 4.6　通风机型负载特性

上述恒转矩负载、恒功率负载以及通风机型负载，都是从各种实际负载中概括出来的典型的负载形式，实际上的负载可能是以某种典型负载形式为主，或某几种典型负载形式的结合。例如，水泵主要是通风机型负载特性，但是轴承摩擦力又是反抗性的恒转矩负载特性，只是运行时后者数值较小而已。再例如起重机在提升和下放重物时，主要是位能性恒转矩负载特性，但各个运动部件的摩擦力又是阻力性恒转矩负载特性。

▶ 4.2 他励直流电动机的机械特性

从电力拖动系统的运动方程式(4-1)可知，电动机稳定运行时，电动机的电磁转矩 T 与负载转矩 T_L 必须保持平衡，即大小相等，方向相反。当负载转矩 T_L 改变时，要求电磁转矩 T 也随之改变，以达到新的平衡关系，而电动机电磁转矩 T 的变化过程，实际上也就是电动机内部电动势达到新的平衡关系的过程，这个过程称为过渡过程，它将引起电动机转速的改变。

直流电动机的机械特性是指在电枢电压、励磁电流、电枢回路电阻为恒值的条件下，转速 n 与电磁转矩 T 之间的关系特性，即 $n=f(T)$，或转速 n 与电枢电流 I_a 的关系 $n=f(I_a)$，后者也就是转速特性。机械特性将决定电动机稳定运行、启动、制动以及调速的工作情况。下面先以他励直流电动机为例讨论机械特性，再简要介绍电力拖动系统稳定运行的条件。

4.2.1 固有机械特性

固有机械特性是指当电动机的工作电压和磁通均为额定值时，电枢电路中没有串入附加电阻时的机械特性，其方程式为

$$n = \frac{U}{C_e \Phi} - \frac{R}{C_e C_T \Phi^2} T \tag{4-2}$$

固有机械特性如图 4.7 中 $R=R_a$ 的曲线所示，由于 R_a 较小，故他励直流电动机的固有机械特性较硬。图中 n_0 为 $T=0$ 时的转速，称为理想空载转速。Δn_N 为额定转速降。

4.2.2 人为机械特性

人为机械特性是指人为地改变电动机参数(U、R、Φ)而得到的机械特性，他励电动机有以下三种人为机械特性。

1. 电枢串接电阻的人为机械特性

此时 $U=U_N$，$\Phi=\Phi_N$，$R=R_a+R_{pa}$。人为机械特性与固有特性相比，理想空载转速 n_0 不变，但转速降 Δn 相应增大，R_{pa} 越大，Δn 越大，特性越"软"，如图 4.7 中曲线 1、2 所示。可见，电枢回路串入电阻后，在同样大小的负载下，电动机的转速将下降，稳定在低速运行。

2. 改变电枢电压时的人为机械特性

此时 $R_{pa}=0$，$\Phi=\Phi_N$。由于电动机的电枢电压一般以额定电压 U_N 为上限，因此改变电压，通常只能在低于额定电压的范围变化。

与固有机械特性相比，转速降 Δn 不变，即机械特性曲线的斜率不变，但理想空载转速 n_0 随电压成正比减小，因此降压时的人为机械特性是低于固有机械特性曲线的一组平行直线，如图 4.8 所示。

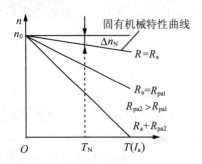

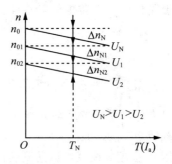

图 4.7　他励直流电动机固有机械特性　　　图 4.8　他励直流电动机降压时的
及串接电阻时人为机械特性　　　　　　人为机械特性

3. 减弱磁通时的人为机械特性

减弱磁通可以在励磁回路内串接电阻 R_f 或降低励磁电压 U_f，此时 $U = U_N$，$R_{pa} = 0$。因为 Φ 是变量，所以 $n = f(I_a)$ 和 $n = f(T)$ 必须分开表示，其特性曲线分别如图 4.9（a）和（b）所示。

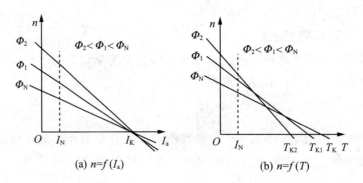

图 4.9　他励直流电动机减弱磁通时的人为机械特性

当减弱磁通时，理想空载转速 n_0 增加，转速降 Δn 也增加。通常在负载不是太大的情况下，减弱磁通可使他励直流电动机的转速升高。

4.2.3　电力拖动系统稳定运行条件

前面分析了生产机械的负载转矩特性 $n = f(T_L)$ 和电动机的机械特性 $n = f(T)$，把两种特性配合起来，就可以研究电力拖动系统的稳定运行问题。

电动机带上某一负载，假设原来运行于某一转速，由于受到外界某种短时干扰，如负载的突然变化或电网电压的波动等，而使电动机的转速发生变化，离开原来的平衡状态，如果系统在新的条件下仍能达到新的平衡或者当外界干扰消失后，系统能自动恢复到原来的转速，就称该拖动系统能稳定运行，否则就称不能稳定运行。不能稳定运行时，即使外界干扰已经消失，系统的速度也会一直上升或一直下降直到停止转动。

为了使系统能稳定运行，电动机的机械特性和负载特性必须配合得当。为了便于分析，将电动机的机械特性和负载特性画在同一坐标图上，如图 4.10 所示。

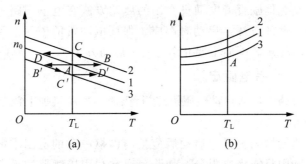

图 4.10　电动机稳定运行条件分析

设电动机原来稳定工作在 A 点，$T = T_L$。在图 4.10(a)所示情况下，如果电网电压突然波动，使机械特性偏高，由曲线 1 转为曲线 2，在这瞬间电动机的转速还来不及变化，而电动机的电磁转矩则增大到 B 点所对应的值，这时电磁转矩将大于负载转矩，所以转速将沿机械特性曲线 2 由 B 点上升到 C 点。随着转速的升高，电动机电磁转矩变小，最后在 C 点达到新的平衡。当干扰消失后，电动机恢复到机械特性曲线 1 运行，这时电动机的转速由 C 点过渡到 D 点，由于电磁转矩小于负载转矩，转速下降，最后又恢复到 A 点，在原工作点达到新的平衡。

反之，如果电网电压波动使机械特性偏低，由曲线 1 转为曲线 3，则电动机将经过 $A \to B' \to C'$，在 C' 点取得新的平衡。扰动消失后，工作点将由 $C' \to D' \to A$，恢复到原工作点 A 运行。

图 4.10(b)所示则是一种不稳定运行的情况，分析方法与图 4.10(a)相同，读者可自行分析。

由于大多数负载转矩都是随转速的升高而增大或保持恒定，因此只要电动机具有下降的机械特性，就能稳定运行。而如果电动机具有上升的机械特性，一般来说不能稳定运行，除非拖动像通风机这样的特殊负载，在一定的条件下，才能稳定运行。

▶ 4.3　他励直流电动机的启动

直流电动机由静止状态加速达到正常运转的过程称为启动过程。

当电动机启动瞬间，$n = 0$，$E_a = 0$，此时电动机中流过的电流叫启动电流 I_{st}，对应的电磁转矩叫启动转矩 T_{st}。为了使电动机的转速从零逐步加速到稳定的运行速度，在启动时电动机必须产生足够大的电磁转矩。如果不采取任何措施，直接把电动机加上额定电压进行启动，这种启动方法叫直接启动。直接启动时，启动电流 $I_{st} = U_N / R_a$，将升到很大的数值，同时启动转矩也很大，过大的电流及转矩，对电动机及电网可能会造成一定的危害，所以一般启动时要对 I_{st} 加以限制。

一般的生产机械对直流电动机的启动有下列要求：

①启动转矩足够大，$T_{st} \geqslant (1.1 \sim 1.2) T_N$；

②启动电流不可太大，$I_{st} \leqslant (1.5 \sim 2.5) I_N$；

③启动设备操作方便，启动时间短，运行可靠，成本低廉。

只有小容量直流电动机因其额定电流小可以采用直接启动，而较大容量的直流电动机不允许直接启动。他励直流电动机常用的启动方法有电枢回路串电阻启动和降压启动两种。不论采用哪种方法，启动时都应该保证电动机的磁通达到最大值，从而保证产生足够大的启动转矩。下面主要介绍这两种启动方法。

4.3.1　电枢回路串电阻启动

启动时在电枢回路中串入启动电阻 R_{st} 进行限流，电动机加上额定电压，R_{st} 的数值应使 I_{st} 不大于允许值。

为使电动机转速能均匀上升，启动后应把与电枢串联的电阻平滑均匀切除。但这样做比较困难，实际中只能将电阻分段切除，通常利用接触器的触点来分段短接启动电阻。由于每段电阻的切除都需要有一个接触器控制，因此启动级数不宜过多，一般为 2～5 级。

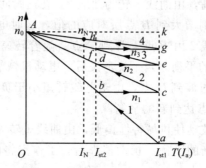

图 4.11　他励直流电动机串电阻启动时机械特性

在启动过程中，通常限制最大启动电流 $I_{st1} = (1.5 \sim 2.5) I_N$；$I_{st2} = (1.1 \sim 1.2) I_N$，并尽量在切除电阻时，使启动电流能从 I_{st2} 回升到 I_{st1}。图 4.11 所示为他励直流电动机串电阻三级启动时的机械特性。

启动时依次切除启动电阻 R_{st1}、R_{st2}、R_{st3}，相应的电动机工作点从 a 点到 b 点、c 点、d 点……最后稳定在 h 点运行，启动结束。

4.3.2　减压启动

减压启动只能在电动机有专用电源时才能采用。启动时，通过降低电枢电压来达到限制启动电流的目的。为保证足够大的启动转矩，应保持磁通不变，待电动机启动后，随着转速的上升、反电动势的增加，再逐步提高电枢电压，直至将电压恢复到额定值，电动机在全压下稳定运行。

减压启动虽然需要专用电源，设备投资大，但它启动电流小，升速平滑，并且启动过程中能量消耗也较少，特别是随着晶闸管可控整流电路的发展，可调的电压电源越来越普及，因而这种启动方式得到广泛应用。

例 4.1　某他励直流电动机额定功率 $P_N = 96kW$，额定电压 $U_N = 440V$；额定电流 $I_N = 250A$，额定转速 $n_N = 500r/min$，电枢回路总电阻 $R_a = 0.078\Omega$，拖动额定大小的恒转矩负载运行，忽略空载转矩。

(1)若采用电枢回路串电阻启动，启动电流 $I_{st} = 2I_N$ 时，计算应串入的电阻值及启动转矩。

(2)若采用降压启动，条件同上，电压应降至多少并计算启动转矩。

解：(1)电枢回路串电阻启动。

应串电阻　　$R = \dfrac{U_N}{I_{st}} - R_a = \dfrac{440}{2 \times 250} - 0.078 = 0.802\Omega$

额定转矩　　$T_N \approx 9.55\dfrac{P_N}{n_N} = 9.55 \times \dfrac{96 \times 10^3}{500} = 1833.5\text{N} \cdot \text{m}$

启动转矩　　$T_{st} = 2T_N = 3667\text{N} \cdot \text{m}$

(2)降压启动。

启动电压　　$U = I_{st}R_a = 2 \times 250 \times 0.078 = 39\text{V}$

启动转矩　　$T_{st} = 2T_N = 3667\text{N} \cdot \text{m}$

▶ 4.4　他励直流电动机的制动

欲使电力拖动系统停车，对反抗性负载来说最简单的方法是断开电枢电源，这时电动机的电磁转矩为零，在空载损耗阻转矩的作用下，系统转速就会逐渐减小至零，这叫做自由停车。停车过程中阻转矩通常都很小，这种停车方法一般较慢，特别是空载自由停车，更需要较长的时间。许多生产机械希望能快速减速或停车，或使位能负载能稳定匀速下放，这就需要拖动系统产生一个与旋转方向相反的转矩，这个起着反抗运动作用的转矩称制动转矩。

产生制动转矩的方法有两种：一是利用机械摩擦获得，称为机械制动，例如常见的抱闸装置；二是在电动机的旋转轴上施加一个与旋转方向相反的电磁转矩，称为电磁制动。判断电动机是否处于电磁制动状态的条件是：电磁转矩 T 的方向和转速 n 的方向是否相反。是，则为制动状态；否，则为电动状态。

与机械制动相比，电磁制动的制动转矩大、操作方便、没有机械磨损，容易实现自动控制，所以在电动机拖动系统中得到广泛应用。下面主要介绍他励直流电动机的能耗制动、反接制动和回馈制动。

4.4.1　能耗制动

能耗制动原理图如图 4.12 所示。当 Q_1 接通 Q_2 断开，电动机工作于电动运行状态；保持励磁电流不变，这时，Q_1 断开 Q_2 接通，即将电枢两端从电网断开，并立即接到一个制动电阻 R_z 上。能耗制动对应的机械特性如图 4.13 所示。这时从机械特性上看，电动机工作点从 A 点切换到 B 点，在 B 点因为 $U=0$，所以 $I_a = -E_a/(R_a + R_z)$，电枢电流为负值，由此产生的电磁转矩 T 也随之反向，由原来与 n 同方向变为与 n 反方向，进入制动状态，起到制动作用，使电动机减速，工作点沿特性曲线下降，由 B 点移至 O 点。当 $n=0$，$T=0$ 时，若是反抗性负载，则电动机停转。

在这过程中，电动机由生产机械的惯性作用拖动，输入机械能而发电，发出的能量消耗在电阻 $R_a + R_z$ 上，直到电动机停止转动，故称为能耗制动。

为了避免过大的制动电流对系统带来不利影响，应合理选择 R_z，通常限制最大制动电流不超过额定电流的 2~2.5 倍。

$$R_a + R_z \geqslant \frac{E_a}{(2-2.5)I_N} \approx \frac{U_N}{(2-2.5)I_N} \qquad (4-3)$$

如果能耗制动时拖动的是位能性负载，电动机可能被拖向反转，工作点从 O 点移至 C 点才能稳定运行。能耗制动操作简单，制动平稳，但在低速时制动转矩变小。若为了使电动机更快地停转，可以在转速降到较低时，再加上机械制动相配合。

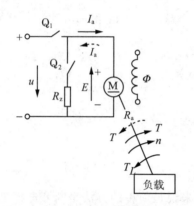

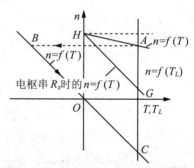

图 4.12　能耗制动原理图　　图 4.13　能耗制动机械特性

4.4.2　反接制动

他励直流电动机的电枢电压 U 和电枢电动势 E_a 中的任何一个量在外部条件作用下改变方向，即两者由原来方向相反变为一致时，电动机即进入反接制动状态。因此反接制动可用两种方法实现，即电压反接（一般用于反抗性负载）与电动势反接（用于位能性负载）。

1. 电压反接制动

电压反接制动原理图如图 4.14 所示，电动机原来工作于电动状态下，为使电动机迅速停车，现维持励磁电流不变，突然改变电枢两端外加电压 U 的极性，此时 n、E_a 的方向还没有变化，电枢电流 I_a 为负值，由其产生的电磁转矩的方向也随之改变，进入制动状态。由于加在电枢回路的电压为 $-(U+E_a) \approx -2U$，因此，在电源反接的同时，必须串接较大的制动电阻 R_z，R_z 的大小应使反接制动时电枢电流 $I_a \leqslant 2.5I_N$。

机械特性曲线见图 4.15 中的直线 bc。从图中可以看出，反接制动时电动机由原来的工作点。沿水平方向移到 b 点，并随着转速的下降，沿直线 bc 下降。通常在 c 点处若不切除电源，电动机很可能反向启动，加速到 d 点。

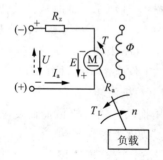

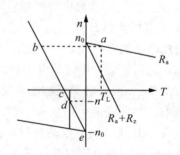

图 4.14　电压反接制动原理图　　图 4.15　电压反接制动机械特性

所以电压反接制动停车时，一般情况下，当电动机转速 n 接近于零时，必须立即切断电源，否则电动机反转。

电压反接制动效果强烈，电网供给的能量和生产机械的动能都消耗在电阻 $R_a +R_z$ 上。

2. 电动势反接制动

如图 4.16 所示，电动机原先提升重物，工作于 a 点，若在电枢回路中串接足够大的电阻，特性变得很软，转速下降，当 $n=0$ 时（c 点），电动机的 T_c 仍然小于 T_L，在位能性负载倒拉作用下，电动机继续减速进入反转，最终稳定地运行在 d 点。此时 $n<0$，T 方向不变，即进入制动状态，工作点位于第四象限，E_a 方向变为与 U 相同。电动势反接制动的机械特性方程和电枢串电阻电动运行状态时相同。

电动势反接制动时，电动机从电源及负载处吸收电功率和机械功率，全部消耗在电枢回路电阻 $R_a +R_z$ 上。电动势反接制动常用于起重机低速下放重物，电动机串入的电阻越大，最后稳定的转速越高。

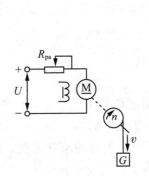　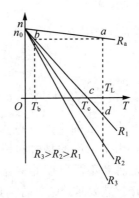

（a）电动势反接制动原理图　（b）电动势反接制动机械特性

图 4.16　他励电动机倒拉反接制动

4.4.3　回馈制动

若电动机在电动状态运行中，由于某种因素（如电动机车下坡）而使电动机的转速高于理想空载转速时，电动机便处于回馈制动状态。$n>n_0$ 是回馈制动的一个重要标志。因为当 $n>n_0$ 时，电枢电流 I_a 与原来 $n<n_0$ 时的方向相反，因磁通 Φ 不变，所以电磁转矩随 I_a 反向而反向，对电动机起制动作用。电动状态时电枢电流由电网的正端流向电动机，而在回馈制动时，电流由电枢流向电网的正端，这时电动机将机车下坡时的位能转变为电能回送给电网，因而称为回馈制动。

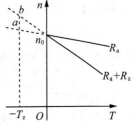

回馈制动的机械特性方程式和电动状态时完全一样，由于 I_a 为负值，所以在第二象限，如图 4.17 所示。电枢电路若串入电阻，可使特性曲线的斜率增加。

例 4.2　一台他励直流电动机，$P_N =5.6\text{kW}$，$U_N =220\text{V}$，$I_N =31\text{A}$，$n_N =1000\text{r/min}$，$R_a =0.4\Omega$，负载转矩 $T_L =49\text{N·m}$，电枢电流不得超过 2 倍额定电流（忽略空载转

图 4.17　回馈制动机械特性

矩 T_0），试计算：

（1）电动机拖动反抗性负载，采用能耗制动停车，电枢回路应串入的制动电阻最小值是多少？

（2）若采用电枢反接制动停车，电阻最小值是多少？

解：（1）计算能耗制动电阻。

$$C_e\Phi_N = \frac{U_N - I_a R_a}{n_N} = \frac{220 - 31 \times 0.4}{1000} = 0.208$$

电动状态的稳定转速

$$n = \frac{U_N}{C_e\Phi_N} - \frac{R_a}{C_e C_T \Phi_N^2}T = \frac{220}{0.208} - \frac{0.4}{9.55 \times 0.208^2} \times 49 = 1010(\text{r/min})$$

能耗制动电阻

$$R_z = \frac{-E_a}{I_z} - R_a = \frac{C_e\Phi_N n}{I_z} - R_a = \frac{-0.208 \times 1010}{-2 \times 31} - 0.4 = 2.99(\Omega)$$

（2）电枢反接制动电阻。

$$R_z' = \frac{U_N + E_a}{I_z} - R_a = \frac{-220 - 0.208 \times 1010}{-2 \times 31} - 0.4 = 6.54(\Omega)$$

▶ 4.5 他励直流电动机的调速

在工业生产中，有大量的生产机械为了满足生产工艺要求，需要改变工作速度，例如金属切削机床，由于工件的材料和精度的要求不同，工作速度也就不同，又如轧钢机，因轧制不同品种和不同厚度的钢材，要采取不同的最佳速度。这种人为改变电动机速度以满足生产工艺要求，通常称为调速。

调速可用机械方法、电气方法或机械电气相结合的方法，本节只讨论电气调速。电气调速是人为的改变电动机的参数，使电力拖动系统运行于不同的人为机械特性上，从而在相同的负载下，得到不同的运行速度。这不同于由于负载变化，使电动机在同一条特性上，发生的转速变化。

根据机械特性方程式：

$$n = \frac{U_N}{C_e\Phi} - \frac{R}{C_e\Phi}I_a = \frac{U}{C_e\Phi} - \frac{R}{C_e C_T \Phi^2}T$$

人为改变电枢电压 U、电枢回路总电阻 R 和主磁通 Φ 都可以改变转速 n。所以，调速的方法有：降压调速、电枢回路串电阻调速和弱磁调速三种。

4.5.1 调速指标

直流电动机具有极好的调速性能，可在宽广范围内平滑而经济地调速，特别适用于调速要求较高的电力拖动系统中。电动机调速性能的好坏，常用下列各项技术指标来衡量。

1. 调速范围

调速范围是指电动机驱动额定负载时，所能达到的最高转速与最低转速之比，用系数 D 表示，即：

$$D = \frac{n_{\max}}{n_{\min}} \qquad (4\text{-}4)$$

不同的生产机械要求不同的调速范围，例如轧钢机 $D = 3 \sim 120$，龙门刨床 $D = 10 \sim 40$，造纸机 $D = 3 \sim 20$ 等。由上式可知，要扩大调速范围 D，必须提高 $n_{\max}$ 和降低 $n_{\min}$，但 $n_{\max}$ 受到电动机的机械强度和换向条件的限制，$n_{\min}$ 受到相对稳定性的限制，所以电机的调速范围应根据生产机械的要求综合考虑。

2. 调速的平滑性

电动机相邻两个调速挡的转速之比称为调速的平滑性，其比值 ϕ 称为平滑系数。在一定的范围内，调速挡数越多，相邻级转速差越小，越接近于 1，ϕ 平滑性越好。$\phi = 1$ 时称为无级调速。

$$\phi = \frac{n_i}{n_{i-1}} \qquad (4\text{-}5)$$

3. 调速的稳定性

调速的稳定性是指负载转矩发生变化时，电动机转速随之变化的程度。工程上常用静差率 δ 来衡量，它是指电动机在某一机械特性上运转时，由理想空载至额定负载时的转速降 Δn_{N} 对理想空载转速的百分比。

$$\delta = \frac{n_0 - n_{\mathrm{N}}}{n_0} \times 100\% \qquad (4\text{-}6)$$

4. 调速的经济性

调速的经济性由调速设备的投资及电动机运行时的能量消耗来决定。

5. 调速时电动机的允许输出

这指在电动机得到充分利用的情况下（一般是指电流为额定值），调速过程中电动机所能输出的功率和转矩。在电动机稳定运行时，实际输出的功率和转矩由负载的需要来决定，故应使调速方法适应负载的要求。

4.5.2 调速方法

1. 降压调速

在其他参数不变的条件下，改变电枢电压 U，使空载转速 n_0 变化，可以得到不同空载转速 n_0 的平行直线。图 4.18 所示是他励直流电动机改变电压调速的人工机械特性，从图中可知，在负载相同的情况下，不同的电枢电压，所对应的转速是不同的。

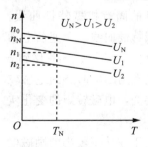

图 4.18 降压调速的人工机械特性

改变电枢电压调速的特点：

①改变电枢电压调速时，机械特性的斜率不变，所以调速的稳定性好。

②电压可作连续变化，调速的平滑性好，调速范围广。

③属于恒转矩调速，电动机不允许电压超过额定值，只能由额定值往下降低电压调速，即只能减速。

④电源设备的投资费用较大，但电能损耗小，效率高。还可用于降压启动。

这种调速方法适用于对调速性能要求较高的设备，如造纸机、轧钢机等。

2. 电枢回路串电阻调速

如图 4.19 所示，他励直流电动机原来工作在固有特性 a 点，转速为 n_1，当电枢回

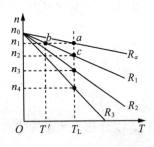

图 4.19　电枢回路串电阻调速的人工机械特性

路串入电阻后，工作点转移到相应的人为机械特性上，从而得到较低的运行速度。整个调速过程如下：调整开始时，在电枢回路中串入电阻 R_{pa}，电枢总电阻为 $R_1 = R_a + R_{pa}$，这时因转速来不及突变，电动机的工作点由 a 点平移到 b 点。此后由于 b 点的电磁转矩 $T' < T_L$，使电动机减速，随着转速 n 的降低，E_a 减小，电枢电流 I_a 和电磁转矩 T 相应增大，直到工作点移到人工机械特性 c 点时，$T = T_L$，电动机就以较低的速度 n_2 稳定运行。

电枢串入的电阻值不同，可以保持不同的稳定速度、串入的电阻值越大，最后的稳定运行速度就越低。串电阻调速也属于恒转矩调速，转速只能从额定值往下调，因此 $n_{max} = n_N$。在低速时由于特性很软，调速的稳定性差，因此 n_{min} 不宜过低。另外，一般串电阻时，电阻分段串入，故属于有级调速，调速平滑性差。从调速的经济性来看，设备投资不大，能耗较大。

这种调速方法只适用于容量不大，低速运行时间不长，对于调速性能要求不高的设备，如用于电车和中小型起重机械等。需要指出的是：调速电阻应按照长期工作设计，而启动电阻是短时工作的，因此不能把启动电阻当做调速电阻使用。

3. 弱磁调速

这是一种改变电动机磁通大小来进行调速的方法。为了防止磁路饱和，一般只采用减弱磁通的方法。小容量电动机多在励磁回路中串接可调电阻，大容量电动机可采用单独的可控整流电源来实现弱磁调速。

图 4.20 中曲线 1 为电动机的固有机械特性曲线，曲线 2 为减弱磁通后的人为机械特性曲线。调速前电动机运行在 a 点，调速开始后，电动机从 a 点平移到 c 点，再沿曲线 2 上升到 b 点。考虑到励磁回路的电感较大以及磁滞现象，磁通不可能突变，电磁转矩的变化实际如图 4.20 中的曲线 3 所示。

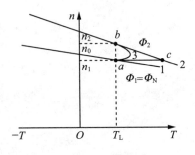

图 4.20　减弱磁通调速

弱磁调速的调速范围窄，由于在功率较小的励磁电路中进行调节，因此控制方便，能量损耗低，调速的经济性比较好，并且调速的平滑性也较好，可以做到无级

调速。

这种调速方法适用于需要向上调速的恒功率调速系统，通常与向下调速方法如降压调速配合使用，来获得宽范围的、高效的、平滑而又经济的调速。常用于重型机床，如龙门刨床、大型吊车等。

需要注意的是：他励直流电动机在运行过程中如果励磁电路突然断线，$I_f=0$，磁通 Φ 仅为很小的剩磁。由机械特性方程式和 $T=C_T\Phi I_a$ 可见，此时电枢电流大大增加，转速也将上升得很高，短时间内可使整个电枢烧坏，必须考虑相应的保护措施。

▶ 4.6　串励及复励直流电动机的电力拖动

本节介绍串励直流电动机的机械特性和启动、调速、制动过程和有关复励直流电动机的特点。

4.6.1　串励电动机的机械特性

1. 固有特性

把励磁绕组串联在电枢回路就是串励直流电机，其正方向仍用电动机惯例，如图 4.21 所示。电枢电流 I_a 也就是励磁电流 I_f，即 $I_a=I_f$。

如果电机的磁路没有饱和，励磁电流 I_f 与气隙每极磁通 Φ 呈线性变化关系，即：

$$\Phi = K_f I_f = K_f I_a \tag{4-7}$$

下式是串励直流电动机的机械特性方程式，其特性曲线如图 4.22 所示。

$$n = \frac{\sqrt{C_T'}}{C_e'} \frac{U}{\sqrt{T}} - \frac{R_a'}{C_e'} \tag{4-8}$$

式中：$C_T' = K_f C_T$，$C_e' = K_f C_e$。

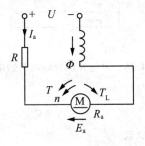

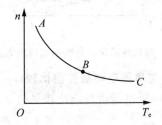

图 4.21　串励直流电动机的线路　　　**图 4.22　串励直流电动机固有特性**

串励直流电动机的机械特性有如下特点：

①串励电动机的转速随转矩变化而剧烈变化，这种机械特性称为软特性。在轻载时，电动机转速很快；负载转矩增加时，其转速较慢。

②串励电动机的转矩和电枢电流的平方成正比，因此它的启动转矩大，过载能力强。

③电动机空载时，理想空载转速 n_0 为无限大，实际中 n_0 也可达到额定转速 n_N 的 5～7 倍(也称为飞车)，这是电动机的机械强度所不允许的。因此，串励电动机不允许空载或轻载运行。

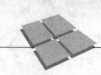

④串励电动机也可以通过电枢串电阻、改变电源电压、改变磁通达到人为机械特性适应负载和工艺的要求。

2. 人为特性

直流串励电动机同样可以用电枢串联电阻 R_Ω 来改变电源电压 U 和改变磁场 Φ 的方法来获得各种人为特性。

(1)电枢串联电阻 R_Ω 时的人为特性，如图 4.23 所示。

(2)改变电源电压 U 时的人为特性，如图 4.24 所示。

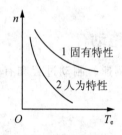

图 4.23　串联电阻时的人为特性　　　图 4.24　降压时的人为特性

(3)改变磁通 Φ 时的人为特性，直流串励电动机改变磁通 Φ 有两种方法。

1)励磁绕组并联分路电阻 R_B，如图 4.25 中特性 3 所示。

2)电枢并联分路电阻 R_B'，如图 4.25 中特性 4 所示。其电路图如图 4.26 所示。

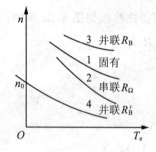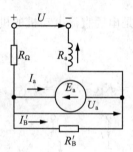

图 4.25　励磁绕组串、并联电阻时的人为特性　　　图 4.26　电枢并联分路电阻的电路图

3. 并励与串励电动机性能比较

并励与串励电动机性能比较见表 4.1。

表 4.1　并励与串励电动机比较

	并励电动机	串励电动机
主磁极绕组构造特点	绕组匝数比较多，导线线径比较细，绕组的电阻比较大	绕组匝数比较少，导线线径比较粗，绕组的电阻比较小
主磁极绕组和电枢绕组连接方法	主磁极绕组和电枢绕组并联，主磁极绕组承受的电压较高，流过的电流较小	主磁极绕组和电枢绕组串联，主磁极绕组承受的电压较低，流过的电流较大

续表

	并励电动机	串励电动机
机械特性	具有硬的机械特性,负载增大时,转速下降不多。具有恒转速特性	具有软的机械特性,负载较小时,转速较高,负载增大时,转速迅速下降。具有恒功率特性
应用范围	适用于在负载变化时要求转速比较稳定的场合	适用于恒功率负载,速度变化大的负载
使用时应注意的事项	可以空载或轻载运行	空载或轻载时转速很高,会造成换向困难或离心力过大而使电枢绕组损坏,不允许空载启动及皮带传动

4.6.2　串励直流电动机的启动、调速与制动

为了限制启动电流,直流串励电动机的启动方法与直流他励电动机一样,也是采用电枢串联电阻或降低电源电压的方法。由于 $T = C_T' I_a^2$,所以直流串励电动机比直流他励电动机的启动转矩大,适用于起重运输设备。直流串励电动机的调速方法就是上面讨论的用串、并联电阻和调压以获得不同人为特性的方法。

串励直流电动机的制动也分能耗和反接制动。

1. 能耗制动

能耗制动方法,就是在电动机具有一定转速时,使电枢脱离电源,并接到制动电阻 R_z 上,而励磁绕组通常是单独接到电源上(同直流他励电动机接法)。其电路如图 4.27 所示。这样一来,其工作状态与特性和直流他励电动机能耗制动一样,为一条过坐标原点的直线,如图 4.28 中的特性 2 所示。

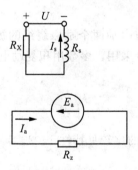

图 4.27　直流串励电动机能耗制动电路图

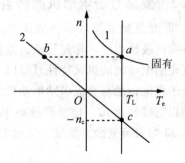

图 4.28　直流串励电动机能耗制动的机械特性

2. 反接制动

(1)电压反接制动。

直流串励电动机电压反接制动,不能将电源电压反接,因为这时电枢电流 I_a 反向,磁通 Φ 也反向,结果电动机转矩方向不变,不能起到制动作用。因此,只能将电枢反接,也就是电枢电压反接,且因限制电流过大应串入附加电阻 R_Ω,其电路如图 4.29 所示。对应的机械特性如图 4.30 中的特性 4 所示。

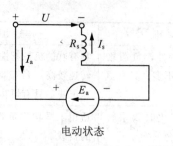
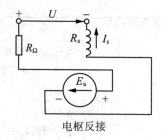

电动状态 　　　　　　　电枢反接

图 4.29　直流串励电动机电压反接制动电路图

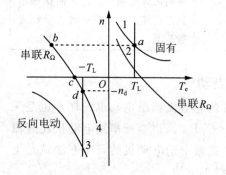
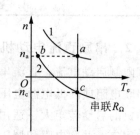

图 4.30　直流串励电动机电压　　　　图 4.31　直流串励电动机转速反向的
反接制动机械特性　　　　　　　　反接制动机械特性

（2）转速反向的反接制动。

转速反向的反接制动，只适用于位能性负载。它的方法是保持电压极性不变，串入较大的附加电阻，对应的机械特性如图 4.31 所示。电动机工作过程的分析与他励转速反向的反接制动相同。

4.6.3　复励直流电动机的特点

图 4.32 是复励直流电动机的接线图。如果并励与串励两个励磁绕组的极性相同，称为积复励；极性相反，称差复励。差复励电动机很少采用，多数用积复励电动机。

直流复励电动机的机械特性具有以下特点：

①介于直流他励与直流串励电动机之间；

②理想空载转速 n_0 由他励磁通 Φ_T 决定。

图 4.33 为直流复励、他励、串励电动机机械特性的比较见特性 1、2、3。

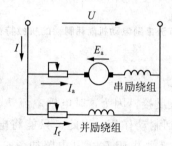
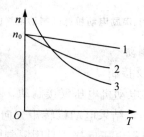

图 4.32　复励直流电动机线路图　　　图 4.33　串励和复励直流电动机的机械特性

直流复励电动机启动和调速方法与直流他励电动机相同。

直流复励电动机制动方法也有三种，即电枢电压反接制动、能耗制动和回馈制动，但需要注意的是：

①电枢电压反接制动时，电枢电流 I_a 反向。为了产生制动转矩，必须保持励磁电流方向不变，如图 4.34(a)所示。电枢电压反接制动的机械特性如图 4.35 中特性 4 所示。

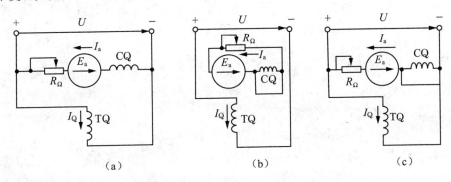

图 4.34　复励直流电动机各种制动方法的电路图

②能耗制动和回馈制动时，电枢电流 I_a 反向。为了避免反向电流流过串励绕组产生去磁作用，影响制动效果，一般把串励绕组短接，如图 4.34(b)、(c)所示。此时，能耗制动与回馈制动的机械特性与直流他励电动机相同，如图 4.35 中的特性 5、6 所示。

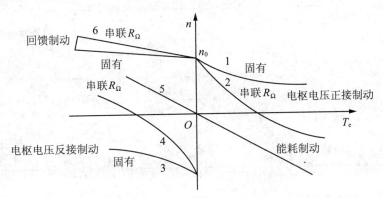

图 4.35　复励直流电动机各种状态下的机械特性

本 章 小 结

1. 电力拖动系统的转动方程式 $T - T_L = \dfrac{GD^2}{375} \dfrac{dn}{dt}$，电磁转矩 T 的方向与转速 n 方向一致时取正号；负载转矩 T_L 方向与转速 n 方向相反时也取正号。

2. 各种生产机械根据特性，可分为恒转矩负载、恒功率负载和通风机型负载。

3. 电机的 $n=f(T)$ 的关系成为其机械特性。他励直流电动机机械特性方程式为 $n=\dfrac{U}{C_e\Phi}-\dfrac{R}{C_eC_T\Phi^2}T$。当 $U=U_N$、$\Phi=\Phi_N$、$R=R_a$ 时，为固有机械特性。分别改变 U、R、Φ 可以得到人为特性。

4. 在直流电动机启动时，因为外加电压全部加在电枢电阻 R_a 上，R_a 又很小，致使启动电流很大，一般不允许直接启动。为了限制过大的启动电流，多采用电枢回路串电阻启动和降压启动。

5. 他励直流电动机的制动方法由三种，即能耗制动、反接制动和回馈制动。

6. 在负载恒定不变时，人为的改变电机的外加电压 U、电路回路外串电阻 R_Ω、主磁通 Φ，都可以得到不同的运行速度，称为转速调节。它和由于负载波动引起的转速变化是不同的。串电阻调速的调速性能不佳；调压调速具有良好的调速性能；弱磁调速的调速性能较好，经常与调压调速配合使用。

7. 按照调速指标，直流电动机三种调速方法的比较见表 4.2。

表 4.2　直流电动机调速方法

调速指标	调节电源电压	电枢串联电阻	减弱励磁
调速方向	从 n_N 向下调速	从 n_N 向下调速	从 n_N 向上调速
在一般静差率要求下的调速范围	4～8	2～3（无静差率要求时）	一般 1.2～2 特殊电机 3～4
调速平滑性	好	差	好
调速相对稳定性	好	差	较好
容许输出	恒转矩	恒转矩	恒功率
电能损耗	较小	大	小
设备投资	多	少	较少

>>> 思考题与习题

4.1　电力拖动系统一般由哪几部分组成？

4.2　生产机械按照性能特点可以分为哪几类典型的负载特性？

4.3　直流电动机的机械特性指的是什么？

4.4　何谓固有机械特性？什么叫人为机械特性？

4.5　直流电动机为什么不允许直接启动？

4.6　他励直流电动机有哪些启动方法？哪一种启动方法性能较好？

4.7　一台他励直流电动机 $P_N=10\text{kW}$，$U_N=220\text{V}$，$I_N=50\text{A}$，$n_N=1600\text{r/min}$，$R_a=0.5\Omega$，最大启动电流 $I_{st}=2I_N$，计算：(1)电枢回路串电阻启动时，串入的总电阻 R_{st}；(2)降压启动时的初始启动电压 U_{st}。

4.8　直流电动机有哪几种改变转向的方法？一般采用哪一种方法？

4.9　直流电动机有哪几种电磁制动方法？分别应用于什么场合？

4.10　题7中的电动机，最大制动电流 $I_a=2I_N$，估算：（1）能耗制动应该串入的电阻 R_{z1}；（2）电枢反接制动应该串入的电阻 R_{z2}。

4.11　他励直流电动机有哪几种调速方法？各有什么特点？电枢回路串电阻调速和弱磁调速分别属于哪种调速方式？

4.12　改变磁通调速的机械特性为什么在固有机械特性上方？改变电枢电压调速的机械特性为什么在固有机械特性下方？

4.13　他励直流电动机的机械特性 $n=f(T)$ 为什么是略微下降的？是否会出现上翘现象？为什么？上翘的机械特性对电动机运行有何影响？

4.14　当直流电动机的负载转矩和励磁电流不变时，减小电枢电压，为什么会引起电动机转速降低？

4.15　当直流电动机的负载转矩和电枢电压不变时，减小励磁电流，为什么会引起转速的升高？

实验3　并励直流电动机的启动、调速和反转

一、实验目的

1. 熟悉并励直流电动机的启动、调速和反转过程。

2. 掌握用实验方法测取并励直流电动机的工作特性。

3. 掌握并励直流电动机的不同调速方法。

4. 熟悉并励直流电动机与相关实验设备的接线。

二、预习要点

1. 并励（他励）直流电动机的两种常用启动方法。

2. 如何改变电动机的旋转方向。

3. 直流电机的转速和哪些因数有关？

三、实验项目

1. 工作特性的测试

保持 $U=U_N$ 和 $I_f=I_{fN}$ 不变，测取 n、T_2、I_a、η 等变量。

2. 调速方法

（1）改变电枢电压调速。

保持 $I_f=I_{fN}$，T_2 为常数，测取 $n=f(U)$。

（2）改变励磁电流调速。

保持 $U=U_N$，T_2 为常数，测取 $n=f(I_f)$。

四、实验内容与步骤

1. 实验设备

实验设备见表4.3。

表 4.3　工作特性测试设备表

序号	型号	名称	数量
1	DD03	导轨、测速发电机及转速表	1 台
2	DJ23	校正直流测功机	1 台
3	DJ15	并励直流电动机	1 台
4	D31	直流电压、毫安、电流表	2 件
5	D42	三相可调电阻器	1 件
6	D44	可调电阻器、电容器	1 件
7	D51	波形测试及开关板	1 件

2. 并励直流电动机的工作特性

(1)按图 4.36 接线。校正直流测功机 MG 按他励发电机连接，在此作为直流电动机 M 的负载，用于测量电动机的转矩和输出功率。R_{f1} 选用 D44 的 1 800Ω 阻值。R_{f2} 选用 D42 的 900Ω 串联 900Ω 共 1 800Ω 阻值。R_1 用 D44 的 180Ω 阻值。R_2 选用 D42 的 900Ω 串联 900Ω 再加 900Ω 并联 900Ω 共 2 250Ω 阻值。

(2)将直流并励电动机 M 的磁场调节电阻 R_{f1} 调至最小值，电枢串联启动电阻 R_1 调至最大值，接通控制屏下边右方的电枢电源开关使其启动，其旋转方向应符合转速表正向旋转的要求。

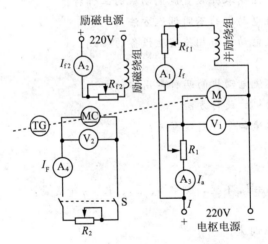

图 4.36　并励直流电动机接线图

(3)M 启动正常后，将其电枢串联电阻 R_1 调至零，调节电枢电源的电压为 220V，调节校正直流测功机的励磁电流 I_{f2} 为校正值(50mA 或 100mA)，再调节其负载电阻 R_2 和电动机的磁场调节电阻 R_{f1}，使电动机达到额定值：$U=U_N$，$I=I_N$，$n=n_N$。此时 M 的励磁电流 I_f 即为额定励磁电流 I_{fN}。

(4)保持 $U=U_N$，$I_f=I_{fN}$，I_{f2} 为校正值不变的条件下，逐次减小电动机负载。测取电动机电枢输入电流 I_a，转速 n 和校正电机的负载电流 I_F(由校正曲线查出电动机输出对应转矩 T_2)。共取数据 9～10 组，记录于表 4.4 中。

表 4.4　工作特性数据记录表

$U=U_N=$ ＿＿＿＿＿ V　　　　$I_f=I_{fN}=$ ＿＿＿＿＿ mA　　　　$I_{f2}=$ ＿＿＿＿＿ mA

测量数据	$I_a(A)$							
	$n(r/min)$							
	$I_F(A)$							
	$T_2(N \cdot m)$							
计算数据	$P_2(W)$							
	$P_1(W)$							
	$\eta(\%)$							
	$\Delta n(\%)$							

3. 并励直流电动机的调速

电动机启动后，分别调节电枢电阻 R_1 和磁场调节电阻 R_{f1}，观察电动机转速的变化情况。注意在弱磁调速（增大电阻 R_f）时一定要监视电动机的转速，决不允许超过 1.2 倍的额定转速。项目完毕，断开电源。

4. 并励直流电动机的反转

启动电机，观察此时电动机的旋转方向；断开电源，将直流电机的电枢绕组或励磁绕组两端的接线对调后，重新启动电动机，再观察此时的电动机转向，是否与原来的不一样。项目完毕，断开电源。

5. 调速特性

(1) 改变电枢端电压的调速。

1) 直流电动机 M 运行后，将电阻 R_1 调至零，I_{f2} 调至校正值，再调节负载电阻 R_2、电枢电压及磁场电阻 R_{f1}，使 M 的 $U=U_N$，$I=0.5I_N$，$I_f=I_{fN}$ 记下此时 MG 的 I_F 值。

2) 保持此时的 I_F 值（即 T_2 值）和 $I_f=I_{fN}$ 不变，逐次增加 R_1 的阻值，降低电枢两端的电压 U_a，使 R_1 从零调至最大值，每次测取电动机的端电压 U_a，转速 n 和电枢电流 I_a。

3) 共取数据 8～9 组，记录于表 4.5 中。

表 4.5　变电压调速数据记录表

$I_f=I_{fN}=$ ＿＿＿ mA　　　　$T_2=$ ＿＿＿＿ N·m

$U_a(V)$								
$n(r/min)$								
$I_a(A)$								

(2) 改变励磁电流的调速。

1) 直流电动机运行后，将 M 的电枢串联电阻 R_1 和磁场调节电阻 R_{f1} 调至零，将 MG 的磁场调节电阻 I_{f2} 调至校正值，再调节 M 的电枢电源调压旋钮和 MG 的负载，使电动机 M 的 $U=U_N$，$I=0.5I_N$ 记下此时的 I_F 值。

2) 保持此时 MG 的 I_F 值（T_2 值）和 M 的 $U=U_N$ 不变，逐次增加磁场电阻阻值：直

至 $n=1.3n_N$，每次测取电动机的 n、I_f 和 I_a。共取 $7\sim8$ 组记录于表 4.6 中。

表 4.6 变励磁调速数据记录表

$U=U_N=$ _____ V $T_2=$ _____ N·m

$n(r/min)$							
$I_f(mA)$							
$I_a(A)$							

五、实验报告

1. 由表 4.4，计算出 P_2 和 η，并给出并励直流电动机的工作特性曲线。

2. 根据表 4.5 和表 4.6，绘出并励电动机调速特性曲线 $n=f(U_a)$ 和 $n=f(I_f)$。分析在恒转矩负载时两种调速的电枢电流变化规律以及两种调速方法的优缺点。

六、思考题

1. 并励电动机的速率特性 $n=f(I_a)$ 为什么是略微下降？是否会出现上翘现象？为什么？上翘的速率特性对电动机运行有何影响？

2. 当电动机的负载转矩和励磁电流不变时，减小电枢端电压，为什么会引起电动机转速降低？

3. 当电动机的负载转矩和电枢端电压不变时，减小励磁电流会引起转速的升高，为什么？

4. 并励电动机在负载运行中，当磁场回路断线时是否一定会出现"飞车"？为什么？

实验 4 他励直流电动机在各种运行状态下的机械特性

一、实验目的

1. 掌握用实验方法测取他励直流电动机的机械特性。

2. 熟悉他励直流电动机与相关实验设备的接线。

二、预习要点

1. 改变他励直流电动机机械特性有哪些方法？

2. 他励直流电动机在什么情况下，从电动机运行状态进入回馈制动状态？他励直流电动机回馈制动时，能量传递关系，电动势平衡方程式及机械特性又是什么情况？

3. 他励直流电动机反接制动时，能量传递关系，电动势平衡方程式及机械特性。

三、实验项目

1. 电动及回馈制动状态下的机械特性。

2. 电动及反接制动状态下的机械特性。

3. 能耗制动状态下的机械特性。

四、实验内容与步骤

1. 实验设备。

实验设备见表 4.7。

表 4.7　机械特性测试设备表

序号	型号	名称	数量
1	DD03	导轨、测速发电机及转速表	1 台
2	DJ23	校正直流测功机	1 台
3	DJ15	并励直流电动机	1 台
4	D31	直流电压、毫安、电流表	2 件
5	D41	三相可调电阻器	1 件
6	D42	三相可调电阻器	1 件
7	D44	可调电阻器、电容器	1 件
8	D51	波形测试及开关板	1 件

2. 按图 4.37 接线，图中 M 用编号为 DJ15 的直流并励电动机（接成他励方式），MG 用编号为 DJ23 的校正直流测功机，直流电压表 V_1、V_2 的量程为 1000V，直流电流表 A_1、A_3 的量程为 200mA，A_2、A_4 的量程为 5A。R_1、R_2、R_3 及 R_4 不同的实验而选不同的阻值。

3. $R_2 = 0$ 时电动及回馈制动状态下的机械特性

(1)R_1、R_2 分别选用 D44 的 1 800Ω 和 180Ω 阻值，R_3 选用 D42 上 4 只 900Ω 串联共 3 600Ω 阻值，R_4 选用 D42 上 1 800Ω 再加上 D41 上 6 只 90Ω 串联共 2 340Ω 阻值。

(2)R_1 阻值置最小位置，R_2、R_3 及 R_4 阻值置最大位置，转速表置正向 1 800r/min 量程。开关 S_1、S_2 选用 D51 挂箱上的对应开关，并将 S_1 合向 1 电源端，S_2 合向 2' 短接端(见图 4.37)。

(3)开机时需检查控制屏下方左、右两边的"励磁电源"开关及"电枢电源"开关都须在断开的位置，然后按次序先开启控制屏上的"电源总开关"，再按下"开"按钮，随后接通"励磁电源"开关，最后检查 R_2 阻值确在最大位置时接通"电枢电源"开关，使他励直流电动机 M 启动运转。调节"电枢电源"电压为 220V；调节 R_2 阻值至零位置，调节 R_3 阻值，使电流表 A_3 为 100mA。

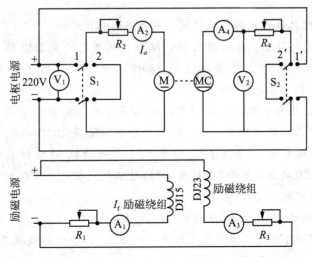

图 4.37　他励直流电动机机械特性测定的接线图

(4)调节电动机 M 的磁场调节电阻 R_1 阻值，和电机 MG 的负载电阻 R_4 阻值（先调节 D42 上 1800Ω 阻值，调至最小后应用导线短接）。使电动机 M 的 $n=n_N=1600$r/min，$I_N=I_f+I_a=1.2$A。此时他励直流电动机的励磁电流 I_f 为额定励磁电流 I_{fN}。保持 $U=U_N=220$V，$I_f=I_{fN}$，A_3 表为 100mA。增大 R_4 阻值，直至空载（拆掉开关 S_2 的 2′ 上的短接线），测取电动机 M 在额定负载至空载范围的 n、I_a，共取 8～9 组数据记录于表 4.8 中。

(5)在确定 S_2 上短接线仍拆掉的情况下，把 R_4 调至零值位置（其中 D42 上 1800Ω 阻值调至零值后用导线短接），再减小 R_3 阻值，使 MG 的空载电压与电枢电源电压值接近相等（在开关 S_2 两端测），并且极性相同，把开关 S_2 合向 1′ 端。

(6)保持电枢电源电压 $U=U_N=220$V，$I_f=I_{fN}$，调节 R_3 阻值，使阻值增加，电动机转速升高，当 A_2 表的电流值为 0A 时，此时电动机转速为理想空载转速（此时转速表量程应打向正向 3 600r/min 挡），继续增加 R_3 阻值，使电动机进入第二象限回馈制动状态运行直至转速约为 1 900r/min，测取 M 的 n、I_a。共取 8～9 组数据记录于表 4.9 中。

(7)停机（先关断"电枢电源"开关，再关断"励磁电源"开关，并将开关 S_2 合向到 2′ 端）。

表 4.8　$R_2=0$ 时调节 R_1、R_4 的数据记录表

$U_N=220$V　　$I_{fN}=$_____mA

I_a(A)								
n(r/min)								

表 4.9　$R_2=0$ 时调节 R_3 的数据记录表

$U_N=220$V　　$I_{fN}=$_____mA

I_a(A)								
n(r/min)								

4. $R_2=400$Ω 时的电动运行及反接制动状态下的机械特性

(1)在确保断电条件下，改接图 4.37，R_1 阻值不变，R_2 用 D42 的 900Ω 与 900Ω 并联并用万用表调定在 400Ω，R_3 用 D44 的 180Ω 阻值，R_4 用 D42 上 1 800Ω 阻值加上 D41 上 6 只 90Ω 电阻串联共 2 340Ω 阻值。

(2)转速表 n 置正向 1 800r/min 量程，S_1 合向 1 端，S_2 合向 2′ 端（短接线仍拆掉），把电机 MG 电枢的二个插头对调，R_1、R_3 置最小值，R_2 置 400Ω 阻值，R_4 置最大值。

(3)先接通"励磁电源"，再接通"电枢电源"，使电动机 M 启动运转，在 S_2 两端测量测功机 MG 的空载电压是否和"电枢电源"的电压极性相反，若极性相反，检查 R_4 阻值确在最大位置时可把 S_2 合向 1′ 端。

(4)保持电动机的"电枢电源"电压 $U=U_N=220$V，$I_f=I_{fN}$ 不变，逐渐减小 R_4 阻值（先减小 D44 上 1800Ω 阻值，调至零值后用导线短接），使电机减速直至为零。把转速表的正、反开关打在反向位置，继续减小 R_4 阻值，使电动机进入"反向"旋转，转速在反方向上逐渐上升，此时电动机工作于电势反接制动状态运行，直至电动机 M 的 $I_a =$ I_{aN}，测取电动机在 1、4 象限的 n、I_a 共取 12～13 组数据记录于表 4.10 中。

（5）停机（必须记住先关断"电枢电源"而后关断"励磁电源"的次序，并随手将 S_2 合向 2′端）。

表 4.10　$R_2 = 400\Omega$ 时调节 R_4 的数据记录表

$U_N = 220V$　$I_{fN} = $ ＿＿＿＿＿ mA　$R = 400\Omega$

I_a(A)										
n(r/min)										

5. 能耗制动状态下的机械特性

（1）图 4.37 中，R_1 阻值不变，R_2 用 D44 的 180Ω 固定阻值，R_3 用 D42 的 1800Ω 可调电阻，R_4 阻值不变。

（2）S_1 合向 2 短接端，R_1 置最大位置，R_3 置最小值位置，R_4 调定 180Ω 阻值，S_2 合向 1′端。

（3）先接通"励磁电源"，再接通"电枢电源"，使校正直流测功机 MG 启动运转，调节"电枢电源"电压为 220V，调节 R_1 使电动机 M 的 $I_f = I_{fN}$，调节 R_3 使电机 MG 励磁电流为 100mA，先减少 R_4 阻值使电机 M 的能耗制动电流 $I_a = 0.8I_{aN}$，然后逐次增加 R_4 阻值，其间测取 M 的 I_a、n 共取 8～9 组数据记录于表 4.11 中。

（4）把 R_2 调定在 90Ω 阻值，重复上述实验操作步骤（2）、（3），测取 M 的 I_a、n 共取 5～7 组数据记录于表 4.12 中。

当忽略不变损耗时，可近似认为电动机轴上的输出转矩等于电动机的电磁转矩 $T = C_T \Phi I_a$，他励电动机在磁通 Φ 不变的情况下，其机械特性可以由曲线 $n = f(I_a)$ 来描述。

表 4.11　$R_2 = 180\Omega$ 时的数据记录

$R_2 = 180\Omega$　$I_{fN} = $ ＿＿＿＿＿ mA

I_a(A)									
n(r/min)									

表 4.12　$R_2 = 90\Omega$ 时的数据记录

$R_2 = 90\Omega$　$I_{fN} = $ ＿＿＿＿＿ mA

I_a(A)									
n(r/min)									

五、实验报告

根据实验数据，绘制他励直流电动机运行在第一、第二、第四象限的电动和制动状态及能耗制动状态下的机械特性 $n = f(I_a)$（用同一坐标纸绘出）。

六、思考题

1. 回馈制动实验中，如何判别电动机运行在理想空载点？

2. 直流电动机从第一象限运行到第二象限转子旋转方向不变，试问电磁转矩的方向是否也不变？为什么？

3. 直流电动机从第一象限运行到第四象限，其转向反了，而电磁转矩方向不变，为什么？作为负载的 MG，从第一象限到第四象限其电磁转矩方向是否改变？为什么？

第 5 章　三相异步电动机

>>> **本章概述**

1. 介绍三相异步电动机的用途和结构及工作原理，定子绕组的相关知识。
2. 介绍三相异步电动机的空载运行和负载运行及工作特性。
3. 介绍三相异步电动机的功率平衡和转矩平衡，电磁转矩和参数测定的相关知识。

>>> **学习目标**

1. 知道三相异步电动机的结构和工作原理。
2. 掌握三相异步电动机单层定子绕组的三种展开图的画法。
3. 理解三相异步电动机的空载运行和负载运行的电磁关系。
4. 掌握 $T—S$ 曲线的意义和电磁转矩三种表达式的应用。
5. 会计算三相异步电动机效率、转差率、转速、空载转矩、输出转矩、电磁转矩等参数。

5.1　三相异步电动机的结构与工作原理

异步电动机广泛应用于农业生产中，作为原动机拖动机械负载运转，把电能转换为机械能。本节主要介绍三相异步电动机的用途、结构及工作原理，并重点讲述转差率的概念，最后讲述异步电动机的铭牌数据。

5.1.1　三相异步电动机的用途和结构

1. 三相异步电动机的用途

交流电动机分为同步电动机和异步电动机两大类。异步电动机是交流电动机的一种，也叫感应电机，主要作为电动机使用。用来拖动各种各样的生产机械，在冶金、机械、轻纺、化工以及矿山等各个工业部门都得到了广泛的应用。

异步电动机也可作为发电机使用，但一般只在特殊情况下才应用。

20 世纪 70 年代以前，约占电力拖动总容量的 80% 的不调速和调速要求不高的生产机械都用交流电动机拖动，其中大多数用异步电动机，同步电动机只占其中很少一部分。其余要求调速性能较高的调速系统用直流电动机。

20 世纪 70 年代以来，由于电力电子器件和微电子技术的发展，交流变频调速发展快，在一些领域已经开始取代直流调速系统。这其中同步电动机变频调速虽然也在发展，但至今为止多数还是用异步电动机。

异步电动机所以能得到如此广泛的应用，这与它自身的优点有直接关系。异步电动机结构简单，价格低廉，运行可靠，坚固耐用并有较好的工作特性。特别是笼型异步电动机，即使是用在周围环境较差、粉尘较大的场合，仍能很好地运行。异步电动机的不足之处是功率因数稍差，运行时需从电网吸收滞后的无功功率，这一缺点在轻载和启动时更为突出，但现在各类晶闸管节能启动器已经陆续问世，有效地解决了这一问题，加之电网的功率因数也可用其他方法加以补偿，因此异步电动机的这一缺点对其广泛应用并无较大影响。

2. 三相异步电动机的结构

三相异步电动机主要由静止部分和转动部分两大部分组成，其结构如图 5.1 所示。

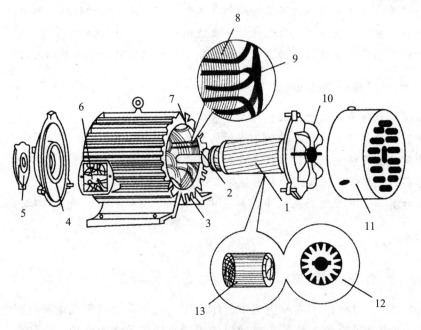

图 5.1　三相笼式交流异步电动机的结构

1—转子；2—轴承；3—机座；4—端盖；5—轴承盖；6—接线盒；7—转轴；8—定子铁芯；
9—定子绕组；10—风叶；11—风叶罩；12—转子铁芯冲片；13—笼式绕组

（1）静止部分。

电动机的静止部分由定子铁芯、定子绕组、机座、端盖、轴承等部件组成。

1）定子铁芯。定子铁芯的作用是形成电动机的磁路和安放定子绕组。为了减小涡流和磁滞损耗，定子铁芯一般采用厚度为 $0.35\sim0.5\mathrm{mm}$ 表面涂绝缘漆的硅钢片冲制、叠压而成，如图 5.2(a) 所示。硅钢片内圆周上冲有均匀分布的槽孔，用以嵌放定子三相绕组。如图 5.2(b)、(c)、(d) 所示。

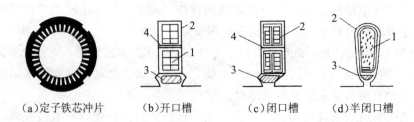

(a)定子铁芯冲片　　　(b)开口槽　　　(c)闭口槽　　　(d)半闭口槽

图 5.2　定子铁芯与槽口形式

1—绕组；2—槽绝缘；3—槽契；4—层间绝缘

2)定子绕组。定子绕组的作用是产生旋转磁场，由三相对称绕组组成。按照一定的空间角度嵌放在定子槽内，并与铁芯间绝缘。每相绕组的首端和尾端分别用 U_1、V_1、W_1 和 U_2、V_2、W_2 表示，通常将三相绕组的 6 个端子引入接线盒内，与接线柱相连，如图 5.3 所示。三相对称定子绕组根据需要既可接成星形，也可以接成三角形。

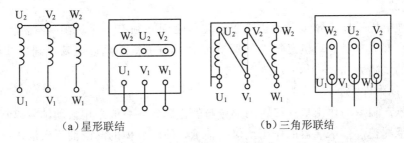

(a)星形联结   (b)三角形联结

图 5.3   三相异步电动机接线

3)端盖和机座。端盖装在机座的两侧，起支撑转子的作用。机座的主要作用是作为整个电机的支架，用它固定定子铁芯和定子绕组，并以前、后两个端盖支承转子转轴。它的外表面铸有散热筋，以增加散热面积，提高散热效果。机座通常用铸铁或铸钢铸造而成。

（2）转动部分。

1)转子铁芯。转子铁芯是电动机磁路主磁通的一部分，通常也是由 0.5mm 厚的冲槽硅钢片叠成。铁芯固定在转轴或转子支架上，整个转子铁芯的外表面呈圆柱形。

2)转子绕组。转子绕组可分为笼型和绕线型两种结构。笼型转子(短路转子)的铁芯外圆也有均匀分布的槽，每个槽内安放一根导条并伸出铁芯以外，然后用两个端环把所有导条的两端分别连接起来。如去掉铁芯，整个绕组的外形就像一个"鼠笼"，如图 5.4(a)所示，所以称之为鼠笼型转子。

鼠笼型转子的导条可以是铜条，也可以用铸铝的方法将导条、端环和风叶一次铸成，见图 5.4(b)。对于大、中型异步电动机，一般采用端环焊接构成鼠笼型转子绕组。

绕线式转子绕组与定子绕组相似，是用绝缘导线嵌于转子铁芯槽内，连接成 Y 形接法的三相对称绕组，然后再把三个出线端分别接到转子轴上的三个相互绝缘的滑环上，通过电刷把电流引出来，如图 5.5 所示。

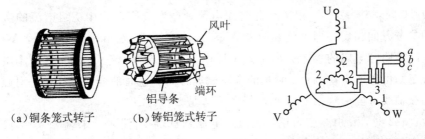

(a)铜条笼式转子   (b)铸铝笼式转子

图 5.4   笼式转子绕组外形

图 5.5   绕线式转子绕组

1—定子绕组；2—转子绕组；3—集电环

由于绕线式转子异步电动机的运行可靠性较差(因为存在电刷接触系统)、结构比较复杂、造价较高，所以，除要求启动电流较小而启动转矩较大且需要调速和频繁启动的设备外，通常不采用绕线式转子异步电动机。

3)转轴和风叶。转轴的作用是支持转子铁芯和输出转矩，它必须具有足够的刚度和强度，以保证负载时气隙均匀及转轴本身不致断裂。转轴一般用中碳钢或合金钢制成。风叶的作用是强迫电动机内的空气流动，将内部的热量带走，加强散热。

（3）气隙。

与其他电机一样，异步电动机定子、转子之间必须有一个气隙。气隙是异步电动机磁路的一部分，对电动机运行性能影响很大，为了减小励磁电流，通常中、小型异步电动机的气隙为 0.2～1.5mm。

（4）其他附件

1)轴承。轴承的作用是连接转动部分与静止部分，一般采用滚动轴承以减少摩擦。

2)轴承端盖。轴承端盖的作用是保护轴承，使轴承内的润滑油不致溢出。

3)风叶罩。风叶罩保护风叶，同时起安全防护作用。

5.1.2　三相异步电动机的工作原理

1. 旋转磁场的形成

三相异步电动机的工作原理，是以三相交流电通入定子绕组产生旋转磁场为基础的。所谓旋转磁场是指磁场的轴线位置随时间而旋转的磁场。当电动机的定子绕组通入三相交变电流，该电流就在定子绕组中产生旋转磁场。那么，旋转磁场是如何形成的呢？

现以两极异步电动机为例，说明定子三相绕组通入对称三相电流产生磁场的情况。为方便起见，把三相定子绕组简化成由 $U_1 U_2$、$V_1 V_2$、$W_1 W_2$ 三个线圈组成，它们在空间上彼此相隔 120°。定子绕组的嵌放情况与星形连接如图 5.6(a)、(b)所示。当定子绕组的 3 个首端 U_1、V_1、W_1 与三相交流电源接通时，定子绕组中有对对称的三相交流电流 i_U，i_V，i_W 流过。设三相交流电流分别为

$$i_U = I_m \sin \omega t, i_V = I_m \sin (\omega t - 120°), i_W = I_m \sin (\omega t + 120°)$$

则三相绕组电流的波形如图 5.6(c)所示。我们假定：电流的瞬时值为正时，电流从各绕组的首端流入，末端流出；当电流为负值时，电流从各绕组的末端流入，首端流出。电流流入端，在图中用"⊗"表示；电流流出端，在图中用"⊙"表示。下面按此规定以图 5.6(d)为例，分析不同时刻各绕组中电流和磁场方向。

①$\omega t = 0$ 时，$i_U = 0$，U 相绕组此时无电流；i_V 为负值，V 相绕组电流的实际方向与规定的参考方向相反，即电流从末端 V_2 流入、首端 V_1 流出；i_W 为正值，W 相绕组电流的实际方向与规定的参考方向一致，即电流从首端 W_1 流入、末端 W_2 流出。根据右手螺旋定则可以确定在 $\omega t = 0$ 时刻的合成磁场方向。这时的合成磁场是一对磁极，磁场方向与纵轴线方向一致，上边是 N 极，下边是 S 极。

②$\omega t = \pi/2$ 时，i_U 由 0 变为正最大值，电流从首端 U_1 流入、末端 U_1 流出；V 相绕组电流的实际方向与规定的参考方向相反，即电流从末端 V_2 流入、首端 V_1 流出；i_W 变为负值，电流从末端 W_2 流入、首端 W_1 流出。根据右手螺旋定则可以确定 $\omega t = \pi/2$ 时刻的合成磁场方向。磁场方向与横轴轴线方向一致，左边是 N 极，右边是 S 极。可见磁场方向和 $\omega t = 0$ 时刻比较，已按顺时针方向转过 90°。

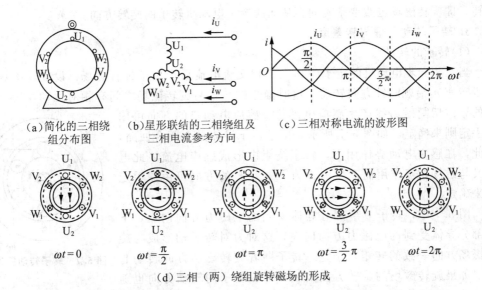

（a）简化的三相绕　（b）星形联结的三相绕组及　（c）三相对称电流的波形图
　　组分布图　　　　　三相电流参考方向

$\omega t = 0$　　$\omega t = \dfrac{\pi}{2}$　　$\omega t = \pi$　　$\omega t = \dfrac{3}{2}\pi$　　$\omega t = 2\pi$

（d）三相（两）绕组旋转磁场的形成

图 5.6　两极旋转磁场的形成

③应用同样的分析方法，可画出 $\omega t = \pi$，$\omega t = 3\pi/2$，$\omega t = 2\pi$ 时的合成磁场。由合成磁场的轴线在不同时刻的不同位置可见，磁场逐步按顺时针方向旋转，当正弦交流电变化一周时，合成磁场在空间也正好旋转一周。由此可见，对称三相电流 i_U、i_V、i_W 分别通入对称三相绕组 U_1U_2、V_1V_2、W_1W_2 后，形成的合成磁场是一个旋转磁场。

2. 旋转磁场的转速与转向

（1）三相绕组的旋转磁场转速与交流电流的频率及三相绕组的磁极对数有关。

磁极对数 $p = 1$（一个 N 极，一个 S 极）的磁场，即两极旋转磁场与正弦电流同步变化。对工频电流，即 $f_1 = 50\,\text{Hz}$ 的正弦交流电来说，旋转磁场在空间每秒钟转 50 周。以转每分（r/min）为单位，旋转磁场转速 $n_1 = 60f_1 = 3000\ \text{r/min}$（同步转速）。可以证明，当磁极对数 $p = 2$ 时（四极电动机），交流电变化一周，旋转磁场只转动半周，它的转速为 $p = 1$ 时磁场转速的一半。依此类推，当旋转磁场具有 p 对磁极时，旋转磁场的转速公式为：

$$n_1 = \frac{60f}{p} \tag{5-1}$$

式中：n_1 ——旋转磁场的转速，r/min；

　　　　f ——三相交流电源的频率，Hz；

　　　　p ——旋转磁场的磁极对数，磁极数是 $2p$。

（2）三相异步电动机转子的旋向与定子绕组的相序有关。

如果三相绕组按顺时针方向排列，电流相序 U→V→W，即 i_U 超前 i_V 120°，i_V 超前 i_W 120°。当 i_U 流入 U_1U_2 相绕组，i_V 流入 V_1V_2 相绕组，i_W 流入 W_1W_2 相绕组时，旋转磁场也将按绕组电流的相序，即旋转磁场按 $U_1U_2 \rightarrow V_1V_2 \rightarrow W_1W_2$ 的方向顺时针旋转。

如果将三相电流连接的三根导线中的任意两根的线端对调位置，例如将 U 相与 W 相对调，则绕组电流的相序变成 i_U 流入 W_1W_2 绕组，i_V 流入 V_1V_2 绕组，i_W 流入 U_1U_2 绕组，根据改变后的绕组电流相序，旋转磁场也按 $W_1W_2 \rightarrow V_1V_2 \rightarrow U_1U_2$ 的方向逆时针旋转，即旋转磁场也改变了旋向，从而改变了电动机转子的旋转方向。

3. 转子转动原理与转差率

(1)转子的转动。

当三相异步电动机的定子中通入三相交流电流后产生了旋转磁场。设旋转磁场以同步转速 n_1 沿顺时针方向转动，这时静止的转子与旋转磁场之间有相对运动，转子绕组的导体切割磁力线产生感应电动势。感应电动势的方向可用右手定则来确定，如图 5.7 所示。由于转子导体是个闭合回路，因此，在感应电动势作用下，转子绕组中形成感应电流，此电流又与磁场相互作用而产生电磁力 F。力 F 的方向可由左手定则来确定。

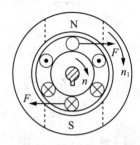

图 5.7 中，转子上半部分导体受到的电磁力方向向右，下半部分导体受到的电磁力方向向左，这对力对转子轴形成与旋转磁场方向一致的转矩，于是，转子顺着旋转磁场方向转动起来。如果旋转磁场的旋转方向改变，那么转子的转动方向也随之改变。这个驱动转子转动的转矩称为电磁转矩或电磁力矩。

图 5.7 转子转动原理

(2)转差率。

转子转动的转速 n 与定子绕组产生旋转磁场的同步转速 n_1 方向一致，但在数值上，转子的转速要低于 n_1。如果 $n = n_1$，转子绕组与定子磁场便无相对运动，则转子绕组中无感应电动势和感应电流产生，可见 $n < n_1$，是异步电动机工作的必要条件。由于电动机转速 n 与旋转磁场转速 n_1 不同步，故称为异步电动机。又因为异步电动机转子电流是通过电磁感应作用下产生的，所以又称为感应电动机。

异步电动机转子与旋转磁场之间的相对运动速度的百分率称为转差率，用下式表示，即：

$$s = \frac{n_1 - n}{n_1} \times 100\% \qquad\qquad (5\text{-}2)$$

式中：s——转差率；

n_1——旋转磁场的同步转速，r/min；

n——转子转动的转速，r/min。

三相异步电动机大多数为中小型电动机，其转差率不大，在额定负载时，$s = (2 \sim 6)\%$，实际上可以认为它们属于恒转速电动机。

4. 异步电机的三种运行状态

根据转差率的大小和正负方向，异步电机有三种运行状态。

(1)电动机运行状态。

当定子绕组接至电源，转子就会在电磁转矩的驱动下旋转，电磁转矩即为驱动转矩，其转向与旋转磁场方向相同，如图 5.8(b)所示，此时电机从电网取得电功率转变成机械功率，由转轴传输给负载。电动机的转速范围为 $n_1 > n > 0$ 其转差率范围为 $0 < s \leqslant 1$。

(2)发电机运行状态。

异步电机定子绕组仍接至电源，该电机的转轴不再接机械负载，而用一台原动机拖动异步电机的转子以大于同步转速($n > n_1$)并顺旋转磁场方向旋转，如图 5.8(c)所示。显然，此时电磁转矩方向与转子转向相反，起着制动作用，为制动转矩。为克服电磁转矩的制动作用而使转子继续旋转，并保持 $n > n_1$，电机必须不断从原动机吸收机械功率，把机械功率转变为输出的电功率，因此成为发电机运行状态。此时 $n > n_1$，则转差率 $s < 0$。

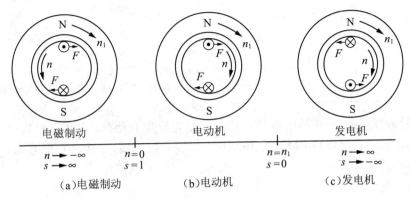

（a）电磁制动　　　　（b）电动机　　　　（c）发电机

图 5.8　异步电动机的三种运行状态

（3）电磁制动运行状态。

异步电机定子绕组仍接至电源，如果用外力拖着电机逆着旋转磁场的旋转方向转动。此时电磁转矩与电机旋转方向相反，起制动作用。电机定子仍从电网吸收电功率，同时转子从外力吸收机械功率，这两部分功率都在电机内部以损耗的方式转化成热能消耗掉。这种运行状态称为电磁制动运行状态。此种情况下，而 n 为负值，即 $n < 0$，则转差率 $s > 1$。

由此可知，区分这三种运行状态的依据是转差率 s 的大小：

①当 $0 < s < 1$ 为电动机运行状态；

②当 $-\infty < s < 0$ 为发电机运行状态；

③当 $1 < s < +\infty$ 为电磁制动运行状态。

综上所述，异步电机可以作电动机运行，也可以作发电机运行和电磁制动运行，但一般作电动机运行，异步发电机很少使用，电磁制动是异步电机在完成某一生产过程中出现的短时运行状态。例如，起重机下放重物时，为了安全、平稳，需限制下放速度时，就使异步电动机短时处于电磁制动状态。

5.1.3　三相异步电动机的铭牌和主要系列

1. 铭牌

每台电机的铭牌上都标注了电机的型号、额定值和额定运行情况下的有关技术数据。电机按铭牌上所规定的额定值和工作条件下运行，称为额定运行。Y112M-2 型三相异步电动机的铭牌如图 5.9 所示。

三相异步电动机		
型号　Y112M-2	功率　4kW	频率　50Hz
电压　380V	电流　8.2A	接法　△
转速　2890 r/min	绝缘等级　B	工作方式　连续
××年××月	编号　××××	××电机厂

图 5.9　三相异步电动机的铭牌

（1）型号。

型号是表示电动机的类型、结构、规格和性能的代号。Y 系列异步电动机的型号由 4 部分组成，即

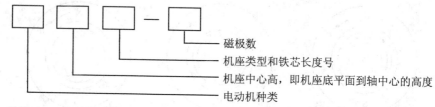

磁极数

机座类型和铁芯长度号

机座中心高，即机座底平面到轴中心的高度

电动机种类

如型号为 Y100L2－4 的电动机：Y 表示笼式异步电动机；100 表示机座中心高为 100mm；L2 表示长机座（而 M 表示中机座，S 表示短机座），铁芯长度号为 2；4 表示磁极数为四极。

（2）额定值。

额定值规定了电动机正常运行的状态和条件，它是选用、安装和维修电动机的依据。异步电动机铭牌上标注的额定值主要有：

1）额定功率 P_N。指电动机额定运行时轴上输出的机械功率，单位为 kW。

2）额定电压 U_N。指电动机额定运行时加在定子绕组出线端的线电压，单位为 V。

3）额定电流 I_N。指定子加额定电压，轴端输出额定功率时的定子线电流，单位为 A。

4）额定频率 f_N。指电动机所接交流电源的频率，我国电网的频率（工频）为 50Hz。

5）额定转速 n_N。指额定运行时转子的转速，单位为 r/min。

（3）接线。

接线是指在额定电压下运行时，电动机定子三相绕组有星形连接和三角形连接。若铭牌写△，额定电压写 380V，表明电动机额定电压为 380V 时应接△形。若电压写成 380V/220V，接法写 Y/△，表明电源线电压为 380V 时应接成 Y 形；电源电压为 220V 时应接成△形。

（4）绝缘等级和电动机温升。

绝缘等级是指绝缘材料的耐热等级，通常分为七个等级。见表 5.1。电动机温升是指电动机工作时电动机温度超过环境温度的最大允许值。电动机工作的环境温度一般规定为 40℃，（以前是 35℃）若电动机铭牌中标明为 A 级绝缘，温升为 65℃，则电动机的最高允许温度为 65℃＋40℃＝105℃。电动机的最高允许温度值取决于电动机所用的绝缘材料，各种等级的绝缘材料的最高允许温度如表 5.1 所示。

表 5.1　三相异步电动机绝缘等级

绝缘等级	Y	A	E	B	F	H	C
最高工作温度/℃	90	105	120	130	155	180	＞180

（5）工作方式。

其有三种工作方式：

1）连续工作方式。在额定状态下可以连续工作而温升没有超过最大值。

2)短时间工作方式。短时间工作，长时间停用。

3)断续工作方式。开机、停机频繁，工作时间很短，停机时间也不长。

2. 三相异步电动机的主要系列简介

我国生产的异步电动机种类很多，现有老系列和新系列之分。老系列电机已不再生产，现有的将逐步被新系列电机所取代。新系列电机符合国际电工协会(IEC)标准，具有国际通用性，技术、经济指标更高。我国生产的异步电动机主要产品系列有：

(1)Y 系列。

是一般用途的小型笼型全封闭自冷式三相异步电动机，取代了原先的 JO₂ 系列。额定电压为 380 V，额定频率为 50 Hz，功率范围为 0.55～315 kW，同步转速为 600～3 000r/min，外壳防护形式有 IP44 和 IP23 两种。该系列异步电动机主要用于金属切削机床、通用机械、矿山机械和农业机械等，也可用于拖动静止负载或惯性负载较大的机械，如压缩机、传送带、磨床、锤击机、粉碎机、小型起重机、运输机械等。

(2)YR 系列。

为三相绕线转子异步电动机。该系列异步电动机用在电源容量小，不能用同容量笼型异步电动机启动的生产机械上。

(3)YD 系列。

为变极多速三相异步电动机。

(4)YQ 系列。

为高启动转矩异步电动机。该系列异步电动机用在启动静止负载或惯性负载较大的机械上，如压缩机、粉碎机等。

(5)YZ 和 YZR 系列。

为起重和冶金用三相异步电动机，YZ 是笼型异步电动机，YZR 是绕线转子异步电动机。

(6)YB 系列。

为防爆式笼型异步电动机。

(7)YCT 系列。

为电磁调速异步电动机。该系列异步电动机主要用于纺织、印染、化工、造纸、船舶及要求变速的机械上。

近几年，我国又相继开发了 Y2 和 Y3 系列异步电动机。Y2 系列电动机是 Y 系列的升级换代产品，是采用新技术而开发出的新系列。具有噪声低、效率和转矩高、启动性能好、结构紧凑、使用维修方便等特点。电动机采用 F、B 级绝缘。能广泛应用于机床、风机、泵类、压缩机和交通运输、农业、食品加工等各类机械传动设备。Y3 系列电动机是 Y2 系列电动机的更新换代产品，它与 Y、Y2 系列相比具有以下特点：采用冷轧硅钢片作为导磁材料；用铜用铁量略低于 Y2 系列；噪声限值比 Y2 系列低等。

▶ 5.2 三相异步电动机的定子绕组

交流绕组是指同步电机和异步电机的定子绕组，以及绕线转子异步电动机的转子绕组。交流绕组的作用是产生感应电动势、通过电流、产生电磁转矩和建立旋转磁场，它是交流电动机进行机电能量转换的重要部件。

5.2.1 交流绕组的基本知识

1. 交流电机定子绕组构成的原则和分类

要使三相交流异步电动机的定子绕组在流入三相交流电时产生旋转磁场,定子绕组的构成必须遵循以下原则。

(1)绕组必须对称。

各相绕组的匝数、并联支路数和导线规格应相同,三相绕组在空间位置上互差120°电角度。

(2)绕组分布必须均匀。

各相绕组在定子上所占的空间应相等,即在每个磁极下每相绕组占据的槽数应相同。

(3)各相绕组的分布规律必须相同。

各相绕组在定子上的排列、连接的规律应相同。为使电动机有良好的性能和经济效益,要求定子绕组所建立的气隙磁场的分布接近正弦曲线;在相同功率的情况下,金属材料用量少,电动机的体积小、坚固耐用、价格低廉。

三相交流电机定子绕组根据绕法可分为叠绕组和波绕组。如图 5.10 所示。按槽内导体层数可分为单层绕组、双层绕组和多层绕组。按绕组节距可分为整距绕组和短距绕组。汽轮发电机和大、中型异步电动机的定子绕组,一般采用双层短距叠绕组;水轮发电机定子绕组和绕线转子异步电动机转子绕组常采用双层短距波绕组。而小型异步电动机则采用单层绕组。

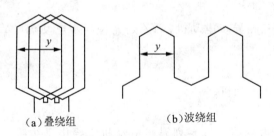

(a)叠绕组   (b)波绕组

图 5.10　叠绕组和波绕组

2. 交流绕组的几个基本概念

(1)电角度与机械角度。

电机圆周的几何角度恒为 360°,称为机械角度。从电磁观点来看,若转子上有一对磁极,它旋转一周,定子导体就掠过一对磁极,导体中感应电动势就变化一个周期,即 360°电角度。若电机的极对数为 p,则转子转一周,定子导体中感应电动势就变化 p 个周期,即变化 $p \times 360°$,因此,电机整个圆周对应的机械角度为 360°,而对应的空间电角度则为 $p \times 360°$,则有:

$$电角度 = p \times 机械角度 \tag{5-3}$$

(2)线圈。

线圈由一匝或多匝串联而成,是组成交流绕组的基本单元。每个线圈放在铁芯槽内的部分称为有效边,槽外的部分称为端部,如图 5.11 所示。

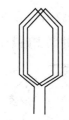
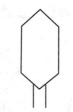

(a)单匝线圈　　(b)多匝线圈　　(c)多匝线圈简化图

图 5.11　交流绕组线圈示意图　　　　　图 5.12　$Z = 24$ 槽的定子铁芯

(3)极距 τ。

两个相邻磁极轴线之间沿定子铁芯内表面的距离称为极距 τ，极距可用磁极所占范围的长度或定子槽数或电角度表示：

$$\tau = \frac{\pi D}{2p} \text{ 或 } \tau = \frac{Z}{2p} \text{ 或 } \tau = \frac{p \times 360^\circ}{2p} \tag{5-4}$$

式中：D——定子铁芯内径；

　　　Z——定子铁芯槽数。

(4)节距 y。

一个线圈的两个有效边之间所跨过的距离称为线圈的节距 y，如图 5.10 所示。节距一般用线圈跨过的槽数来表示。为使每个线圈获得尽可能大的电动势或磁动势，节距 y 应等于或接近于极距 τ，$y = \tau$ 的绕组称为整距绕组；$y < \tau$ 绕组称为短距绕组；$y > \tau$ 绕组称为长距绕组。常用的是整距和短距绕组。

(5)槽距角 α。

相邻两个槽之间的电角度称为槽距角 α，如图 5.12 所示。因为定子槽在定子圆周上是均匀分布的，所以若定子槽数为 Z，电机极对数为 p，则

$$\alpha = \frac{p \times 360^\circ}{Z} \tag{5-5}$$

对于图 5.12 所示的定子铁芯，如 $2p = 4$，则有 $\alpha = 30^\circ$。

(6)每极每相槽数 q。

每一个极面下每相绕组所占有的槽数为每极每相槽数 q，若绕组相数为 m，则

$$q = \frac{Z}{2pm} \tag{5-6}$$

(7)相带。

每个极距内属于同一相的槽所连续占有的区域称为相带。因为一个极距为 180° 电角度，而三相绕组在每个极距内均分，占有等分相同的区域，所以在每个极距内每相绕组占有的区域都是 60° 电角度，即每个相带为 60° 电角度，这样排列的三相对称绕组称为 60° 相带绕组。

三相异步电动机一般都采用 60° 相带绕组。如图 5.13 所示，其中图(a)和图(b)分别对应两极和四极的 60° 相带。由于 U、V、W 三相对称绕组的轴线在空间互隔 120° 电角度，因此一对磁极范围内相带的排列顺序为 U_1、W_2、V_1、U_2、W_1、V_2。

(8)并联支路数。

电动机的极相组可以全部串联，也可以全部并联，还可以将一部分串联后再将它们并联。一台电动机每相绕组的并联支路的数量，称作并联支路数，用 a 表示。

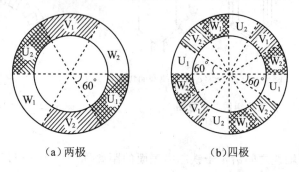

（a)两极　　　　　　　　　（b)四极

图 5.13　60°相带

(9)展开图。

表示和分析绕组的结构一般采用绕组的展开图。绕组的展开图是这样形成的：假想把定子铁芯沿轴向切开，如图 5.14(a)所示，并把它展开拉平，这样就把圆筒形的定子画成平面图了；然后把绕组的分布和连接画在平面图上，如图 5.14(b)所示；再画成如图 5.14(c)所示的简化形式，就成为绕组展开图。

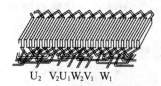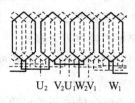

U_2　$V_2U_1W_2V_1$　W_1　　　　　U_2　$V_2U_1W_2V_1$　　W_1

（a)沿轴向切开的定子铁芯　（b)展开拉平的定子铁芯和绕组　（c)定子绕组展开图

图 5.14　定子绕组展开示意图

5.2.2　几种常见的定子绕组

1. 单层绕组

单层绕组是指每一定子槽内只有一个线圈的有效边，绕组的线圈数等于定子槽数的一半。单层绕组的排列原则是：各相绕组必须在各自的相带内，一个线圈的两条有效边必须处在不同的磁极下；同相绕组在同名磁极下所有线圈边中的电流方向相同，在异名磁极下的电流方向应相反。

(1)单层整距叠绕组。

这里以 $Z=24$，要求绕成 $2p=4$，$m=3$ 的单层绕组为例，说明单层整距绕组的排列和连接规律。

1)计算绕组数据。

极距　　　　　　　　　$$\tau = \frac{Z}{2p} = \frac{24}{4} = 6（槽）$$

相带　　　　　　　　　$$q = \frac{Z}{2pm} = \frac{24}{2 \times 2 \times 3} = 2（槽）$$

槽距角
$$\alpha = \frac{p \times 360°}{Z} = \frac{2 \times 360°}{24} = 30°（电角度）$$

2）划分相带。将槽依次编号、按 60°相带的排列次序，将各相带包含的槽填入表 5.2 中。

表 5.2　相带与槽号对照表（60°相带）

	相带	U₁	W₂	V₁	U₂	W₁	V₂
第一对极	相带	U_1	W_2	V_1	U_2	W_1	V_2
	槽号	1，2	3，4	5，6	7，8	9，10	11，12
第二对极	相带	U_1	W_2	V_1	U_2	W_1	V_2
	槽号	13，14	15，16	17，18	19，20	21，22	23，24

3）组成线圈和线圈组。将属于 U 相的 1 号槽的线圈边和 7 号槽的线圈边组成一个线圈（$y = \tau = 6$），2 号与 8 号槽的线圈边组成一个线圈，再将上面两个线圈串联成一个线圈组（又称极相组）。同理，13 号、19 号和 14 号、20 号槽中的线圈边分别组成线圈后再串联成一个线圈组。

4）构成一相绕组。同一相的两个线圈组串联或并联可构成一相绕组。图 5.15 所示为 U 相的两个线圈组串联形式，每相只有一条支路。

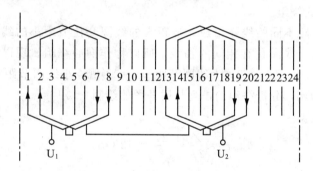

图 5.15　单层整距叠绕组

可见，本例中的每相线圈组数恰好等于极对数，可以证明，单层绕组每相共有 p 个线圈组。这 p 个线圈组所处的磁极位置完全相同，它们可以串联也可以并联。图 5.12 则有 $a = 1$。可见，单层绕组的每相最大并联支路数 $a_{\max} = p$。

（2）单层链式绕组

图 5.12 所示的绕组是一分布（$q > 1$）整距（$y = \tau$）的等元件绕组，称之为单层整距叠绕组。为了缩短端部连线，节省用铜或者便于嵌线、散热，在实际应用中，常将上述绕组改进成单层链式绕组。

以上例的 U 相绕组为例，将属于 U 相的 2~7，8~13，14~19，20~1 号线圈边分别连接成 4 个节距相等的线圈。并按电动势相加的原则，将 4 个线圈按"头接头，尾接尾"的规律相连，构成 U 相绕组，展开图如图 5.16 所示。此种绕组就整个外形来看，形如长链，故称为链式绕组。

同样，V、W 两相绕组的首端依次与 U 相首端相差 120°和 240°空间电角度，可画出 V、W 相展开图。

可见，链式绕组的每个线圈节距相等并且制造方便；线圈端部连线较短因而省铜。

链式绕组主要用于 $q=2$ 的 4、6、8 极小型三相异步电动机中。

对于 $q=3$，$P \geqslant 2$ 的单层绕组常改进成交叉式绕组。对于 $q=4$、6、8 等偶数的 2 极小型三相异步电动机常采用单层同心式绕组。

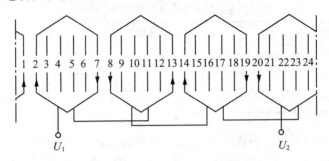

图 5.16　三相单层链式绕组展开图(U 相)

单层绕组的优点是，它不存在层间绝缘问题，不会在槽内发生层间或相间绝缘击穿故障；其次，它的线圈数仅为槽数的一半，故绕线及嵌线所费工时较少，工艺简单，因而被广泛应用于 10 kW 以下的异步电动机。

(3)单层同心式绕组。

同心绕组由节距不同的线圈组成，节距大的线圈套住节距小的线圈，两个线圈的节距相差 2 槽；两个线圈具有相同的轴线，所以称作同心绕组。现以定子槽数 $Z=24$ 槽，磁极数 $2p=2$，相数 $m=3$，大线圈节距 $y_大=11$ 槽，小线圈节距 $y_小=9$ 槽的三相交流异步电动机为例，分析绕组的排列与展开图的绘制。

1)计算绕组数据

极距
$$\tau = \frac{Z}{2p} = \frac{24}{2} = 12（槽）$$

相带
$$q = \frac{Z}{2pm} = \frac{24}{2 \times 3} = 4（槽）$$

槽距角
$$\alpha = \frac{p \times 360°}{Z} = \frac{1 \times 360°}{24} = 15°（电角度）$$

2)划分相带。该电动机的极距 $\tau=12$ 槽，线圈的节距 $y_大=11$ 槽，$y_小=9$ 槽，故绕组属于短距绕组。按绕组的节距，若将 U 相绕组大线圈的一条有效边放入 U_1 相带的第 1 槽，则另一条有效边应放入第 12 槽。这样，一个线圈的两条有效边处在同一磁极下，不符合单层绕组的排列原则。只有将 U 相绕组大线圈的一条有效边放入 U_1 相带的第 3 槽，则另一条有效边应放入第 14 槽；小线圈的一条有效边放入 U_1 相带的第 4 槽，则另一条有效边应放入第 13 槽。这样，既符合"绕组在各自的相带内"，又符合"一个线圈的两条有效边处在不同磁极下"的原则。各相绕组的各线圈边所在的槽号，如表 5.3 所示。

表 5.3　各相绕组的各线圈边所在的槽号

项目	U 相				V 相				W 相			
线圈编号	①大	②小	③大	④小	①大	②小	③大	④小	①大	②小	③大	④小
首端的有效边	3	4	15	16	11	12	23	24	19	20	7	8
末端的有效边	14	13	2	1	22	21	10	9	6	5	18	17

根据上述分析，按给出的已知条件，可按下列步骤绘制绕组展开图。

3）分极、分相

①分极。确定槽数 12 槽。每极下有 12 个槽，磁极按 N，S 的顺序排列，如图 5.17（a）所示。

②分相。确定相带 4 槽。每个磁极下的槽数按相数分为 3 个相带，每个相带占有 4 槽。按定子绕组对称分布的原则可确定相带的排列顺序是 U_1、W_2、V_1、U_2、W_1、V_2，如图 5.14（a）所示。

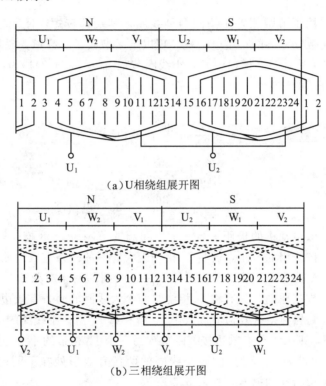

图 5.17　24 槽两极三相交流异步电动机单层绕组展开图

4）排列 U 相线圈。首先按表 5.3 所示排列 U 相绕组的各个线圈，然后假设 N 极下的线圈边的电流方向向上，根据"同相绕组在同名磁极下所有线圈边中的电流方向相同，在异名磁极下的电流方向应相反"的原则，将所有 U 相的线圈连接成 U 相绕组。具体做法是：用 3 号槽的引出线端作 U 相绕组的首端，用 U_1 标记并假定电流从首端流入，顺着电流方向，将 14 和 4 号槽的两个出线端（在绕制线圈时，这两个线头不用剪断，已连在一起），13 和 1 号槽的两个出线端与 2 和 16 号槽的两个出线端（在绕制线圈时，这两个线头不用剪断，已连在一起）分别连接，剩下 15 号槽的出线端做 U 相的尾端，用 U_2 标记，如图 5.17（a）所示。

5）排列其余两相线圈。按 U 相绕组的排列方法，排列 V 相和 W 相绕组的各个线圈，如图 5.17（b）所示。

线圈连接时，各出线端的有效边所在的槽号，如表 5.4 所示。

表 5.4　24 槽两极单层同心式绕组线圈连接时各出线端在效边所在的槽号

相	相绕组首端槽号	连接在一起的出线端槽号			相绕组尾端槽号
		第一连接点	第二连接点	第三连接点	
U 相	3	14，4	13，1	2，16	15
V 相	11	22，12	21，9	24，10	23
W 相	19	20，6	5，17	18，8	7

（4）单层交叉式绕组。

交叉式绕组采用了节距相差 1 槽的两种线圈，其端部较短，便于布置，主要用于每极每相槽数为奇数（$q=3$）的小型电动机。现以定子槽数 $Z=36$ 槽，磁极数 $2p=4$，相数 $m=3$，大线圈节距 $y_大=8$ 槽（1～9），小线圈节距 $y_小=7$（1～8）槽为例，分析交叉式绕组的排列与展开图的绘制。

1）计算绕组数据。

极距

$$\tau = \frac{Z}{2p} = \frac{36}{4} = 9（槽）$$

相带

$$q = \frac{Z}{2pm} = \frac{36}{4 \times 3} = 3（槽）$$

槽距角

$$\alpha = \frac{p \times 360°}{Z} = \frac{2 \times 360°}{36} = 20°（电角度）$$

2）划分相带。该电动机的极距 $\tau = 9$ 槽，线圈的节距 $y_大 = 8$ 槽，$y_小 = 7$ 槽，故绕组属于短距绕组。按绕组的节距，若将 U 相绕组大线圈的一条有效边放入 U_1 相带的第 1 槽，则另一条有效边应放入第 9 槽。这样，一个线圈的两条有效边处在同一磁极下，不符合单层绕组的排列原则。只有将 U 相绕组两个大线圈的两条有效边放入 U_1 相带的第 2 槽和第 3 槽，则另两条有效边应放入第 10 槽和第 11 槽；小线圈的一条有效边放入 U_2 相带的第 12 槽，则另一条有效边按节距放入另一个 U_1 相带的第 19 槽。这样，既符合"绕组在各自的相带内"，又符合"一个线圈的两条有效边处在不同磁极下"的原则。各相绕组的各线圈边所在的槽号，如表 5.5 所示。

表 5.5　36 槽四极交叉式各相绕组的各线圈边所在的槽号

项目	U 相						V 相						W 相					
线圈编号	①大	②大	③小	④大	⑤大	⑥小	①大	②大	③小	④大	⑤大	⑥小	①大	②大	③小	④大	⑤大	⑥小
首端的有效边	2	3	12	20	21	30	8	9	18	26	27	36	14	15	24	32	33	6
尾端的有效边	10	11	19	28	29	1	16	17	25	34	35	7	22	23	31	4	5	13

根据上述分析，按给出的已知条件，可按下列步骤绘制绕组展开图。

3）分极、分相。

①分极。确定槽数 9 槽。每极下有 9 个槽，磁极按 N，S，N，S 的顺序排列，如图 5.18（a）所示。

②分相。确定相带 3 槽。每个磁极下的槽数按相数分为 3 个相带，可分为 $3 \times 4 = 12$ 个相带，每个相带占有 3 槽。按定子绕组对称分布的原则可确定相带的排列顺序是 U_1、W_2、V_1、U_2、W_1、V_2，如图 5.18(a) 所示。

4) 排列 U 相线圈。按表 5.4 中 U 相绕组各线圈有效边相应的槽号，排列 U 相各线圈。

在制作交叉绕组的线圈时，第一个大线圈的尾端和第二个大线圈的首端已经进行了连接，故可按表 5.5 连接 U 相各线圈组成 U 相绕组，如图 5.18(a) 所示。

5) 排列其余两相线圈。按表 5.4 中 V，W 相绕组各线圈有效边相应的槽号，排列 V，W 相各线圈，并按表 5.5 连接 V，W 相各线圈组成 V，W 相绕组，如图 5.18(b) 所示。

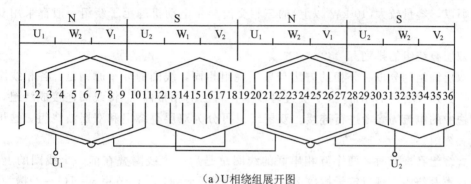

(a) U 相绕组展开图

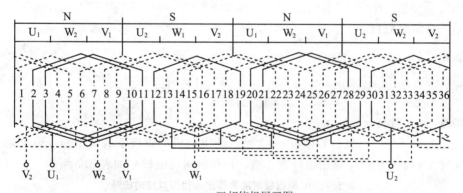

(b) 三相绕组展开图

图 5.18　三相 36 槽四极单层交叉式绕组展开图

表 5.6　36 槽四极单层交叉式绕组线圈连接时各出线端有效边所在的槽号

相	相绕组首端槽号	连接在一起的出线端槽号			相绕组尾端槽号
		第一连接点	第二连接点	第三连接点	
U 相	2	11，19	12，20	29，1	30
V 相	8	17，25	18，26	35，7	36
W 相	14	23，31	24，32	5，13	6

2. 双层绕组

双层绕组每个槽内放置上下两层线圈的有效边，线圈的一个有效边放置在某一槽的上层，另一个有效边则放置在相隔节距为 y 的另一槽的下层。整台电机的线圈总数等于槽数。双层绕组所有线圈尺寸相同，这有利于绕制；端部排列整齐，有利于散热。通过合理地选择节距 y，还可以改善电动势和磁动势波形。

双层绕组的主要优点有以下几点。

①选择最有利的节距（如选 $y = 5\tau/6$），以使异步电动机气隙磁场的分布更接近正弦曲线，从而改善电动机的性能。

②所有线圈具有同样的尺寸和形状，便于制造。

③可以组成较多的并联支路。

④端部形状排列整齐，有利于散热和增加机械强度。

所以，容量较大（10 kW 以上）的三相交流异步电动机的定子绕组一般都采用双层绕组。

双层叠绕组的排列。

双层绕组的分极、分相的方法与单层绕组相同，线圈的分布原则是：各相线圈的上层边必须在自己的相带内（下层边可以不在自己的相带内），将线圈连接成绕组，以上层边中的电流为参考进行连接。双层绕组可分为双层叠绕组和双层波绕组。这里仅讨论叠绕组。

叠绕组在嵌线时，两个互相串联的线圈总是后一个线圈叠在前一个线圈的上面，所以称作叠绕组。现以定子槽数 $Z = 36$ 槽，极数 $2p = 4$，线圈节距 $y = 7(1\sim8)$ 槽为例，分析双层叠绕组的排列。

1）计算绕组数据。

极距

$$\tau = \frac{Z}{2p} = \frac{36}{4} = 9 \text{（槽）}$$

相带

$$q = \frac{Z}{2pm} = \frac{36}{4 \times 3} = 3 \text{（槽）}$$

2）分极、分相。

极距 $\tau = 9$ 槽，每极每相槽数 $q = 3$ 槽。该电动机的每极下有 9 个槽。整个定子可分为 $4 \times 3 = 12$ 个相带，第相带内有 3 槽，各相带对应的槽号如表 5.7 所示。

表 5.7　36 槽四极双层叠绕组各相带对应的槽号

	相带	U_1	W_2	V_1	U_2	W_1	V_2
第一对极	槽号	1，2，3	4，5，6	7，8，9	10，11，12	13，14，15	16，17，18
第二对极	相带	U_1	W_2	V_1	U_2	W_1	V_2
	槽号	19，20，21	22，23，24	25，26，27	28，29，30	31，32，33	34，35，36

3）排列 U 相线圈。因线圈节距为 7 槽，则第 1 槽的上层边与第 8 槽的下层边连接起来构成线圈 1，第 2 槽的上层边与第 9 槽的下层边连接构成线圈 2，依此类推，构成 U 相绕组的 12 个线圈（1，2，3，10，11，12，19，20，21，28，29，30，各线圈的编号用上层边所在的槽号表示）。

将线圈 1，2，3 串联起来，再将 19，20，21 串联起来，就分别组成了两个对应于 N 极下的 U_1 相带的极相组；将线圈 10，11，12 串联起来，再将 28，29，30 串联起来，又分别组成了对应 S 极下的 U_2 相带的极相组。沿电流方向将 U 相绕组的 4 个极相组**按头—头相连、尾—尾相连的方法**连接起来，即得到了 U 相绕组的展开图，如图 5.19 (a)所示。

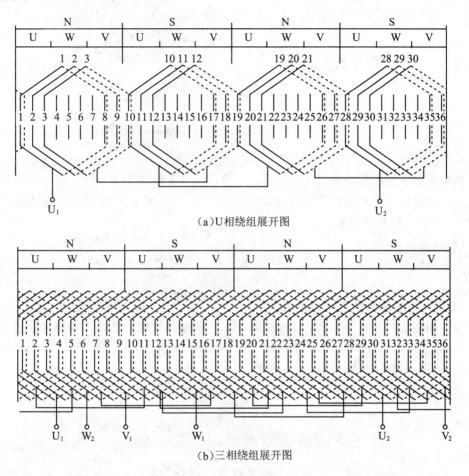

（a）U 相绕组展开图

（b）三相绕组展开图

图 5.19　三相双层绕组展开图

以上是 4 个极相组串联成一条支路，即并联支路数 $a=1$(俗称单进火)。若要求并联支路数 $a=2$(也称双进火)，则各相绕组的 4 个极相组应连成两条支路。

4)排列 V，W 相绕组。按排列 U 相绕组的方法，排列 V，W 两相绕组的线圈并连接成 V，W 两相绕组，如图 5.19(b)所示。

3. 圆形接线图

以上介绍的展开图，虽能完整地表示绕组的分布和连接，但绘制比较麻烦，看图也不太方便。因此，在三相交流异步电动机的制造和修理工作中，常使用一种比较简便的圆形接线图，如图 5.20 所示。这种圆形接线图的作图步骤如下。

(1)将定子圆周按极相组数等分。

按极相组的数时等分圆周，如绕组有 12 个极相组，作简图时就把圆周等分为 12 个弧段，每个弧段代表一个极相组。

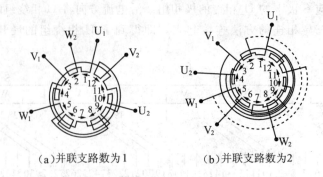

(a)并联支路数为1　　　　　(b)并联支路数为2

图 5.20　四极绕组的圆形接线图

(2)标号。

按顺序给各弧段标上编号 1、2、3、4、5、6、7、8、9、10、11、12。根据 60°电角度相带的原则，U 相的极相组的编号为 1、4、7、10；V 相的极相组的编号为 3、6、9、12；W 相的极相组的编号为 2、5、8、11。

(3)画箭头。

按相邻极相组电流正方向相反的原则，在每一弧段旁依次交替标上一正一反的箭头。

(4)确定各相绕组的首端和尾端。

按三相绕组的首端(或尾端)之间相隔 120°电角度的原则，选定三相绕组的首端(或尾端)，分别标以符号 U_1、V_1、W_1(或 U_2、V_2、W_2)。

(5)连接一相绕组。

依箭头方向将同一相的弧段连起来，即组成一相绕组。

▶ 5.3　三相异步电动机的空载运行

三相异步电动机的定子和转子之间只有磁的耦合，没有电的直接联系，它是靠电磁感应作用，将能量从定子传递到转子的。这一点和变压器完全相似。三相异步电动机的空载运行是指电动机的定子绕组接三相交流电源，轴上不带机械负载时的运行状态。

5.3.1　空载运行时的电磁关系

1. 主、漏磁通的分布

根据磁通经过的路径和性质的不同，异步电动机的磁通可分为主磁通和漏磁通两大类。

(1)主磁通 $\dot{\Phi}_1$。

当三相异步电动机定子绕组通入三相对称交流电时，将产生旋转磁动势，该磁动势产生的磁通绝大部分穿过气隙，并同时交链于定子、转子绕组，这部分磁通称为主磁通，用 $\dot{\Phi}_1$ 表示。其路径为：定子铁芯→气隙→转子铁芯→气隙→定子铁芯，构成闭合磁路，如图 5.21(a)所示。

　　主磁通同时交链定子、转子绕组并在其中分别产生感应电动势。转子绕组为三相或多相短路绕组，在电动势的作用下，转子绕组中有电流通过。转子电流与定子磁场相互作用产生电磁转矩，实现异步电动机的机电能量转换，因此，主磁通起了转换能量的媒介作用。

　　(2)漏磁通 Φ_σ。

　　除了主磁通外的磁通称为漏磁通，它包括定子绕组的槽部漏磁通和端部漏磁通，以及由高次谐波磁动势所产生的高次谐波磁通如图5.21所示。前两项漏磁通只交链于定子绕组，而不交链于转子绕组，而高次谐波磁通实际上穿过气隙，同时交链定、转子绕组。由于高次谐波磁通对转子不产生有效转矩，另外它在定子绕组中感应电动势又很小，且其频率和定子前两项漏磁通在定子绕组中感应电动势频率又相同，它也具有漏磁通的性质，所以就把它当作漏磁通来处理，故又称为谐波漏磁通。

　　由于漏磁通沿磁阻很大的空气隙形成闭合回路，因此它比主磁通小很多。漏磁通仅在定子绕组上产生漏电动势，因此不能起能量转换的媒介作用，只起电抗压降的作用。

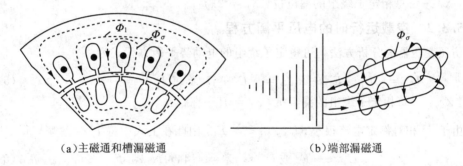

(a)主磁通和槽漏磁通　　　　　　　　(b)端部漏磁通

图 5.21　主磁通与漏磁通

2. 异步电动机空载运行时的电磁关系

　　当异步电动机空载运行时，定子三相绕组有空载电流 $\dot{I}_0$ 通过，三相空载电流将产生一个旋转磁动势，称为空载磁动势，用 $\dot{F}_0$ 表示，根据三相异步电动机绕组磁势计算分析可知，其基波幅值为：

$$\dot{F}_0 = 0.9 \frac{m_1}{2} \frac{N_1 k_{w1}}{p} \dot{I}_0 \tag{5-7}$$

式中：N_1——定子绕组每相串联匝数；

　　　　k_{w1}——三相绕组分布系数。

　　由于空载运行时，电动机的电磁转矩仅需克服机械摩擦、风阻引起的空载阻转矩 T_0(很小)，因此转子转速 n 接近同步转速 n_1，转差率 s 很小，即转子和旋转磁场之间的相对转速很小，使转子电动势很小，转子电流也很小，$\dot{I}_2 \approx 0$。所以可近似认为，电动机空载运行时，气隙中建立旋转磁场的励磁磁动势就是由三相空载电流 $\dot{I}_0$ 所形成的空载磁动势 F_0。另外，定子绕组还有电阻 R_1 存在，空载电流通过电阻又会产生电压降 $R_1\dot{I}_0$。上述电磁关系如下。

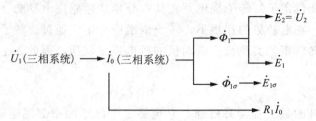

与变压器一样，主磁通和漏磁通分别在定子绕组中感应的电动势为

$$\dot{E}_1 = -j1.44 f_1 N_1 k_{w1} \dot{\Phi}_1 \qquad (5-8)$$

式中：f_1——定子绕组的电流频率，即电源频率（Hz）；

$\quad\quad\Phi_1$——每极基波磁通（Wb）；

$\quad\quad N_1$——每相定子绕组的串联匝数；

$\quad\quad k_{w1}$——定子绕组的基波绕组因数，一般 $0.9 < k_{w1} < 1$。

$$\dot{E}_{1\sigma} = -j1.44 f_1 N_1 k_{w1} \dot{\Phi}_{1\sigma} = -j\dot{I}_0 X_1 \qquad (5-9)$$

式中：X_1——每相定子绕组的漏电抗，$X_1 = 2\pi f_1 L_1$。

5.3.2 空载运行时的电压平衡方程

仿照变压器的分析方法，可得定子绕组的电动势平衡方程式为

$$\dot{U}_1 = -\dot{E}_1 - \dot{E}_{1\sigma} + R_1\dot{I}_0 = -\dot{E}_1 + j\dot{I}_0 X_1 + R_1\dot{I}_1 = -\dot{E}_1 + \dot{I}_0 Z_1 \qquad (5-10)$$

式中：Z_1——每相定子绕组的漏阻抗，$Z_1 = R_1 + jX_1$。

由于 I_0 相对额定电流很小，$I_0|Z_1| << E_1$，因此在上式中将 $\dot{I}_0 Z_1$ 忽略，得

$$\dot{U}_1 \approx -\dot{E}_1 \text{ 或 } U_1 \approx E_1 = 4.44 f_1 N_1 k_{w1} \Phi_1 \qquad (5-11)$$

上式说明，当电源频率一定时，电动机的主磁通 Φ_1 仅与外施电压 U_1 成正比。一般情况下，由于电压 U_1 为额定值，因此主磁通 Φ_1 基本恒定，当负载变化时，Φ_1 也基本不变。

另外，与变压器一样，$\dot{E}_1$ 的电磁表达式也可通过引入励磁参数而转化为阻抗压降的形式，即

$$\dot{E}_1 = -(\dot{I}_0 R_m + jX_m) = -\dot{I}_0 Z_m \qquad (5-12)$$

式中：R_m——励磁电阻，是反映铁芯损耗的等效电阻；

$\quad\quad X_m$——励磁电抗，是反映铁芯磁化性能的一个综合参数，它对应气隙主磁通 $\dot{\Phi}_1$；

$\quad\quad Z_m$——励磁阻抗，$Z_m = R_m + jX_m$。

与变压器一样，励磁电阻 R_m 随电源频率和铁芯饱和程度的增大而增大，X_m 随铁芯饱和程度的增加急剧减小，因此励磁阻抗 Z_m 也不是一个常量。但是，电动机在实际运行时，电源电压波动不大，所以铁芯主磁通的变化也不大，Z_m 可基本认为是常量。

根据电动势平衡方程式，可作出与变压器相似的等效电路，如图 5.22 所示。

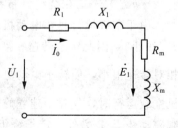

图 5.22 异步电动机空载
运行时的等效电路

异步电动机电磁关系与变压器十分相似，但它们之间还是存在差异：

(1)主磁场性质不同，异步电动机主磁场为旋转磁场，而变压器为脉动磁场（交变磁场）。

(2)变压器空载时 $E_2 \neq 0$，$I_2 = 0$，而异步电动机空载时，$E_2 \approx 0$，$I_2 \approx 0$，即实际有微小的数值。

(3)由于异步电动机存在气隙，主磁路磁阻大，同变压器相比，建立同样的磁通所需励磁电流大，励磁电抗小。如大容量电动机的 I_0 为 $(20\% \sim 30\%)I_N$，小容量电动机可达 $50\%I_N$，而变压器的 I_0 仅为 $(2\% \sim 10\%)I_N$，巨型变压器则在 $1\%I_N$ 以下。

(4)由于气隙的存在，加之绕组结构形式的不同，异步电动机的漏磁通较大，其所对应的漏抗也比变压器的大。

(5)异步电动机通常采用短距绕组和分布绕组，故计算电动机时需考虑绕组系数，而变压器则为整距、集中绕组，绕组系数为 1。

▶ 5.4 三相异步电动机的负载运行

负载运行是指异步电动机的定子外施对称三相电压，转子带上机械负载时的运行状态。由于负载增加，引起电动机转速下降，旋转磁场与转子的相对运动加大，转子感应电动势增加，转子电流和电磁转矩加大，当电磁转矩加大到与负载转矩平衡时，电动机就在较低转速成的状态下稳定运行。

5.4.1 负载运行时的电磁关系

由于转子磁动势 F_2 与定子磁动势 F_1 在空间相对静止，因此可把 F_1 与 F_2 进行叠加，于是负载运行时，产生旋转磁场的励磁磁动势就是定、转子的合成磁动势 $(F_1 + F_2)$，即由 $(F_1 + F_2)$ 共同建立气隙内的每极主磁通。与变压器相似，从空载到负载运行时，由于电源的电压和频率都不变，而且 $U_1 \approx E_1 = 4.44f_1N_1k_{w1}\Phi_1$，因此每极主磁通 Φ_1 几乎不变，这样励磁磁动势也基本不变，负载时的励磁磁动势等于空载时的励磁磁动势，即 $F_1 + F_2 = F_0$ 这就是三相异步电动机负载运行时的磁动势平衡方程式。电磁关系如下：

5.4.2 转子绕组各电磁量

转子不转时，气隙旋转磁场以同步转速 n_1 切割转子绕组，当转子以转速 n 旋转后，旋转磁场就以($n_1 - n$)的相对速度切割转子绕组，因此，当转子转速 n 变化时，转子绕组各电磁量将随之变化。

1. 转子电动势的频率

当旋转磁场以相对转速($n_1 - n$)切割转子绕组时，转子内感应电动势的频率为：

$$f_2 = \frac{p_2(n_1 - n)}{60} = \frac{n_1 - n}{n_1} \times \frac{p_1 n_1}{60} = s\frac{p_1 n_1}{60} = sf_1 \tag{5-13}$$

式中　P_2——转子绕组极对数，其值恒等于定子极对数 p_1。

由于转子电路的频率随 s 而变化，这就使转子电路中与转子电路频率 f_2 有关的各物理都随 s 变化而变化。

2. 转子绕组的感应电动势

由于转子绕组中产生的感应电动势频率为 f_2，则转子转动时的感应电动势 E_{2s} 为：

$$E_{2s} = 4.44 f_2 N_2 k_{w2} \Phi_m = 4.44 s f_1 N_2 k_{w2} \Phi_m = sE_2 \tag{5-14}$$

式中：N_2——转子绕组每相串联匝数；

K_{w2}——小于 1 的转子绕组系数；

E_2——转子不动($s=1$)时的转子绕组感应电动势有效值，$E_2 = 4.44 f_1 N_2 K_{w2} \Phi_m$。

上式表明：转子感应电动势大小与转差率成正比。转子不动时，$s=1$，E_{2s} 为最大；当转子旋转时，E_{2s} 随 s 的减小而减小。

3. 转子绕组的漏阻抗

转子电抗是转子旋转时的每相漏电抗，它将在转子绕组中产生漏抗压降。转子电抗为：

$$X_{2s} = 2\pi f_2 L_2 = 2\pi s f_1 L_2 = sX_2 \tag{5-15}$$

式中：L_2——转子绕组的每相漏电感；

X_2——转子不动时的每相漏电抗。$X_2 = 2\pi f_1 L_2$。

上式表明：转子电抗大小与转差率成正比。转子不动时，$s=1$，$X_{2s} = X_2$ 为最大；当转子旋转时，X_{2s} 随 s 减小而减小。

转子绕组每相漏阻抗为：

$$Z_{2s} = R_2 + jX_{2s} = R_2 + jsX_2 \tag{5-16}$$

4. 转子电流

由于转子感应电动势 E_2 和转子电抗 X_{2s}，都随 s 变化，当考虑转子绕组电阻 R_2 后，转子电流为：

$$I_{2s} = \frac{E_{2s}}{\sqrt{R_2^2 + X_{2s}^2}} = \frac{sE_2}{\sqrt{R_2^2 + (sX_2)^2}}$$

$$\tag{5-17}$$

上式表明：转子电流将随 s 增大而增大。其变化规律如图 5.23 所示。当电动机启动瞬间，

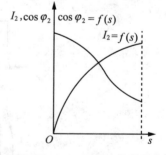

图 5.23　I_2、$\cos\varphi_2$ 与 s 的关系曲线

$s=1$，为最大，I_{2s} 也为最大，当转子旋转时。s 减小，I_{2s} 也随之减小。

5. 转子电路的功率因数

由于转子每相绕组都有电阻 R_2 和电抗 X_{2s}，故转子电路功率因数为：

$$\cos \varphi_2 = \frac{R_2}{\sqrt{R_2^2 + (sX_2)^2}}$$

上式表明：转子功率因数 $\cos \varphi_2$ 随 s 增大而减小，其变化规律如图 5.23 所示。但应注意 $\cos \varphi_2$ 仅是转子电路的功率因数，并不是电动机的功率因数。

6. 转子的旋转磁通势

当转子为绕线转子型时，转子绕组的极数与定子绕组的极数相同。定子旋转磁场在绕线转子绕组中感应的电动势是相位互差 120° 电角度的三相对称电流，同样要建立转子旋转磁通势 F_2。这个 F_2 相对转子来说是一个旋转的磁通势，转速为 $60f_2/p = 60\,sf_1/p = sn_1$，又因转子本身以转速 n 旋转，所以 F_2 的空间转速，即相对定子的转速为：

$$sn_1 + n = \frac{n_1 - n}{n_1}n_1 + n = n_1 \tag{5-18}$$

由此可见，不论转子本身转速如何，由转子电流建立的转子旋转磁通势 F_2 与定子电流建立的旋转磁通势 F_1 在空间以同样大小的转速、同一方向旋转，故 F_2 与 F_1 之间没有相对运动，它们在空间是相对静止的。

例 5.1 一台三相异步电动机接到 50 Hz 的交流电源上，其额定转速 $n_N = 1\,455$ r/min，试求：（1）该电动机的极对数 p；（2）额定转差率 s_N；（3）额定转速运行时，转子电动势的频率。

解：（1）因异步电动机额定转差率很小，故可根据电动机的额定转速 $n_N = 1\,455$ r/min，直接判断出最接近 n_N 的气隙旋转磁场的同步转速 $n_1 = 1\,500$ r/min，于是：

$$p = \frac{60f}{n_1} = \frac{60 \times 50}{1\,500} = 2$$

（2）

$$s_N = \frac{n_1 - n}{n_1} = \frac{1\,500 - 1\,455}{1\,500} = 0.03$$

（3）

$$f_2 = s_N f_1 = 0.03 \times 50\,\text{Hz} = 1.5\,\text{Hz}$$

5.4.3 负载运行时的基本方程式

1. 磁通势平衡方程式

三相异步电动机空载运行时，主磁通是由定子绕组的空载磁通 F_0 产生的；三相异步电动机负载运行时，气隙中的合成旋转磁场的主磁通，是由定子绕组磁通势 F_1 和转子绕组磁通势 F_2 共同产生的。由于当定子绕组外加电压和频率不变时，主磁通近似为一常数，所以，空载时磁通势 F_0 与负载时的磁通势 $F_1 + F_2$ 应相等，即：

$$F_1 + F_2 = F_0 \quad \text{或} \quad F_1 = F_0 + (-F_2) \tag{5-19}$$

上式中，每个磁动势与对应的相电流的关系分别为：

$$\left. \begin{array}{l} F_1 = 0.9 \dfrac{m_1}{2} \dfrac{N_1 k_{W1}}{p} \dot{I}_1 \\[2mm] F_2 = 0.9 \dfrac{m_2}{2} \dfrac{N_2 k_{W2}}{p} \dot{I}_2 \\[2mm] F_0 = 0.9 \dfrac{m_1}{2} \dfrac{N_1 k_{W1}}{p} \dot{I}_0 \end{array} \right\} \tag{5-20}$$

式中：m_1、m_2——定、转子绕组的相数。

把式(5-20)代入(5-19)中，可得：

$$\dot{I}_1 + \frac{1}{k_i}\dot{I}_2 = \dot{I}_0 \tag{5-21}$$

式中：k_i——异步电动机的电流比，$k_i = \dfrac{m_1 N_1 k_{w1}}{m_2 N_2 k_{w2}}$。

式(5-21)就是用电流相量表达的磁动势平衡方程式，该式经变换可得

$$\dot{I}_1 = \dot{I}_0 + (-\frac{1}{k_i}\dot{I}_2) = \dot{I}_0 + (-\dot{I}_2')$$

上式说明负载运行时，异步电动机的定子电流可看成由两部发组成，一部分是励磁电流 $\dot{I}_0$，用以产生主磁通 $\dot{\Phi}_1$；另一部分是负载电流 $-\dot{I}_2'$，用以抵消转子电流所产生的磁效应，以保证主磁通基本不变。所以异步电动机就是通过磁通势平衡关系，使电路上无直接联系的定、转子电流有了关联。当负载增大时，转速 n 降低，转子电流 I_2 增大，电磁转矩增大，同时定子电流 I_1 也增大。当电磁转矩与负载转矩相等时，电动机运行在新的平衡状态。

2. 电动势平衡方程式

电动机由空载到负载，定子电流从 I_0 变为 I_1，定子电路的电动势平衡方程式为：

$$\dot{U}_1 = -\dot{E}_1 + \dot{I}_1 R_1 + j\dot{I}_1 X_1 = -\dot{E}_1 + \dot{I}_1(R_1 + jX_1) = -\dot{E}_1 + \dot{I}_1 Z_1 \tag{5-22}$$

异步电动机运转时，转子电路是闭合的，即转子电压 $\dot{U}_2 = 0$，此时转子电路的电动势平衡方程式为：

$$\dot{E}_{2S} = \dot{I}_{2s}(R_2 + jX_{2s}) = \dot{I}_{2s} Z_{2s} \tag{5-23}$$

式中：Z_{2s}——转子绕组在转差率为 s 时的漏阻抗，$Z_{2s} = R_2 + jX_{2s}$。

我们把 E_1 与 E_2 的比值称为电动势比，因此电动势比 k_e 为：

$$k_e = \frac{E_1}{E_2} = \frac{4.44 f_1 N_1 k_{w1} \Phi_1}{4.44 f_1 N_2 k_{w2} \Phi_1} = \frac{N_1 k_{w1}}{N_2 k_{w2}} \tag{5-24}$$

可见，异步电动机的电动势比是定、转子绕组每相有效串联匝数比，这与变压器的电压比是一、二次绕组的匝数之比有所不同。

5.4.4 负载运行时的等效电路

要求得异步电动机运行状态中某一负载情况时电动势、电流，必须采用等效电路的方法。等效电路就是把异步电动机定子、转子中的电磁相互关系，利用串并联电路的形式等效地表示出来。由于定、转子绕组的相数、匝数不同；转子电动势的频率也与电源频率不同，要得出异步电动机的等效电路，必须进行频率归算。转子电路的频率归算，就是使 $f_2 = f_1$，而 $f_2 = s f_1$ 的，即要求 $s = 1$，也就是要求用一个静止的转子电路去代替实际的转子电路。

1. 频率归算

从转子电路的电动势平衡方程式：

$$s\dot{E}_2 = \dot{I} R_2 + j\dot{I}_2 X_{2s}$$

可得：

$$\dot{I}_2 = \frac{s\dot{E}_2}{R_2 + jX_{2s}} \tag{5-25}$$

把上式中的分子及分母都除以转差率 s，则得：

$$\dot{I}_2 = \frac{\dot{E}_2}{\dfrac{R_2}{s} + jX_2}$$

(5-26)

比较式(5-25)和式(5-26)可见，频率归算方法只要把原转子电路中的 R_2 变换为 R_2/s，即在原转子旋转的电路中串入一个 $R_2/s - R_2 = (1-s/s)R_2$ 的附加电阻即可，如图 5.24 所示。由此可知，变换后的转子电路中多了一个附加电阻 $(1-s/s)R_2$。实际旋转的转子在转轴上有机械功率输出并且转子还会产生机械损耗。

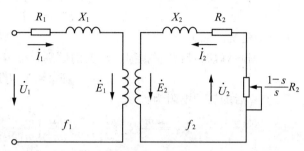

图 5.24　频率归算后异步电动机的定、转子电路

而经频率归算后，因转子等效为静止状态，转子就不再有机械功率输出及机械损耗了，但却在电路中多了一个附加电阻 $(1-s/s)R_2$。根据能量守恒及总功率不变原则，该电阻所消耗的功率 $m_2 I_2^2 (1-s/s)R_2$，就应等于转轴上的机械功率和转子的机械损耗之和，这部分功率称为总机械功率，附加电阻 $(1-s/s)R_2$，称为模拟机械功率的等效电阻。

频率归算后的异步电动机转子电路和一个二次侧接有可变电阻 $(1-s/s)R_2$ 的变压器二次电路相似，因此从等效电路角度，可把 $(1-s/s)R_2$ 看作是异步电动机的"负载电阻"，把转子电流在该电阻上的电压降看成是转子回路的端电压，即 $\dot{U}_2 = \dot{I}_2(1-s/s)R_2$，这样转子回路电动势平衡方程可写成：

$$\dot{U}_2 = \dot{E}_2 - (R_2 + jX_2)\dot{I}_2$$

(5-27)

2. 转子绕组归算

对异步电动机进行频率归算之后，其定、转子电路如图 5.24 所示。定、转子频率虽然相同了，但是还不能把定、转子电路连接起来，所以还要像变压器那样进行绕组归算，才可得出等效电路。这就要找到一个假想的新转子，让新转子的相数、绕组串联匝数及绕组系数与定子完全一致，这样新转子的电动势 $\dot{E}_2'$ 与定子电动势 $\dot{E}_1$ 相等，就可以把转子电路接到定子电路上去。把本来是两个电路和一个磁路组成的异步电动机用一个比较简单的等效电路来代替。要想让这个新转子与实际转子完全等效，就要使新转子产生的磁动势与原转子的磁动势完全一致。这样转子对定子的影响才能相同。因此，转子归算的原则应当是折算前后磁动势关系不变，各种功率关系不变。

（1）电流的归算。

根据转子磁动势保持不变，可得：

$$0.9 \frac{m_1}{2} \frac{N_1 k_{W1}}{p} \dot{I}_2' = 0.9 \frac{m_2}{2} \frac{N_2 k_{W2}}{p} \dot{I}_2$$

所以：

$$\dot{I}_2' = \frac{m_2 N_2 k_{W2}}{m_1 N_1 k_{W1}} \dot{I}_2 = \frac{1}{k} \dot{I}_2$$

(5-28)

（2）电动势的归算。

转子电动势归算之后应当有 $\dot{E}_2' = \dot{E}_1$，因此有：

$$\frac{E_2'}{E_2} = \frac{E_1}{E_2} = \frac{4.44 f_1 k_{\mathrm{w1}} N_1 \Phi_{\mathrm{m}}}{4.44 f_1 k_{\mathrm{w2}} N_2 \Phi_{\mathrm{m}}} = \frac{k_{\mathrm{w1}} N_1}{k_{\mathrm{w2}} N_2} = k_{\mathrm{e}}$$

$$E_2' = k_{\mathrm{e}} E_2 \tag{5-29}$$

（3）阻抗的归算。

根据归算前、后转子铜损耗不变的原则，可得：

$$m_1 I_2'^2 R_2' = m_2 I_2^2 R_2$$

归算后的转子电阻为：

$$R_2' = \frac{m_2}{m_1} R_2 \left(\frac{I_2}{I_2'}\right)^2 = \frac{m_2}{m_1} \left(\frac{m_1 N_1 k_{\mathrm{w1}}}{m_2 N_2 k_{\mathrm{w2}}}\right)^2 R_2 = k_{\mathrm{e}} k_{\mathrm{i}} R_2 \tag{5-30}$$

电抗的归算关系与电阻归算相同，有：

$$X_2' = k_{\mathrm{e}} k_{\mathrm{i}} X_2 \tag{5-31}$$

所以：

$$Z_2' = k_{\mathrm{e}} k_{\mathrm{i}} Z_2 \tag{5-32}$$

式中：$k_{\mathrm{e}} k_{\mathrm{i}}$——阻抗变比。

3. 等效电路和相量图

经过对转子绕组的归算后，转子电路的相数，每相串联匝数、绕组系数及频率都与定子电路相同，此时的异步电动机的定、转子电路如图 5.25(a)所示，因为 $E_2' = E_1$，故 a 点与 a' 点，b 点与 b' 点，b 点都为等电位点，可将 aa' 及 bb' 连接起来，而不影响电路的情况，于是就得图 5.25(b)的电路，其中励磁支路也可以用阻抗的形式表示。这种将定、转子电路合并而得的电路称为异步电动机的 T 形等效电路。

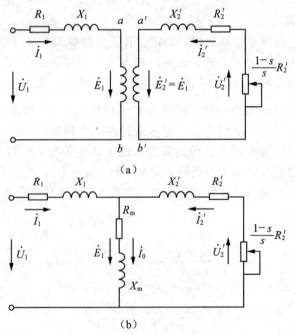

图 5.25　异步电动机归算后的等效电路

从这个等效电路中，可以得到异步电动机的电动势平衡及磁通势平衡等基本方程式。

$$\dot{U}_1 = -\dot{E}_1 + (R_1 + jX_1)\dot{I}_1$$

$$\dot{U}_2' = \dot{E}_2' - (R_2' + jX_2)\dot{I}_2'$$

$$\dot{I}_1 + \dot{I}_2' = \dot{I}_0$$

$$\dot{E}_1 = -(R_m + iX_m)\dot{I}_0 \qquad\qquad (5\text{-}33)$$

$$\dot{E}_1 = \dot{E}_2'$$

$$\dot{U}_2' = \frac{1-s}{s}R_2'\dot{I}_2'$$

根据以上这个方程式组，可以定性作出异步电动机负载时的相量图，如图 5.26 所示。作图的步骤如下：在水平位置画出主磁通 Φ_1，然后在滞后 90°的方向定出 $\dot{E}_1$ 和 $\dot{E}_2'$ 的位置，按 $\varphi_2 = \arctan\left[X_2'/(R_2' \cdot s^{-1})\right]$ 画出 $\dot{I}_2'$ 滞后 $\dot{E}_2'\varphi_2$ 角，根据：

$$\dot{E}_2' = \dot{I}_2'\frac{R_2'}{s} + j\dot{I}_2'X_2'$$

画出相量 $\dot{I}_2'R_2'/s$ 和 $j\dot{I}_2'X_2'$，电阻压降与同 $\dot{I}_2'$ 相位，电抗压降超前于 $\dot{I}_2'$ 90°，在 $\dot{E}_2'$ 的位置上，画出 $\dot{E}_2' = \dot{E}_1$ 的大小。按 $\arctan R_m/X_m = \alpha_{Fe}$，画出 $\dot{I}_0$；再根据磁通势平衡方程式：

$$\dot{I}_1 = \dot{I}_0 + (-\dot{I}_2')$$

画出定子电流 $\dot{I}_1$，最后根据定子电路电动势平衡方程式：

$$\dot{U}_1 = -\dot{E}_1 + (R_1 + jX_1)\dot{I}_1$$

画出 $-\dot{E}_1$、$\dot{I}_1R$、$j\dot{I}_1X_1$、其中 $\dot{I}_1R$ 同 $\dot{I}_1$ 相位，$j\dot{I}_1X_1$ 超前 $\dot{I}_1$90°。最后画出电源电压相量 $\dot{U}_1$。

可见三相异步电动机的 $\dot{I}_1$ 恒滞后于 $\dot{U}_1$，功率因数滞后，是电网的感性负载。

综上分析可得如下结论：

(1)运行时的异步电动机与一台二次侧接有纯电阻负载的变压器相似。当 $s=1$ 时，相当于一台二次侧短路的变压器；当 $s=0$ 时，相当于一台二次侧开路的变压器。

(2)异步电动机可看作是一台广义的变压器，不仅可以变换电压、电流和相位，而且可以变换频率和相数，更重要的是可以进行机电能量转换。等效电路中，$(1-s)/sR_2'$ 是模拟总机械功率的等效电阻，当转子堵转时，$s=1$，$(1-s)R_2'/s=0$，此时无机械功率输出；而当转子旋转且转轴上带有机械负载时，$s\neq1$，$(1-s)R_2'/s\neq0$，此时有机械功率输出。

(3)机械负载变化在等效电路中是由 s 来体现的。当转子轴上机械负载增大时，转速慢，转差率增大，因此转子电流增大，以产生较大的电磁转矩与负载转矩平衡。按磁动势平衡关系，定子电流也将增大，电动机便从电源吸收更多的电功率来供给电动机本身的损耗和轴上输出的机械功率，从而达到功率平衡。

4. 等效电路的简化

T形等效电路是一个串并联电路，应用它计算电流和电动势时，计算过程还是比较繁杂，实际应用时，可将励磁支路前移到输入端。使电路简化为单纯的并联电路，使计算更为简化，称为简化的等效电路，如图 5.27 所示。但简化后总阻抗变小，电流变大，且电动机容量愈小相对偏差愈大。

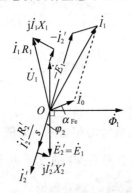

图 5.26　异步电动机相量图

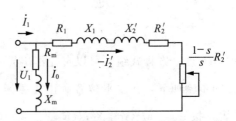

图 5.27　简化的等效电路

▶5.5　三相异步电动机的功率平衡和转矩平衡

功率是单位时间内所产生或消耗的能量，而转矩乘以机械角速度等于产生或消耗的功率。因此，电机中各种功率的平衡关系，以及功率与转矩和其他物理量的关系是研究电机中能量转换所必须掌握的基本知识。

5.5.1　三相异步电动机的功率平衡

异步电动机运行时，定子从电网吸收电功率，转子向拖动的机械负载输出机械功率。电动机在实现电能量转换的过程中，必然会产生各种损耗。根据能量守恒定律，输出功率应等于输入功率减去总损耗。

电动机正常工作时，从电网吸收的总电功率也就是它的总输入功率，用 P_1 表示。

$$P_1 = m_1 U_1 I_1 \cos \varphi_1 \tag{5-34}$$

式中，m_1——定子相数；

　　　U_1、I_1——定子的相电压和相电流；

　　　$\cos \varphi_1$——定子的功率因数。

P_1 进入电动机后，首先在定子上消耗一小部分定子铜损耗，这部分功率用 P_{Cu1} 表示。

$$P_{Cu1} = m_1 R_1 I_1^2 \tag{5-35}$$

式中，I_1——定子相电流。

另一部分损耗是铁损耗，它主要是定子铁芯中的磁滞和涡流损耗，在等效电路中正是 R_m 上消耗的有功功率，可以写成：

$$P_{Fe} = m_1 R_m I_0^2 \tag{5-36}$$

总的输入功率 P_1 减去定子铜损耗和铁损耗，余下的部分是通过磁场经过气隙传到转子上去的电磁功率 P_M。因此有：

$$P_M = P_1 - P_{Cu1} - P_{Fe} \tag{5-37}$$

由等效电路可知，传到转子上的电磁功率就是转子等效电路上的有功功率，或者说是电阻 R_2'/s 上的有功功率。因此可以写成：

$$P_M = m_1 E_2' I_2' \cos \varphi_2 = m_1 I_2' \frac{R_2'}{s} \tag{5-38}$$

电磁功率 P_M 进入转子后，在转子电阻 R_2' 上产生转子铜损耗 P_{Cu2} 因为异步电动机在正常工作时转子频率很低，一般只有 $1 \sim 2\,\mathrm{Hz}$，转子铁损耗实际很小，可以忽略，因此电磁功率减掉转子铜损耗，余下部分全部转换为机械功率，称为总机械功率，用 P_m 表示。有：

$$P_m = P_M - P_{Cu2} \tag{5-39}$$

转子铜损耗是转子电阻 R_2' 所消耗的功率，写出它的表达式为：

$$P_{Cu2} = m_1 R_2' I_2'^2 \tag{5-40}$$

比较式(5-38)和式(5-40)可知：

$$P_{Cu2} = s P_M \tag{5-41}$$

这是一个很重要的公式，它表明转子铜损耗仅占电磁功率的很小一部分(对应 s 的那一小部分)有时把它称为转差功率。

把式(5-41)代入式(5-39)得：

$$P_m = P_M - s P_M = (1-s) P_M \tag{5-42}$$

它说明总机械功率占电磁功率的大部分(对应 $1-s$ 的那部分)。

把式(5-38)代入式(5-42)可得：

$$P_m = m_1 I_2'^2 \frac{1-s}{s} R_2' \tag{5-43}$$

这正是等效电路中电阻 $R_2'(1-s)/s$ 上所对应的有功功率，它表示的是转换出的总机械功率。总机械功率并没有全部由轴头输出给生产机械，在输出之前还要消耗掉机械损耗 P_{mec} 和附加损耗 P_{ad}。机械损耗主要由电机的轴承摩擦和风阻摩擦构成，绕线转子异步电动机还包括电刷摩擦损耗。附加损耗是由磁场中的高次谐波磁通和漏磁通等引起的损耗，这部分损耗不好计算，在小电机中满载时能占到额定功率的 $1\% \sim 3\%$，在大型电机中所占比例小些，通常在 0.5% 左右。总机械功率 P_m 减掉机械摩擦损耗 P_{mec} 和附加损耗 P_{ad} 之后，才是电机轴头输出的功率 P_2 因此有

$$P_2 = P_m - P_{mec} - P_{ad} \tag{5-44}$$

根据上面的分析，异步电动机的功率传递过程，我们可以用功率流程图表示。功率流程图如图 5.28 所示。

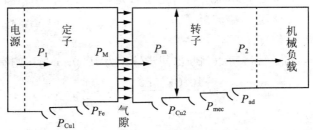

图 5.28　异步电动机的功率流程图

5.5.2 三相异步电动机的转矩平衡

由动力学可知，旋转体的机械功率等于作用在旋转体上的转矩与其机械角速度 Ω 的乘积，$\Omega = 2\pi n/60 (\text{rad/s})$。将式(5-44)的两边同除以转子机械角速度 Ω 便得到稳态时异步电动机的转矩平衡方程式：

$$\frac{P_2}{\Omega} = \frac{P_m}{\Omega} - \frac{P_{mec} - P_{ad}}{\Omega}$$

即：
$$T_2 = T - T_0 \tag{5-45}$$

式中：T——电动机电磁转矩，$T = \dfrac{P_m}{\Omega} = 9.55 \dfrac{P_m}{n}$；

$\quad T_2$——电动机的输出的机械转矩，$T_2 = \dfrac{P_2}{\Omega} = 9.55 \dfrac{P_2}{n}$；

$\quad T_0$——电动机的空载转矩，$T_0 = \dfrac{P_{mec} + P_{ad}}{\Omega} = 9.55 \dfrac{P_{mec} + P_{ad}}{n}$。

电动机在额定运行时，$P_2 = P_N$，$T_2 = T_N$，$n = n_N$，则

$$T_N = 9.55 \frac{P_2}{n_N} \tag{5-46}$$

上式中若功率的单位用 kW、转速的单位用 r/min

$$T_N = 9550 \frac{P_N}{n} (\text{N} \cdot \text{m}) \tag{5-47}$$

式(5-45)说明，电磁转矩 T 与输出机械转矩 T_2 和空载转矩 T_0 相平衡。

从式(5-42)可推得

$$T = \frac{P_m}{\Omega} = \frac{(1-s)P_M}{\dfrac{2\pi n}{60}} = \frac{P_M}{\dfrac{2\pi n_1}{60}} = \frac{P_M}{\Omega_1} \tag{5-48}$$

式中：Ω_1——同步机械角速度，$\Omega_1 = \dfrac{2\pi n_1}{60} (\text{rad/s})$。

由此可知，电磁转矩从转子方面看，它等于总机械功率除以转子机械角速度；从定子方面看，它又等于电磁功率除以同步机械角速度。

例 5.2 一台笼型异步电动机，额定功率 $P_N = 7.5 \text{ kW}$，$U_N = 380\text{V}$、定子为星形连接，额定频率 $f_1 = 50\text{Hz}$，额定转速 $n_N = 965\text{r/min}$。额定运行时，$\cos \varphi_1 = 0.825$，$P_{Cu1} = 470\text{W}$，$P_{Fe} = 232\text{W}$，$P_{mec} + P_{ad} = 81.5\text{W}$。当电动机额定运行时试求：(1)额定负载时的转差率 s_N；(2)转子电流频率 f_2；(3)总机械功率 P_m；(4)转子铜损耗 P_{Cu2}；(5)输入功率 P_1；(6)额定效率 η_N；(7)定子额定电流 I_{1N}；(8)输出额定转矩 T_{2N}；(9)空载转矩 T_0；(10)额定电磁转矩 T_N。

解 (1)额定转差率 s_N。

根据转速 $n_N = 965\text{r/min}$ 可以判断出同步转速为 1000r/min，则有

$$s_N = \frac{1000 - 965}{1000} = 0.035$$

(2)转子频率 f_2。
$$f_2 = s_N f_1 = 0.035 \times 50 = 1.75\text{Hz}$$

（3）总机械功率 P_m。

$$P_m = P_N + P_{mec} + P_{ad} = (7500 + 81.5)\text{W} = 7581.5\text{W}$$

（4）转子铜损耗 P_{Cu2}。

$$P_{Cu2} = \frac{s_N}{1 - s_N} \cdot P_m = \frac{0.035}{1 - 0.035} \times 7581.5\text{W} = 275\text{W}$$

（5）输入功率 P_1。

$$P_1 = P_m + P_{Cu1} + P_{Fe} + P_{Cu2} = (7581.5 + 470 + 232 + 275)\text{W} = 8558.5\text{W}$$

（6）额定效率 η_N。

$$\eta_N = \frac{P_N}{P_1} = \frac{7500}{8558.5} = 87.6\%$$

（7）定子额定电流 I_{1N}。

$$I_{1N} = \frac{P_1}{\sqrt{3}U_N\cos\varphi_{1N}} = \frac{8558.5}{\sqrt{3} \times 380 \times 0.825} = 15.76\text{A}$$

（8）输出额定转矩 T_{2N}。

$$T_{2N} = 9550\frac{P_N}{n_N} = 9550 \times \frac{7.5}{965}\text{N} \cdot \text{m} = 74.22\text{N} \cdot \text{m}$$

（9）空载转矩 T_0。

$$T_0 = 9550\frac{P_{mec} + P_{ad}}{n_N} = \left(9550 \times \frac{81.5 \times 10^{-3}}{965}\right)\text{N} \cdot \text{m} = 0.81\text{N} \cdot \text{m}$$

（10）电磁转矩 T_N。

$$T_N = T_{2N} + T_0 = (74.22 + 0.81)\text{N} \cdot \text{m} = 75.03\text{N} \cdot \text{m}$$

▶ 5.6　三相异步电动机的电磁转矩

5.6.1　电磁转矩的物理表达式

由上节分析可知三相异步电动机的电磁转矩的基本公式 $T = P_m/\Omega = P_M/\Omega_1$，若把 $P_M = m_1 E'_2 I'_2 \cos\varphi_2$，$E'_2 = 4.44 f_1 N_1 k_{w1} \Phi_1$ 和 $\Omega_1 = 2\pi n_1/60 = 2\pi f_1/p$ 代入异步电动机电磁转矩的基本公式 $T = P_M/\Omega_1$ 中，可得：

$$T = \frac{P_M}{\Omega_1} = \frac{m_1(4.44 f_1 N_1 k_{w1} \Phi_1)I'_2\cos\varphi_2}{2\pi f_1/p}$$

$$= \frac{m_1 p N_1 k_{w1}}{\sqrt{2}}\Phi_1 I'_2\cos\varphi_2 = C_T\Phi_1 I'_2\cos\varphi_2 \tag{5-49}$$

式中：C_T——转矩常数，$C_T = m_1 p N_1 k_{w1}/\sqrt{2}$。

上式表明异步电动机的电磁转矩与主磁通 Φ_1 成比，与转子电流的有功分量 $I'_2\cos\varphi_2$ 成正比，其物理意义非常明确，所以该式称为电磁转矩的物理表达式。该表达式与直流电动机的电磁转矩公式 $T = C_T\Phi I_a$ 极为相似，常用它来定性分析三相异步电动机的运行问题。

5.6.2　电磁转矩的参数表达式

物理表达式反映了电动机电磁转矩产生的物理本质，但并没有直接反映出电磁转矩与电动机参数之间的关系,因此,分析和计算异步电动机的特性时不采用物理表达式,而是采用下面介绍的参数表达式。

异步电动机的电磁功率为:

$$P_{\mathrm{M}} = m_1 I'^2_2 \left(\frac{R'_2}{s}\right)$$

根据三相异步电动机的近似等效电路又可知:

$$I'_2 = \frac{U_1}{\sqrt{\left(R_1 + \frac{R'_2}{s}\right)^2 + (X_1 + X'_2)^2}}$$

把以上两式和 $\Omega_1 = 2\pi f_1 / p$ 代入 $T = P_{\mathrm{M}}/\Omega_1$ 公式中,可得:

$$T = \frac{P_{\mathrm{M}}}{\Omega_1} = \frac{m_1 I'^2_2 \left(\frac{R'_2}{s}\right)}{\frac{2\pi f_1}{p}} = \frac{m_1 p U_1^2 \left(\frac{R'_2}{s}\right)}{2\pi f_1 \left[\left(R_1 + \frac{R'_2}{s}\right) + (X_1 + X'_2)^2\right]} \tag{5-50}$$

由于式(5-50)反映了三相异步电动机的电磁转矩 T 与电动机相电压 U_1、电源频率 f_1、电动机的参数以及转差率 s 之间的关系,因此称为电磁转矩的参数表达式。显然当 U_1、f_1 及电动机的各参数不变时,电磁转矩 T 与仅与转差率有关,根据式(5-50)可绘出异步电动机的 $T-s$ 曲线,如图 5.29 所示。

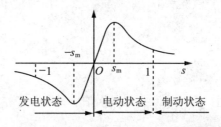

图 5.29   三相异步电动机的 $T-s$ 曲线

、由图 5.29 可知,s 在不同的状态:(1)当 $0 < s \leqslant 1$ 时,即 $0 \leqslant n < n_1$,电磁转矩 T 及转子转速 n 均为正,电动机处于运行状态。(2)当 $s < 0$ 时,即 $n > n_1$,电磁转矩 $T < 0$,$n > 0$ 电动机处于发电状态。(3)当 $s > 1$ 时,即 $n < 0$,电磁转矩 $T > 0$,电动机运行在制动状态。

从图 5.29 中还可看出,转矩有两个最大值,一个出现在电动状态,另一个出现在发电状态。最大转矩 T_{m} 和对应的转差率 s_{m}(称为临界转差率)可以通过对式(5-50)求导 $\mathrm{d}T/\mathrm{d}s$。

令 $\mathrm{d}T/\mathrm{d}s = 0$ 可求得产生最大转矩 T_{m} 时的临界转差率 s_{m} 为:

$$s_{\mathrm{m}} = \pm \frac{R'_2}{\sqrt{R_1^2 + (X_1 + X'_2)^2}} \approx \pm \frac{R'_2}{X_1 + X'_2} \tag{5-51}$$

把式(5-51)代入式(5-50)可求得最大转矩 T_{m} 为:

$$T_{\mathrm{m}} = \pm \frac{m_1 p U_1^2}{4\pi f_1 \left[\pm R_1 + \sqrt{R_1^2 + (X_1 + X'_2)^2}\right]} \tag{5-52}$$

$$\approx \pm \frac{m_1 p U_1^2}{4\pi f_1 (X_1 + X'_2)}$$

上两式中的"+"号为电动状态，"-"号为回馈制动状态。

由此可得出以下结论：

(1)当 f_1 及电动机的参数一定时，最大转矩 T_m 与定子电压 U_1 的平方成正比。

(2)T_m 与转子电阻 R_2 无关。

(3)在给定的 U_1 及 f_1 下，T_m 与 (X_1+X_2') 成反比。

(4)临界转差率 s_m 与 R_2' 成正比，与 (X_1+X_2') 成反比。

对绕线转子异步电动机，当转子电路串联电阻时，可使 s_m 增大，但 T_m 不变。

T_m 是异步电动机可能产生的最大转矩。如果负载转矩 $T_L>T_m$，电动机将因承担不了而停转。为保证电动机不会因短时过载而停转，要求其额定运行时的电磁转矩 $T_N<T_m$。我们把最大转矩与额定转矩的比值称为过载倍数或过载能力，用 λ_m 表示，即

$$\lambda_m = \frac{T_m}{T_N}$$

λ_m 是异步电动机的一个重要性能指标，它反映了电动机短时过载的极限。一般异步电动机的过载倍数 $\lambda_m = 1.8\sim2.2$。对于起重冶金用的异步电动机，其 λ_m 可达 3.5。

除了 T_m 外，异步电动机还有另一个重要参数，即启动转矩 T_{st}，它是异步电动机接至电源开始启动时的电磁转矩，此时 $s=1(n=0)$，因此将 $s=1$ 代入式(5-50)，可得

$$T_{st} = \frac{m_1 p U_1^2 R_2'}{2\pi f_1\left[(R_1+R_2')^2+(X_1+X_2')^2\right]} \tag{5-53}$$

由式(5-53)可知：

(1)当电动机各参数与电源频率不变时，T_{st} 与 U_1^2 成正比。

(2)当电源频率及电压 U_1 不变时，T_{st} 随 X_1+X_2' 的增大而减小。

(3)当电源频率、电压 U_1 与电动机其他各参数不变时，T_{st} 随 R_2' 的适当增大而增大。利用此特点，可在绕线转子异步电动机的转子电路串一适当电阻来增大启动转矩 T_{st} 从而改善电动机的启动性能。如果要利用在转子电路串一适当电阻 R_{st} 而使启动转矩 T_{st} 增大到最大转矩 T_m，那么此时临界转差率 s_m 应为 1，即

$$s_m = \frac{R_2'+R_{st}'}{X_1+X_2'} = 1$$

故：
$$R_{st}' = X_1+X_2'-R_2'$$

对笼型异步电动机，其启动转矩不能用转子电路串联电阻的方法来改变，我们把它的启动转矩与额定转矩的比值称为启动转矩倍数，用 K_{st} 表示，即：

$$K_{st} = \frac{T_{st}}{T_N}$$

K_{st} 是笼型异步电动机的另一个重要性能指标，它反映了电动机的启动能力，一般 Y 系列三相异步电动机的 K_{st} 为 1.8~2.0。显然，当 $T_{st}>T_L$ 时，电动机才能启动。在额定负载下，只有 $K_s>1$ 的笼型异步电动机才能启动。

5.6.3　电磁转矩的实用表达式

上述参数表达式，对于分析电磁转矩与电动机参数间的关系，进行某些理论分析，是非常有用的。但是，由于在电动机的产品目录中，定子及转子的内部参数是查不到的，往往只给出额定功率 P_N 额定转速确 n_N 及过载倍数 λ_m 等，所以用参数表达式进行

定量计算很不方便，为此，导出了一个较为实用的表达式（推导从略）即：

$$T = \frac{2T_m}{(s_m/s) + (s/s_m)} \qquad (5-54)$$

上式中的 T_m 及 s_m 可用下述方法求出：

$$T_m = \lambda_m T_N = \frac{9.55\lambda_m P_N}{n_N} \qquad (5-55)$$

忽略 T_0，将 $T \approx T_N$，$s = s_N$ 代入式（5-54）中，可得：

$$s_m = s_N(\lambda_m + \sqrt{\lambda_m^2 - 1}) \qquad (5-56)$$

当电动机运行在 $T-s$ 曲线的线性段时，因为 $s \ll s_m$，所以 $s/s_m \ll s_m/s$，而忽略 s/s_m，式（5-54）就可简化为

$$T = \frac{2T_m}{s_m}s \qquad (5-57)$$

上式即为电磁转矩的简化实用表达式，又称线性表达式，用起来更为简单。但需注意，为了减小误差，上式中 s_m 的计算应采用以下公式：

$$s_m = 2\lambda_m s_N \qquad (5-58)$$

以上异步电动机的三种电磁转矩表达式，应用场合有所不同。一般物理表达式适用于定性分析 T 与 Φ_1 及 $I_2'\cos\varphi_2$ 之间的关系；参数表达式适用于定性分析电动机参数变化对其运行性能的影响；实用表达式适用于工程计算。

▶ 5.7　三相异步电动机的工作特性

三相异步电动机的工作特性是指 $U_1 = U_N$ 和 $f_1 = f_N$ 及定、转子绕组不串任何阻抗的情况下，电动机的转速 n、定子电流 I_1、电磁转矩 T、功率因数 $\cos\varphi_1$、效率 η 与输出功率 P_2 的关系。弄清异步电动机的这些特性，对于正确选择拖动电动机。正确设计拖动系统；提高电动机的运行性能和节省能量都是十分重要的。

5.7.1　转速特性 $n = f(P_2)$

三相异步电动机空载时，输出功率 P_2 为零，转子的转速 n 接近于同步转速 n_1，随着负载的增大，即输出功率增大，转速要略为降低。因为只有转速降低，才能使转子电动势 E_2 增大，从而使转子电流也增大，以产生更大的电磁转矩与负载转矩平衡，所以三相异步电动机的转速特性是一条稍向下倾斜的曲线。如图 5.30 所示。

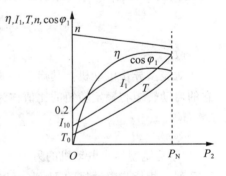

图 5.30　异步电动机的工作特性图

5.7.2　定子电流特性 $I_1 = f(P_2)$

由三相异步电动机的定子电流 $\dot{I}_1 = \dot{I}_0 + (-\dot{I}_2')$，空载时 $P_2 = 0$。转子电流 $\dot{I}_2' = 0$，定子电流 $\dot{I}_1 \approx \dot{I}_0$，随着负载的增大，转速下降，转子电流增大。为抵消转子电流所产生的磁通势，定子电流和定子磁通势将几乎随 P_2 的增大按正比例增加，故在正常工作范围内 $I_1 = f(P_2)$ 近似为一直线。当 P_2 增大到一定数

值时，由于 n 下降较多，转子漏抗较大，转子功率因数 $\cos\varphi_1$ 较低，这时平衡较大的负载转矩需要更大的转子电流，因而 I_1 的增长将比原先更快些，所以 $I_1 = f(P_2)$ 曲线将向上弯曲。如图 5.30 所示。

5.7.3 功率因数特性 $\cos\varphi_1 = f(P_2)$

三相异步电动机运行时需要从电网吸收感性无功功率来建立磁场，所以异步电动机的功率因数总是滞后的。

空载时，$p_2 = 0$，定子电流就是空载电流，主要用于建立旋转磁场，因此主要是感性无功分量，功率因数很低，$\cos\varphi_1 < 0.2$。当负载增加时，转子电流的有功分量增加，相对应的定子电流的有功分量也增加，使功率因数提高；接近额定负载时，功率因数最高；超过额定负载时，由于转速降低较多，s 增大，转子功率因数角 $\varphi_2 = \arctan(sX_{2s}/R_2)$ 增大，转子功率因数 $\cos\varphi_2$ 下降较多，转子电流的无功分量增大，引起定子电流中的无功分量也增大，使电动机的功率因数 $\cos\varphi_1$ 趋于下降，如图 5.30 所示。

5.7.4 转矩特性 $T = f(P_2)$

空载时，$p_2 = 0$，电磁转矩 T 等于空载时的转矩 T_0；随着 P_2 的增加，T_2 在 n 不变的情况下，是一条过原点的直线。考虑到 P_2 增加时，n 稍有降低，故 $T = f(P_2)$ 为随着 P_2 增加略向上偏离直线。而 $T = T_0 + T_2$ 中，T_0 值很小，且为与 P_2 无关的常数，所以 $T = f(P_2)$ 将比 $T_2 = f(P_2)$ 平行上移 T_0 值，如图 5.30 所示。

5.7.5 效率特性 $\eta = f(P_2)$

电动机效率 η 是指其输出机械功率 P_2 与输入电功率 P_1 的比值，即：

$$\eta = \frac{P_2}{P_1} \times 100\% = \frac{P_2}{\sqrt{3}UI\cos\varphi_1} \times 100\% = \frac{P_2}{P_2 + P_{Cu} + P_{Fe} + P_m} \times 100\% \quad (5\text{-}59)$$

式中：P_{Cu} ——定转子铜损耗；

P_{Fe} ——铁芯损耗；

P_m ——机械损耗。

空载时，$P_2 = 0$，$\eta = 0$；当负载增加但数值较小时，铜损很小，效率随 P_2 的增加而迅速上升；当负载继续增大时，铜损随之增大而铁损和机械损耗基本不变，η 反而有所减小。η 的最大值一般设计成在额定负载的 80% 附近，一般来说，$\eta \approx 80\% \sim 90\%$。$\eta = f(P_2)$ 曲线如图 5.30 所示。

通过对异步电动机各种工作特性的分析，可以看出，异步电动机的效率和功率因数在额定负载或接近额定负载时较高，而在轻载时功率因数较低，效率也不好。因此，为生产机械选择拖动电动机时应注意电动机容量和负载容量的配合，所选的电动机容量过大，电动机的运行特性不好，功率因数很低，效率也不高，很不经济。

▶ 5.8 三相异步电动机的参数测定

为了要用等值电路计算异步电动机的工作特性，事先应知道它的参数。和变压器相似，通过作空载和短路两个试验，就能求出异步电动机的 R_1、X_1、R_2'、X_2'、R_m 和 X_m 来。

5.8.1 空载试验

空载试验的主要目的是测电动机的励磁参数，试验接线图如 5.31 所示。试验时，电动机轴上不加任何负载，加电压后电动机运行程空载状态，使电动机运转一段时间，让机械损耗达到稳定。然后用调压器调节电动机的输入电压，使其从 $1.2U_N$ 逐渐降低，直到电动机的转速明显下降、电流开始回升为止，测量数点，每次测量电压、电流和功率。根据记录数据绘出异步电动机的空载特性曲线，即 I_0 和 P_0 随 U_0 变化的曲线，曲线形状如图 5.32 所示。

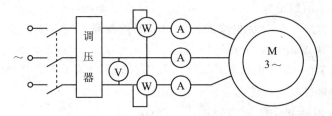

图 5.31 异步电机试验线路

异步电动机空载试验测量的数据和计算的参数虽然与变压器空载试验相似，但因电动机空载是旋转的，所以空载损耗 P_0 中所含各项损耗却不一样。实际上此时异步电动机中的各项损耗都有，除有定子铁损耗 P_{Fe} 外，还有定、转子铜损耗 P_{Cu1} 和 P_{Cu2}，也有机械损耗 P_{mec} 和附加损耗 P_{ad}。异步电动机空载时，转子铜损耗和附加损耗都比较小，略去这两项之后余下的有：

$$P_0 = m_1 I_0^2 R_1 + P_{Fe} + P_{mec}$$

在计算励磁阻抗时需要的是铁损耗，因此我们需要把上式中的各项损耗分离开。

对应不同电压可以算出各点的 $P_{Fe} + P_{mec}$。

$$P_{Fe} + P_{mec} = P_0 - m_1 I_0^2 R_1 \tag{5-60}$$

铁损耗 P_{Fe} 与磁通密度平方成正比，因此可以认为它与 U_1^2 成正比，而机械损耗与电压无关，只要转速没有大的变化，可认为 P_{mec} 是一常数，因此我们在图 5.33 的 $P_{mec} + P_{Fe} = f(U_0^2)$ 曲线中可以将铁损耗 P_{Fe} 和机械损耗 P_{mec} 分开。只要延长曲线，使其与纵轴相交，交点的纵坐标就是机械损耗，过这一交点作一与横坐标平行的直线，该线上面的部分就是铁损耗 P_{Fe}。如图 5.33 所示。

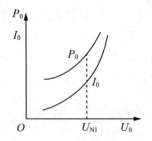

图 5.32 空载特性曲线

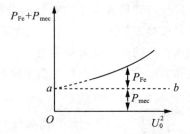

图 5.33 $P_{mec} + P_{Fe} = f(U_0^2)$ 曲线

将损耗分离之后，我们就可以根据上面的数据计算空载参数及励磁参数。对应额定电压，找出 P_0 和 I_0 算出每相的电压、功率和电流，空载参数的计算为：

$$
\left. \begin{array}{l}
Z_0 = \dfrac{U_N}{I_0} \\[3mm]
R_0 = \dfrac{P_0 - P_{mec}}{I_0^2} \\[3mm]
X_0 = \sqrt{Z_0^2 - R_0^2}
\end{array} \right\} \tag{5-61}
$$

励磁参数的计算为:

$$
\left. \begin{array}{l}
X_m = X_0 - X_1 \\[3mm]
R_m = \dfrac{P_{Fe}}{I_0^2} \\[3mm]
Z_m = \sqrt{R_m^2 + X_m^2}
\end{array} \right\} \tag{5-62}
$$

注意,以上参数计算式中所用的电压、电流及功率均为每相的值,在此没加相应的下标。计算中用到 R_1、X_1 可由短路试验算出,R_1 也可直接测得。

严格地说,异步电机空载试验应当在理想空载($n = n_1$)情况下进行,但异步电机靠自身的力量转不到同步。因此要想在理想空载情况下测示数据,就要另加一原动机把转子拖动到同步转速。在这种情况下,转子频率 f_2 为零,转子铜损耗为零。机械损耗和附加损耗由另外的原动机供给,所以这时功率表的读数只是铁损耗和定子铜损耗。

$$
P_0 = m_1 I_0^2 R_1 + P_{Fe}
$$

用它来计算电机参数精度就更高些。这种做法虽然提高了测量的精度,但实践起来困难较大,因此现在异步电机空载试验还是在实际空载状态下进行。

5.8.2 短路试验

异步电机定子电阻和绕线转子电阻都可用加直流电压并测直流电压、电流的方法算出,但得到的是直流电阻,等效电路中的电阻是交流电阻,因集肤效应的影响,交流电阻比直流电阻稍大,需要加以修正,此外笼型转子电阻无法用加直流的办法测量,因此短路参 R_k 和 X_k 通常也是用做短路试验的方法求得。为做异步电机短路试验,需把电机转子堵住,使其停转,$n = 0$,这时在等效电路中附加电阻 $R_2'(1-s)/s$ 为零,其上的总机械功率也为零。在转子不转的情况下,定子加额定电压相当于变压器的短路状态,这时的电流是短路电流,也就是异步电动机直接启动刚一合闸电机还没转起来时的电流,这个电流虽然没有变压器直接短路电流那样大,但也能达到额定电流的 $4 \sim 7$ 倍。时间稍长就会烧毁电机,这是不允许的。因此,与变压器相似,在做异步电机短路试验时也要降压,所加电压开始应使电机的短路电流略高于额定电流,这时的电压大约为额定电压 U_N 的 $30\% \sim 40\%$,然后调节调压器使电压逐渐下降,测量数点,每点记录电压 U_k、电流 I_k 和功率 P_k。绘出短路特性曲线 $I_k = f(U_k)$ 和 $P_k = f(U_k)$。由于电机的铁损耗大致上正比于磁通密度的平方,因此它也大致上正比于电压的平方,降压后电机的铁损耗很小,励磁电流也很小,所以在等效电路上可以认为励磁回路开路。图 5.34 绘出了短路时的等效电路。图 5.35 绘出了短路特性曲线 $P_k = f(U_k)$ 和 $I_k = f(U_k)$。

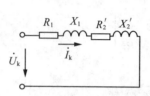

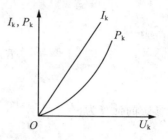

图 5.34　异步电机短路试验等效电路　　**图 5.35　短路特性曲线**

由于短路试验时电机不转，机械损耗为零，铁损耗和附加损耗很小，可以略去，所以这时功率表读出的短路损耗只有定转子铜损耗。即：

$$P_k = m_1 I_k^2 (R_1 + R_2') = m_1 I_k^2 R_k \tag{5-63}$$

根据短路试验数据可以算出短路参数。与空载试验一样，计算短路参数也要先算出每相的电压 U_k、电流 I_k 和功率 P_k。用每相的数据代入下列各式算出短路参数：

$$\left.\begin{aligned} Z_k &= \frac{U_k}{I_k} \\ R_k &= \frac{P_k}{I_k^2} \\ X_k &= \sqrt{Z_k^2 - R_k^2} \end{aligned}\right\} \tag{5-64}$$

对于大、中型电机，可以认为：

$$R_1 = R' = \frac{1}{2} R_k$$

$$X_1 = X_2' = \frac{1}{2} X_k$$

如果用直流法测出定子电阻 R_1，考虑集肤效应可以乘一个 1.1 的系数，则定子电阻为 $1.1 R_1$ 然后再算出 R_2'。对于漏抗，在小型电机中一般 X_2' 略大于 X_1。100kW 以下的电机可参考下列数据。2、4、6 极电机 $X_2' = 0.67 X_k$，8、10 极电机 $X_2' = 0.57 X_k$。

本 章 小 结

1. 三相异步电动机是靠电磁感应用作用来工作的，其转子电流是感应产生的，故也称异步电动机为感应电动机。转差率是异步电动机的重要物理量，它的大小反映了电动机负载的大小，它的存在是异步电动机旋转的必要条件。异步电动机按转子结构不同，分笼型和绕线转子异步电动机两种，它们的定子结构相同而转子结构不同。

2. 定子绕组是三相异步电动机的主要电路，异步电动机的定子绕组是一种交流绕组，交流绕组的形式很多，最常见的是按 60°相带排列的单层绕组和双层绕组，它们均是 $q > 1$ 的分布绕组。三相绕组的构成原则是一致的，其排列和连接方法是：①计算极距和每极每相槽数；②划分相带；③画出定子绕组展开图，先组成线圈组，再组成相绕组。

　　3. 三相异步电动机空载运行时，异步电动机的转速接近于同步转速，转子电流接近于零，定子电流近似地等于励磁电流。负载运行是，转速下降，转差率增大，旋转磁场与转子绕组的相对运动增大，此时气隙中的旋转磁场由定、转子绕组磁动势共同建立。从空载到负载运行时，由于电源电压为额定电压，定子绕组中漏阻抗压降很小，因此气隙磁场基本不变。通过磁动势平衡和电磁感应的作用，电功率由电源输入到定子绕组，机械功率从转子轴上输出。

　　要求得异步电动机运行状态中某一负载情况时电动势、电流，必须采用等效电路的方法。等效电路是分析异步电动机的有效工具。可用"归算"的方法，先将转子频率与转子绕组"归算"到定子。"归算"的物理意义是用一个静止的转子电路去代替实际的转子电路。等效电路中 $(1-s)R_2'/s$ 是模拟总机械功率的等值电阻。

　　4. 三相异步电动机的工作特性是当电源的电压和频率均为额定值时，电动机的转速 n、定子电流 I_1、电磁转矩 T、功率因数 $\cos\varphi_1$、效率 η 与输出功率 P_2 的关系。这些特性可衡量电动机性能的优劣。

　　5. 三相异步电动机的电磁转矩表达式有三种形式，即物理表达式、参数表达式和实用表达式。物理表达式反映了异步电动机电磁转矩产生的物理本质，说明了电磁转矩是由主磁通和转子有功电流相互作用而产生的。参数表达式反映了电磁转矩与电源参数及电动机参数之间的关系，利用该式可以方便地分析参数变化对电磁转矩的影响和对各种人为机械特性的影响。实用表达式简单、便于记忆，是工程计算中常采用的形式。

>>> 思考题与习题

　　5.1　三相异步电动机为什么会旋转？怎样改变它的转向？

　　5.2　异步电动机为什么又称为感应电动机？

　　5.3　什么是异步电动机的转差率？如何根据转差率来判断异步电动机的运行状态？

　　5.4　一台三相异步电动机铭牌上标明 $f_N=50\text{Hz}$，额定转速 $n_N=980\text{r/min}$，该电动机的极数和额定转差率各为多少？

　　5.5　为什么说三相异步电动机的定、转子基波磁动势在空间总保持相对静止？

　　5.6　为什么三相异步电动机的功率因数总是滞后的？而变压器呢？

　　5.7　导出三相异步电动机的等效电路时，转子边要进行哪些归算？归算的原则是什么？如何归算？

　　5.8　有一个三相单层链式绕组，$2p=6$ 极数，定子槽数 $Z=36$，每相并联支路数 $a=1$，试列出 $60°$ 相带的分布情况，并画出三相单层链式绕组展开图。

　　5.9　有一个三相单层交叉式绕组，$2p=4$ 极数，定子槽数 $Z=36$，每相并联支路数 $a=1$，画出三相单层交叉式绕组展开图。

5.10　异步电动机在启动及空载运行时，为什么功率因数较低？当负载运行时，功率因数为什么较高？

5.11　在推导异步电动机等效电路过程中，进行了哪些归算，归算所依据的原则是什么？

5.12　异步电动机 T 形等电路中的 $(1-s)R_2'/s$ 的含义如何？它是怎样得来的？能否用电感或电容代替，为什么？

5.13　一台三相异步电动机，额定数据如下：$U_N=380V$，$f_N=50Hz$，$P_N=7.5kW$，$n_N=962r/min$ 定子绕组为 △ 形接法，$2p=6$，$\cos\varphi_N=0.827$，$P_{Cu1}=470W$，$P_{Fe}=324W$，$P_{mec}=45W$，$P_{ad}=80W$ 试求：(1)额定负载时的转差率；(2)转子电流频率；(3)转子铜损耗；(4)效率；(5)定子电流。

5.14　已知一台三相异步电动机的额定数据如下：$U_N=380V$，$f_N=50Hz$，$P_N=10kW$，定子绕组为 Y 形接法，额定运行时，$P_{Cu1}=557W$，$P_{Cu2}=314W$，$P_{Fe}=276W$，$P_{mec}=77W$，$P_{ad}=200W$。

试求：(1)额定转速；(2)空载转矩；(3)电磁转矩；(4)电动机轴上的输出转矩。

5.15　已知一台三相异步电动机算定子输入功率为 60 kW，定子铜损耗 600W，铁损耗为 400W，转差率为 0.03，试求电磁功率 P_M、总机械功率 P_m 和转子铜损耗 P_{Cu2}。

实验 5　三相异步电动机的工作特性

一、实验目的

1. 通过空载和短路(堵转)实验求取电机参数。

2. 掌握三相异步电动机工作特性的测定方法。

二、实验内容

1. 测定电机定子绕组冷态电阻。

2. 测取空载特性曲线。

3. 测取短路(堵转)特性曲线。

4. 测取工作特性曲线。

三、预习要点

1. 如何利用空载和短路实验数据计算电动机的励磁参数和短路参数？

2. 为什么短路实验需快速进行？

3. 如何从负载实验数据求取三相异步电动机的工作特性？

四、实验方法

1. 用伏安法或电桥测量定子绕组冷态电阻

2. 空载实验

按图 5.36 所示接线。因是空载实验所以须拆除与负载连接的联轴器。功率表采用低功率因数功率表。将调压器输出电压调至零位，合上电源开关 Q_1，逐渐升高电压以启动电动机。在额定电压下空载运转数分钟，待机械摩擦稳定后进行实验。

调节外施电压至 $1.2U_N$，然后逐渐降低，直到转速明显降低，空载电流开始回升(或基本不变)为止。共读取空载电压、空载电流及空载损耗(7～9)组数据(U_N 附近多测几点)，记录于表 5.8 中。

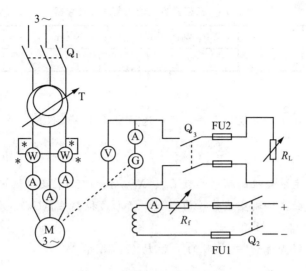

图 5.36　三相异步电动机参数及工作特性测定线路

表 5.8　空载实验数据

序号	电压 U/V				电流 I/A				功率 P/W			功率因数
	U_{UV}	U_{VW}	U_{WU}	U_{0av}	I_U	I_V	I_W	I_{0av}	P_I	P_{II}	P_0	$\cos\varphi_0$

3. 短路实验

实验线路与空载实验相同，注意更换仪表量程，低功率因数功率表换为高功率因数功率表。先检查电动机转向，切断电源后，根据旋转方向在轴上加制动器具，要防止制动工具伤害周围人员。

将调压器调至零位，然后闭合电源开关，缓慢调节调压器输出电压直至定子绕组电流为 $1.2I_N$ 然后逐渐降低电压，直至电流达到 $0.3I_N$ 为止，共读取（4～5）组数据（含 $I_k = I_N$ 点），记录于表 5.9 中。

4. 负载实验

按图 5.36 所示接线，以直流发电机作为异步电动机的负载。

合上电源开关 Q_1，调节调压器输出电压启动被试电动机，直至电压等于额定电压为止。闭合开关 Q_2，调节直流发电机的励磁电流，使其为额定值。

闭合开关 Q_3，使电动机带上负载。调节负载电阻 R_L，使电动机定子电流等于 $1.2I_N$ 时读取第一组数据，然后逐渐减小电动机负载至电动机空地为止，读取（5～6）组数据，记录于表 5.10 中。

表 5.10　短路实验数据

序号	电压 U/V				电流 I/A				功率 P/W			功率因数
	U_{UV}	U_{VW}	U_{WU}	U_k（平均）	I_U	I_V	I_W	I_k（平均）	P_I	P_{II}	P_k	$\cos\varphi_k$

表 5.10 三相异步电动机负载实验数据

序号	I_U A	I_V A	I_W A	I_1 A	n/r·min^{-1}	P_I W	P_{II} W	P_1 W	U_G V	I_G A	T_2 N·m	T_0 N·m	T N·m	P_2 W	$\cos\varphi_1$

五、实验设备

根据实验线路及实验室设备条件，正确选用实验设备及仪器，并记录。

六、数据处理

1. 空载实验

空载实验是确定电动机的励磁参数 R_m、X_m，铁损耗 P_{Fe} 及机械损耗 P_{mec}。

根据空载实验数据绘制空载特性曲线 $P_0=f(U_0)$ 和 $I_0=f(U_0)$。利用空载特性数据可分离铁损耗 P_{Fe} 和机械损耗 P_{mec}。

由空载特性曲线查得 $U_0=U_N$ 时的 I_0 和 P_0 值，则有

空载阻抗
$$Z_0 = \frac{U_N}{I_0}$$

空载电阻
$$R_0 = \frac{P_0}{3I_0^2}$$

空载电抗
$$X_0 = \sqrt{Z_0^2 - R_0^2}$$

励磁参数 $R_m = R_0 - R_1$，$X_m = X_0 - X_1$。

2. 短路实验

短路实验是确定异步电动机的短路参数 R_k、X_k。短路实验是在转子堵转的情况下进行的。

根据短路实验数据可绘出短路特性曲线 $P_k=f(U_k)$ 和 $I_k=f(U_k)$。

由短路特性曲线查得 $I_k=I_N$ 时的 U_k 和 P_k 值，则有

短路阻抗
$$Z_k = \frac{U_k}{I_k}$$

短路电阻
$$R_k = \frac{P_k}{3I_k^2}$$

短路电抗
$$X_k = \sqrt{Z_k^2 - R_k^2}$$

根据规定短路参数需换算到工作温度时 $R_{k75℃}$、$Z_{k75℃}$ 的值。且认为 $R_1 = R_2' \approx R_k/2$，$X_1 = X_2' \approx X_k/2$。

3. 确定工作特性

异步电动机的工作特性是指 I、n、$\cos\varphi$、T、$\eta = f(P_2)$ 的关系曲线，可用等效电路计算，也可通过直接负载实验和作图方法求得。

由表 5.9 中的实验数据，计算工作特性如下：

$$P_1 = P_I \pm P_{II}$$

$$I_1 = \frac{1}{3}(I_A + I_B + I_C)$$

采用直接负载实验可用直流发电机作负载，发电机的输入功率即为异步电动机的输出功率。而电动机的输出转矩可通过发电机的输入转矩与电枢电流之间的 $T = f(I_a)$

校正曲线得到。如用测功机则可直接读取。且有

$$P_2 = 0.105 T_2 n$$

$$\cos \varphi = \frac{P_1}{\sqrt{3} U_1 I_1}$$

$$\eta = \frac{P_2}{P_1} \times 100\%$$

七、实验报告

1. 将定子绕组冷态电阻换算到规定工作温度的电阻 75℃ 值。

2. 绘制三相异步电动机空载特性曲线 $P_0 = f(U_0)$ 和 $I_0 = f(U_0)$，并计算励磁参数。

3. 分离铁损耗 P_{Fe} 和机械损耗 P_{mec}。

4. 绘制三相异步电动机短路特性曲线 $P_k = f(U_k)$ 和 $I_k = f(U_k)$，并计算短路参数。

5. 绘制三相异步电动机工作特性曲线 I、n、$\cos\varphi$、T、$\eta = f(P_2)$。

第6章　三相异步电动机的电力拖动

>>> **本章概述**

1. 介绍三相异步电动机的机械特性。
2. 介绍三相异步电动机的启动、制动和调速。

>>> **学习目标**

1. 熟练掌握三相异步电动机的各种机械特性的变化规律。
2. 熟练掌握三相异步电动机各种启动、制动、调速的方法特点及应用场合。
3. 理解三相异步电动机各种启动、制动、调速的原理。

▶ 6.1　三相异步电动机的机械特性

在第5章中分析了三相异步电动机的 $T=f(s)$ 曲线，但在实际应用中，往往是用 $n=f(T)$ 曲线来分析电动机的电力拖动问题。电动机的 $n=f(T)$ 曲线称为电动机的机械特性曲线。

6.1.1　固有机械特性

三相异步电动机的固有机械特性是指电动机在额定电压和额定频率下，按规定的接线方式接线，定子和转子电路不外接电阻或电抗时的机械特性。当电机处于电动机运行状态时，其固有机械特性如图 6.1 所示。

1. 几个特殊运行点

为了描述机械特性的特点，下面着重研究反映电动机工作在电动状态的几个特殊运行点：

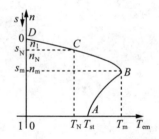

图 6.1　三相异步电动机的固有机械特性

(1)启动点 A。

启动点 A 的特点是 $n=0(s=1)$ $T=T_{st}$，启动电流 $I_{st}=(4\sim7)I_N$。

(2)最大转矩点 B。

最大转矩点 B 的特点是 $n=n_m(s=s_m)$ $T=T_{max}$。

(3)额定工作点 C。

额定工作点 C 的特点是 $n=n_N(s=s_N)$ $T=T_N$，$I=I_N$。一般电动机的额定转速 n_N 略小于同步转速 n_1，说明固有特性为硬特性。

(4)同步转速点 D(理想空载点)。

同步转速点 D 的特点是 $n=n_1$，$T=0$，$I_2=0$，$I_1=I_0$。

2. 固有机械特性的绘制步骤

(1)从电动机的产品目录中查取该机 P_N、n_N 和 λ_m 的值。

（2）计算 T_m 和 s_m 值：

$$T_m = \frac{9550 \lambda_m P_N}{n_N}$$

$$s_m = S_N(\lambda_m + \sqrt{\lambda_m^2 - 1})$$

$$s_N = \frac{(n_1 - n_N)}{n_1}$$

（3）将 T_m、s_m 值代入电磁转矩实用表达式：

$$T = \frac{2T_m}{\dfrac{s_m}{s} + \dfrac{s}{s_m}}$$

（4）用若干值代入电磁转矩实用表达式，算出对应的 T 值，画出 $n = f(T)$ 曲线，即为三相异步电动机的固有机械特性，如图 6.2。注意在点绘固有特性时，至少要包括同步点 $(n_1, 0)$、额定点 $(n_N、T_N)$、最大转矩点 $(n_m、T_m)$、启动点 $(0、T_{st})$ 等几个特殊运行点。

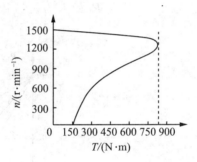

图 6.2　点绘固有机械特性

3. 稳定运行区域

从同步到最大转矩点是"稳定"运行区域，从最大转矩点到启动点是"不稳定"运行区域。由第 4 章已叙述过的电力拖动系统稳定运行的充分必要条件，不难判断对常遇到的恒转矩、恒功率、通风机型负载，在该段都可稳定运行，如图 6.1 所示，从 D 点到 B 点，在有三种不同负载转矩特性的条件下均满足 $(dT/dn) < dT_L/dn)$，此区域为稳定运行区。从 B 点到 A 点，对恒转矩负载、恒功率负载均有 $(dT/dn) > (dT_L/dn)$，不满足稳定运行的充分必要条件，固此区域为不稳定运行区。对于通风机型负载，虽然在此区域可以稳定运行，但转速太低，损耗大，效率低，通风机工作并不理想。

6.1.2　人为机械特性

人为地改变异步电动机定子电压 U_1、电源频率 f_1、定子极对数 p、定子回路电阻或电抗、转子回路电阻或电抗中的一个或多个参数，所获得的机械特性，称为人为机械特性。

1. 降低定子电压人为机械特性

如果三相异步电动机的其他条件都与固有特性一样，仅降低定子电压 U_1 所获得的人为机械特性，称为降低定子电压人为机械特性。由第 5 章分析可知，当定子电压 U_1 降低时，T（包括 T_{st} 和 T_m）与 U_1^2 成正比减小，s_m 和 n_1 与 U_1 无关而保持不变，所以可得

U_1 下降后的人为机械特性如图 6.3 所示。

由图 6.3 可见，降低电压后的人为机械特性，其线性段的斜率变大，即特性变软。T_{st} 和 T_m 均按 U_1^2 关系减小，即电动机的启动转矩倍数和过载能力均显著下降。如果电动机在额定负载下运行，U_1 降低后将导致 n 下降，s 增大，转子电流将因转子电动势 $E_{2s} = sE_2$ 的增大而增大，从而引起定子电流增大，导致电动机过载。长期欠压过载运行，必然使电动机过热，电动机的使用寿命缩短。另外电压下降过多，可能出现最大转矩小于负载转矩，这时电动机将停转。

2. 转子电路串接三相对称电阻时的人为机械特性

在绕线转子异步电动机的转子三相电路中，如果其他条件都与固有特性时一样，仅在转子回路串入对称电阻 R_P，所获得的人为机械特性称为转子回路串入电阻人为机械特性，其特点如下：

(1)同步转速 n_1 不变，即不同 R_P 的人为机械特性都通过固有特性的同步点。

(2)转子串电阻后的最大转矩 T_m 的大小不变，但临界转差率 s_m 随 R_P 的增大成正比地增大(或 n_m 随 R_P 的增大而减小)，不同 R_P 的人为机械特性的最大转矩点的变化如图 6.4 所示。

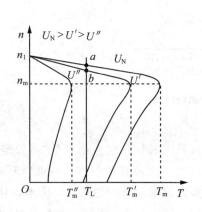

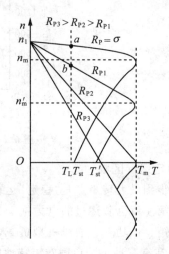

图 6.3　降压人为机械特性　　　　图 6.4　转子回路串电阻人为机械特性

(3)转子串电阻后 s_m 增大，当 $s_m < 1$ 时，启动转矩 T_{st} 随 R_P 的增大而增大；但当 $s_m > 1$ 后，T_{st} 随 R_P 的增大而减小。

由图 6.4 可知，绕线转子三相异步电动机转子回路串电阻，可以改变转速，因而可用于调速也可以改变启动转矩，从而改善异步电动机的启动性能。

3. 定子电路串接三相对称电阻或电抗时的人为机械特性

三相异步电动机定子串入三相对称电阻或电抗时，相当于增大了电动机定子回路的漏阻抗，这不影响电动机同步转速 n_1 的大小。无论在定子回路中串入三相对称电阻或电抗时，其人为机械特性都要通过 n_1 点。

从式(5-51)、式(5-52)及式(5-53)可知，当定子回路串入三相对称电阻或电抗时，临界转差率 s_m、最大转矩 T_m 以及初始启动转矩 T_{st} 等都随外串电阻或电抗的增大现时减小。

图 6.5(a)、(b)分别为三相异步电动机定子串三相对称电阻及三相对称电抗时的人为机械特性曲线。

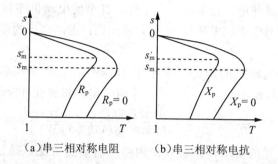

（a）串三相对称电阻   （b）串三相对称电抗

图 6.5   定子串三相对称电阻及三相对称电抗时的人为机械特性

6.2   三相异步电动机的启动

电动机的启动是指电动机接通电源后，由静止状态加速到稳定运行状态的过程。对异步电动机启动性能的要求：

(1)启动电流要小，以减小对电网的冲击；

(2)启动转矩要大，以加速启动过程，缩短启动时间；

(3)启动设备尽可能简单、经济、操作方便。

6.2.1   三相笼型异步电动机的启动

三相笼型异步电动机可采用全压启动、降压启动和软启动三种启动方法。

1. 全压启动

全压启动，也叫直接启动，即用刀开关或接触器把电动机的定子绕组直接接到额定电压的电网上。由于启动时，$s=1(n=0)$，等效负载电阻 $(1-s)R_2'/s=0$，忽略励磁支路电流可得启动时的等效电路如图 6.6 所示，启动电流近似为：

$$I_{st} = \frac{U_1}{\sqrt{(R_1+R_2')^2+(X_1+X_2')^2}} = \frac{U_{N\Phi}}{\sqrt{R_k^2+X_k^2}} = \frac{U_{N\Phi}}{|Z_k|} \tag{6-1}$$

式中：$U_{N\Phi}$——电动机的额定相电压。

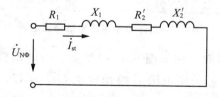

图 6.6   笼型异步电动机全压启动等效电路

由上式可知，全压启时的启动电流仅受电动机漏阻抗的限制。由于漏阻抗很小，因此启动电流很大，一般可达额定电流的 4～7 倍。某些笼型异步电动机甚至可达到额定电流的 8～12 倍。

对于经常启动的电动机，过大的启动电流将造成电动机发热，影响电动机寿命；

同时电动机绕组(特别是端部)在电磁力的作用下，会发生变形，可能造成绕组短路而烧坏电动机。过大的启动电流还会使供电线路压降增大，造成电网电压显著下降，而影响接在同一电网的其他电气设备的正常工作，甚至使电动机停转或无法带负载启动。这是因为 T_{st} 及 T_m 均与定子端电压 U_1 的平方成正比，电网电压的显著下降，可使 T_{st} 及 T_m 均下降到低于 T_L。

一般规定，异步电动机的额定功率小于 10 kW 时允许全压启动；如果功率大于10 kW，而电源总容量较大，则符合下式要求者，电动机也允许全压启动。

$$\frac{I_{st}}{I_N} \leqslant \frac{1}{4}\left[3 + \frac{电源总容量(kV \cdot A)}{启动电动机功率(kW)}\right] \tag{6-2}$$

如果不能满足上式的要求，则必须采用降压启动的方法，通过降压，把启动电流限制到允许的范围内。

2. 降压启动

降压启动是通过降低直接加在电动机定子绕组的端电压来减小启动电流的。由于启动转矩 T_{st} 与定子端电压 U_1 的平方成正比，因此降压启动时，启动转矩将大大减小。所以降压启动只适用于对启动转矩要求不高的设备，如离心泵、通风机械等。

常用的降压启动方法有以下几种：

(1)定子串电阻或电抗降压启动。

定子串电阻或电抗降压启动是利用电阻或电抗的分压作用降低加到电动机定子绕组的电压，其接线图如图 6.7(a)所示。启动时把换接开关 Q_2 投向"启动"的位置，此时定子电路串入启动电阻或电抗，然后闭合主开关 Q_1 电动机开始旋转，待转速接近稳定转速时，把开关 Q_2 投向"运行"的位置，使电源电压直接加到定子绕组上。

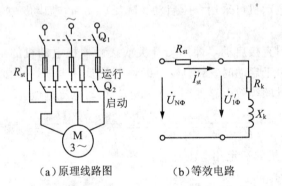

(a)原理线路图　　　(b)等效电路

图 6.7　定子串电阻或电抗降压启动

定子串电阻启动的等效电路如图 6.7(b)所示。设电动机全压启动时的相电压为 $U_{N\Phi}$，启动电流为 I_{st}'，而定子串电阻后的相电压 $U_{1\Phi}' = U_{N\Phi}/k(k > 1)$，启动电流为 I_{st}'，则

$$\frac{I_{st}'}{I_{st}} = \frac{U_{1\Phi}'}{U_{N\Phi}} = \frac{1}{k} \tag{6-3}$$

降压启动的启动转矩 T_{st}' 与全压启动的启动转矩 T_{st} 之比为

$$\frac{T_{st}'}{T_{st}} = \frac{U_{1\Phi}'^2}{U_{N\Phi}^2} = \frac{1}{k^2} \tag{6-4}$$

可见，调节启动电阻或电抗的大小，可以得到电网所允许通过的启动电流。

定子串电阻或电抗降压启动的优点是：启动较平稳，运行可靠，设备简单。缺点是：定子串电阻启动时电能损耗较大；启动转矩随电压的平方降低，只适合轻载启动。

电阻降压启动一般用于低压电动机，电抗降压启动通常用于高压电动机。电阻降压及电抗降压启动有手动及自动等多种控制线路，但由于启动时电能损耗较多，因此实际应用不多。

（2）自耦变压器降压启动。

自耦变压器降压启动是通过自耦变压器把电压降低后再加到电动机定子绕组上，以达到减小启动电流的目的，其接线原理图如图 6.8(a)所示。

启动时，把开关 Q_1 投向"启动"的位置，并合上开关，这时自耦变压器一次绕组加全电压，而电动机定子电压为自耦变压器二次抽头部分的电压，电动机在低压下启动。待转速上升至一定数值时，再把开关 Q_1 切换到"运行"的位置。切除自耦变压器，电动机在全压下运行。

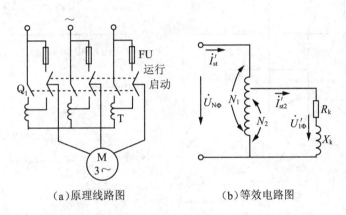

（a）原理线路图　　　　　　（b）等效电路图

图 6.8　自耦变压器降压启动

自耦变压器降压启动时的等效电路如图 6.8(b)所示。$U_{N\Phi}$ 是自耦变压器一次相电压，也是电动机直接启动时的额定相电压；$U'_{1\Phi}$ 是自耦变压器的二次相电压，也是电动机降压启动时的相电压。I'_{st2} 自耦变压器的二次电流，也是电动机的启动电流，I'_{st} 是自耦变压器的一次电流，也是降压后电网供给的启动电流。则设自耦变压器的变比为 k，则

$$\frac{I'_{st2}}{I_{st}} = \frac{U'_{1\Phi}}{U_{N\Phi}} = \frac{1}{k}, \frac{I'_{st}}{I'_{st2}} = \frac{U'_{1\Phi}}{U_{N\Phi}} = \frac{1}{k}$$

以上两式相乘得

$$\frac{I'_{st}}{I_{st}} = \frac{1}{k^2} \tag{6-5}$$

降压启动的启动转矩 T'_{st} 与全压启动的启动转矩 T_{st} 之比为

$$\frac{T'_{st}}{T_{st}} = \frac{U'^{2}_{1\Phi}}{U^{2}_{N\Phi}} = \frac{1}{k^2} \tag{6-6}$$

自耦变压器降压启动的优点是：电网限制的启动电流相同时，采用自耦变压器启动可获得较大的启动转矩；启动用的自耦变压器的二次绕组一般有三个抽头，用户可

根据电网允许的启动电流和机械负载所需的启动转矩来选择。缺点是：自耦变压器启动设备体积大、价格高、维修不方便、且不允许频繁启动。

自耦变压器降压启动适用于容量较大的低压电动机作降压启动用，有手动及自动控制线路，应用很广泛。

（3）Y－△降压启动。

这种启动方法只适用于定子绕组在正常工作时为△连接的三相异步电动机。电动机定子绕组的六个端头都引出并接到换接开关上，如图 6.9 所示。启动时，定子绕组接成 Y 形连接，这时加在每相定子绕组上的电压为全压启动时的 $1/\sqrt{3}$，待电动机转速升高后，再改接成△连接，使电动机在额定电压下正常运转。

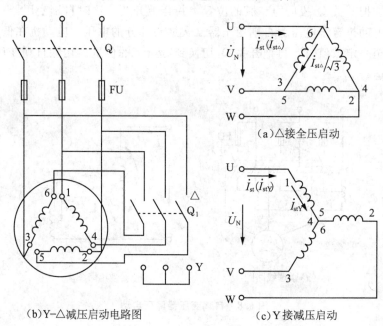

（a）△接全压启动

（b）Y-△减压启动电路图

（c）Y接减压启动

图 6.9　Y－△降压启动

由图 6.9（b）所示定子绕组△接全压启动时相电压 $U_{1\Phi}=U_N$，每相绕组启动电流为 $U_{N\Phi}/Z_k$，线路电流 $I_{st\triangle}=\sqrt{3}U_N/Z_k$，启动转矩为 T_{st}；由图 6.9（c）所示，定子绕组 Y 接降压启动时，相电压 $U_{1\Phi}=U_N/\sqrt{3}$，相电流等于线电流 $I_{stY}=U_N/\sqrt{3}Z_k$，比较上述的 $I_{st\triangle}$ 与 I_{stY} 两者关系为

$$\frac{I_{stY}}{I_{st\triangle}}=\frac{1}{3}$$

或：

$$\frac{I'_{st}}{I_{st}}=\frac{1}{3} \tag{6-7}$$

由于电动机 Y 连接时的相电压为△连接时的 $1/\sqrt{3}$，故 Y 连接时的启动转矩降为：

$$\frac{T'_{st}}{T_{st}}=\frac{1}{3} \tag{6-8}$$

Y－△降压启动的优点是：设备简单，成本低，运行可靠，体积小，重量轻，且检修方便。Y 系列产品 4kW 以上的小型三相异步电动机都皆为△连接，可以采用 Y－△

降压启动。缺点是：只适用于正常运行是定子绕组为△形连接的电动机，并且只有一种固定的降压比；启动转矩随电压的平方降低，只适合轻载启动。

3. 软启动

传统的降压启动，电动机在切换过程中会产生很高的尖峰电流，产生破坏的动态转矩，引起的机械振动对电动机转子、连轴器以及负载都是有害的，因些出现了电子启动器，即软启动器。

交流电动机软启动是指电动机在启动过程中，装置输出电压按一定规律上升，被控电动机电压由起始电压平滑地升到全电压，其转速随控制电压变化而发生相应的软性变化，即由零平滑地加速至额定转速的全过程，称为交流电动机软启动。

下面简单介绍电子软启动器的四种启动方法：

(1)限流或恒流启动方法。用电子软启动器实现启动时限制电动机启动电流或保持恒定的启动电流，主要用于轻载软启动；

(2)斜坡电压启动法。用电子软启动实现电动机启动时定子电压由小到大斜坡线性上升，主要用于重载软启动；

(3)转矩控制启动法。用电子软启动实现电动机启动时启动转矩由小到大线性上升，启动的平滑性好，能够降低启动时对电网的冲击，是较好的重载软启动方法；

(4)电压控制启动法。用电子软启动器控制电压以保证电动机启动时产生较大的启动转矩，是较好的轻载软启动方法。

目前，一些生产厂已经生产出各种类型的电子软启动装置，供不同类型的用户选用。笼型异步电动机的减压启动方法历经星形—三角形启动器以及自耦补偿启动器，发展到磁控式软启动器，目前又发展到先进的电子软启动器。在实际应用中，当笼型异步电动机不能采用全压启动方法时，应首先考虑选用电子软启动方法。

例 6.1　一台笼型异步电动机，$P_N = 7.5\text{kW}$，$n_N = 1460\text{r/min}$，$U_N = 380\text{V}$，定子为△形连接，$I_N = 144\text{A}$，启动电流倍数 $k_i = 6.5$，启动转矩倍数 $k_{st} = 1.4$，拟带半载启动，试选择适当的降压启动方法。

解：(1)Y−△启动。

$$I'_{st} = \frac{1}{3}I_{st} = \frac{1}{3}k_i I_N = \frac{1}{3} \times 6.5 I_N = 2.17 I_N$$

$$T'_{st} = \frac{1}{3}T_{st} = \frac{1}{3}k_{st} T_N = \frac{1}{3} \times 1.4 T_N = 0.47 T_N < 0.5 T_N$$

所以，不能采用 Y−△降压启动。

(2)自耦变压器启动。

选用 QJ$_3$ 系列，其电压抽头比为 40％、60％、80％。

选用 40％抽头比时有：

$$k = \frac{1}{0.4} = 2.5$$

$$I'_{st} = \frac{1}{k^2}I_{st} = \frac{1}{2.5^2} \times 6.5 I_N = 1.04 I_N$$

$$T'_{st} = \frac{1}{k^2}T_{st} = \frac{1}{2.5^2} \times 1.4 T_N = 0.224 T_N < 0.5 T_N$$

可见启动转矩不满足要求。

选用60％抽头比时，计算结果与上面相似，启动转矩也不满足要求。

选用80％抽头比时有

$$k = \frac{1}{0.8} = 1.25$$

$$I'_{st} = \frac{1}{k^2}I_{st} = \frac{1}{1.25^2} \times 6.5I_N = 4.17I_N < 5I_N$$

$$T'_{st} = \frac{1}{k^2}T_{st} = \frac{1}{1.25^2} \times 1.4T_N = 0.58T_N > 0.5T_N$$

可见，选用80％抽头比时，启动电流和启动转矩均满足要求，所以该电动机可以采用80％抽头比的自耦变压器降压启动。

6.2.2 深槽式及双笼型异步电动机

笼型异步电动机的优点显著，但启动转矩较小、启动电流较大。为了改善这种电动机的启动性能，可以从转子槽形着手，设法利用"集肤效应"，使启动时转子电阻增大，以增大启动转矩并减小启动电流，在正常运行时转子电阻又能自动减小。深槽式与双笼型异步电动机可满足这种要求。

1. 深槽式异步电动机

深槽式步电动机的转子槽形深而窄，通常槽深与槽宽之比达到10～12或以上。当转子导条中流过电流时，槽漏磁通的分布如图6.10(a)所示。由图可见，与导条底部相交链的漏磁通比槽口部分相交链的漏磁通多得多，因此若将导条看成是由若干个沿槽高划分的小导体(小薄片)并联而成，则越靠近槽底的小导体具有越大的漏电抗，而越接近槽口部分的小导体的漏电抗越小。在电动机启动时，由于转子电流的频率较高$f_2 = f_1 = 50\text{Hz}$，转子导条的漏电抗较大，因此，各小导体中电流的分配将主要决定于漏电抗，漏电抗越大则电流越小。这样在由气隙主磁通所感应的相同电动势的作用下，导条中靠近槽底处的电流密度将很小，而越靠近槽口则越大，因此沿槽高的电流密度分布如图6.10(b)所示，这种现象称为电流的集肤效应，由于电流好像是被挤到槽口处，所以又称挤流效应。集肤效应的效果相当于减小了导条的高度和截面图6.10(c)所示，增大了转子电阻，从而满足了启动的要求。

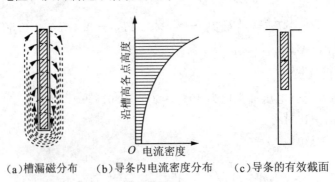

(a)槽漏磁分布　　(b)导条内电流密度分布　　(c)导条的有效截面

图6.10 深槽式转子导条中电流的集肤效应

当启动完毕，电动机正常运行时，由于转子电流频率很低，一般为1～3Hz，转子导条的漏电抗比转子电阻小得多，因此前述各小导体中电流的分配将主要决定于电阻。由于各小导体电阻相等，导条中的电流将均匀分布，集肤效应基本消失，转子导条电阻恢复(减小)为自身的直流电阻。可见，正常运行时，转子电阻能自动变小，从而满足了减小转子铜损耗，提高电动机效率的要求。

2. 双笼型异步电动机

利用集肤效应改善启动性能的一种结构是双笼型转子，它的转子槽如图 6.11 所示。槽分为内外两层，外层导条与端环组成外笼，内层导条与端环组成内笼。当笼型结构用铜条构成时，外笼采用电阻系数较大的黄铜或青铜，内笼采用电阻系数较小的紫铜。当笼型结构用铸铝制成时，外笼导条截面较小，内笼导条截面较大。总之，都是使外笼电阻较大，内笼电阻较小。

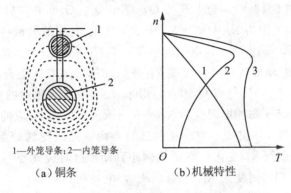

1—外笼导条；2—内笼导条
（a）铜条　　　　　　　　（b）机械特性

图 6.11　双笼型异步电动机转子槽形及机械特性

启动开始时，转子频率较高，集肤效应显著，使得电流主要通过外笼，内笼基本上没有电流。由于外笼电阻较大，所以启动电流较小而启动转矩较大。随着转速升高，转子频率降低，集肤效应减弱，使电流在外笼和内笼之间的分配关系发生变化，外笼电流所占的比例减少，内笼电流所占比例增加，使转子电阻减小。稳定运行时转差率很小，转子频率很低，集肤效应基本上不存在，外笼和内笼的电流分配主要决定于它们的直流电阻，由于内笼的电阻比外笼小很多，所以电流主要通过内笼，转子电阻很小。由此可见，集肤效应在这里好像起到了切换作用，启动时相当于将电阻小的内笼断开，将电阻大的外笼接入，以限制启动电流并增大启动转矩；而在稳定运行时将电阻大的外笼断开，将电阻小的内笼接入，以增大机械特性硬度并提高效率。外笼主要在启动时起作用，又称为启动笼。内笼主要在稳定运行时起作用，又称为工作笼。

双笼型转子异步电动机的机械特性如图 6.11(b)中曲线 3 所示。这条曲线可以看成由外笼的机械特性 1 和内笼的机械特性 2 合成所得。在设计时，将不同电阻的启动笼和工作笼加以配合，就可以得到能够满足不同要求的机械特性。

6.2.3　绕线式异步电动机的启动

对于大功率重载启动的情况，采用笼型异步电动机一般不能满足启动要求，这时可以采用绕线转子异步电动机，转子串电阻启动，以限制启动电流和增大启动转矩。此外，有些生产机械虽然功率不大，但要求频繁启动、制动和反转，如采用笼型异步电动机就会在定、转子绕组中经常流过很大的启动电流，使电动机严重发热。这时，也应采用绕线转子异步电动机,用转子串电阻的办法启动,一方面减小了启动电流,另一方面由于启动转矩增大而缩短了启动时间,减少了电动机的发热。

绕线转子异步电动机有转子串电阻和转子串频敏变阻器的两种启动方法。

1. 转子串电阻启动

为了在整个启动过程中得到较大的加速转矩,并使启动过程比较平滑,应在转子回路中串入多级对称电阻。启动时,随着转速的升高,逐段切除启动电阻,这与直流电动机电枢串电阻启动类似,称为电阻分级启动。图 6.12 为三相绕线转子异步电动机转子串接对称电阻分级启动的接线图和对应三级启动时的机械特性。

下面介绍转子串接对称电阻的启动过程和启动电阻的计算方法。

(1)启动过程。

启动开始时由图 6.12(a),合上开关 Q,Q_1、Q_2、Q_3 断开,启动电阻全部串入转子回路中,转子每相电阻为 $R_{P3}=R_2+R_{st1}+R_{st2}+R_{st3}$ 对应的机械特性如图 6.12(b)中曲线 R_{P3}。启动瞬间,转速 $n=0$,电磁转矩 $T=T_1$(T_1 称为最大加速转矩),因 T_1 大于负载转矩 T_L,于是电动机从 a 点沿曲线 R_{P3} 开始加速。随着 n 上升,T 逐渐减小,当减小到 T_2 时(对应于 b 点),触点 Q_3 闭合,切除 R_{st3},切换电阻时的转矩值 T_2 称为切换转矩。切除 R_{st3} 后,转子每相电阻变为 $R_{P2}=R_2+R_{st1}+R_{st2}$,对应的机械特性变为曲线 R_{P2}。切换瞬间,转速 n 不突变,电动机的运行点由 b 点跃变到 c 点,T 由 T_2 跃升为 T_1。此后,n、T 沿曲线 R_{P2} 变化,待 T 又减小到 T_2 时(对应 d 点),触点 Q_2 闭合,切除 R_{st2}。此后转子每相电阻变为 $R_{P1}=R_2+R_{st1}$,电动机运行点由 d 点跃变到 e 点,工作点(n、T)沿曲线 R_{P1} 变化。最后在 f 点开关 Q_1 闭合,切除 R_{st1},转子绕组直接短路,电动机运行点由 f 点变到 g 点后沿固有机械特性加速到负载点 h 稳定运行,启动结束。

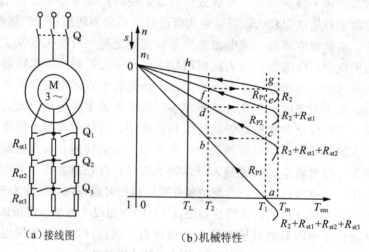

(a)接线图　　　(b)机械特性

图 6.12　三相绕线异步电动机转子串电阻分级启动

启动过程中,一般取最大加速转矩 $T_1=(0.7\sim0.85)T_m$,切换转矩 $T_2=(1.1\sim1.2)T_L$。

(2)启动电阻的计算

启动电阻的计算可以采用图解法和解析法,这里只介绍解析法。

由图 6.12(b)可见，分级启动时，电动机的运行点在每条机械特性的线性段($0 <$ $s < s_m$)上变化，因此，可以采用机械特性的线性表达式：

$$T = \frac{2T_m}{s_m}s \tag{6-9}$$

来计算启动电阻。转子串电阻时，电动机的最大转矩 T_m 保持不变，而临界转差率 s_m 与转子电阻成正比变化。根据式(6-9)，在图 6.12(b)中的 b、c 两点处，可得：

$$T_b = T_2 \propto \frac{2T_m}{R_{P3}}s_b$$

$$T_c = T_1 \propto \frac{2T_m}{R_{P2}}s_c$$

因为 $s_b = s_c$，所以：

$$\frac{T_1}{T_2} = \frac{R_{P3}}{R_{P2}}$$

同理，在 d、e 两点和 f、g 两点分别可得：

$$\frac{T_1}{T_2} = \frac{R_{P2}}{R_{P1}} \qquad \frac{T_1}{T_2} = \frac{R_{P1}}{R_2}$$

因此：

$$\frac{R_{P3}}{R_{P2}} = \frac{R_{P2}}{R_{P1}} = \frac{R_{P1}}{R_2} = \frac{T_1}{T_2} = \beta \tag{6-10}$$

式中：β——启动转矩比，也是相邻两级启动电阻之比。

已知转子每相电阻 R_2 和启动转矩比 β 时，各级电阻为：

$$\left. \begin{array}{l} R_{P1} = \beta R_2 \\ R_{P2} = \beta R_{P1} = \beta^2 R_2 \\ R_{P3} = \beta R_{P2} = \beta^3 R_2 \end{array} \right\} \tag{6-11}$$

当启动级数为 m 时，最大启动电阻为：

$$R_{Pm} = \beta^m R_2 \tag{6-12}$$

$$T_N \propto \frac{2T_m}{R_2}s_N \tag{6-13}$$

$$T_1 \propto \frac{2T_m}{R_{Pm}} \cdot 1 \tag{6-14}$$

这里 $R_{Pm} = R_{P3}$。由上两式可得：

$$\frac{R_{Pm}}{R_2} = \frac{T_N}{s_N T_1} \tag{6-15}$$

由式(6-12)、式(6-15)可得：

$$\beta = \sqrt[m]{\frac{R_{Pm}}{R_2}} = \sqrt[m]{\frac{T_N}{s_N T_1}} \tag{6-16}$$

$$m = \frac{\lg\left(\frac{T_N}{s_N T_1}\right)}{\lg \beta} \tag{6-17}$$

例 6.2　某生产机械用绕线转子三相异步电动机，$P_N = 40\text{kW}$，$n_N = 1460\text{r/min}$，$E_{2N} = 420\text{V}$，$I_{2N} = 62\text{A}$，$\lambda_m = 2.6$，$m = 3$ 启动时负载转矩 $T_L = 0.5T_N$，求各级启动

电阻。

解：
$$s_N = \frac{n_1 - n_N}{n_1} = \frac{1500 - 1460}{1500} 0.027$$

$$T_N = 9550 \frac{P_N}{n_N} = 9550 \times \frac{40}{1460} = 261.6(N \cdot m)$$

取 $T_1 = 0.85 T_m = 0.85 \lambda_m T_N = 0.85 \times 2.6 \times 261.6 = 578(N \cdot m)$，则

$$\beta = \sqrt[m]{\frac{T_N}{s_N T_1}} = \sqrt[3]{\frac{261.6}{0.027 \times 578}} = 2.56$$

$$T_2 = \frac{T_1}{\beta} = \frac{2.2 T_N}{2.56} = \frac{2.2}{2.56} T_N = 0.86 T_N > (1.1 \sim 1.2) T_L$$

转子绕组为 Y 形连接时，R_2 可按下式求出（工程计算时常用此式）：

$$R_2 = \frac{s_N E_{2N}}{\sqrt{3} I_{2N}} = \frac{0.027 \times 420}{\sqrt{3} \times 62} = 0.106(\Omega)$$

各级启动电阻为：

$$R_{P1} = \beta R_2 = 2.56 \times 0.106 = 0.27(\Omega)$$

$$R_{P2} = \beta R_{P1} = \beta^2 R_2 = 2.56^2 \times 0.106 = 0.69(\Omega)$$

$$R_{P3} = \beta R_{P2} = \beta^3 R_2 = 2.56^3 \times 0.106 = 1.78(\Omega)$$

各段启动电阻为：

$$R_{st1} = R_{P1} - R_2 = 0.27 - 0.106 = 0.164(\Omega)$$

$$R_{st2} = R_{P2} - R_{P1} = 0.69 - 0.27 = 0.42(\Omega)$$

$$R_{st3} = R_{P3} - R_{P2} = 1.78 - 0.69 = 1.09(\Omega)$$

2. 转子串频敏变阻器启动

频敏变阻器是由厚钢板叠成铁芯，并在铁芯柱上套有线圈的电抗器，如图 6.13 所示。它如同一台没有二次绕组的三相变压器。忽略频敏变阻器绕组电阻和漏抗时，其一相等效电路如图 6.14 所示。图中 X_m 是绕组的励磁电抗；R_m 是代表频敏变阻器铁损耗的等效电阻。

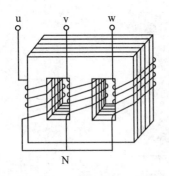
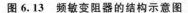

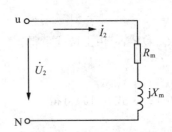

图 6.13　频敏变阻器的结构示意图　　图 6.14　频敏变阻器一相等效电路图

频敏变阻器的绕组通常连接成星形，接在转子绕组上，因此，流过频敏变阻器绕组中的电流就是电动机的转子电流 I_2。I_2 的频率在启动过程中变化很大，启动初始瞬间 $f_2 = f_1$，启动完毕正常运行时 f_2 仅几赫兹。因此频敏变阻器等效电路中的 X_m、R_m 在启动过程中也要发生较大变化。其中 $X_m \propto f_2$，并与铁芯饱和程度有关；R_m 则取决于

铁耗，主要是涡流损耗，它与铁芯磁通密度幅值的平方以及频率的平方二者之积成正比。由于频敏变阻器的铁芯采用 30～50mm 的厚钢板叠成，设计时又选用较高的磁通密度，当 $f_2 = f_1$ 时，频敏变阻器的涡流损耗比普通变压器大很多，因此 R_m 较大，而 X_m 则因磁路高饱和，且绕组匝数又少，其值较小，所以 $R_m > X_m$ 随 f_2 降低，R_m 及 X_m 都将减小。

图 6.15(a)为转子串频敏变阻器启动时的接线图，图中 RF 为频敏变阻器。启动时开关 Q_2 断开，Q_1 闭合，转子串入频敏变阻器，其每相阻抗为 $Z_P = R_m + jX_m$。在启动初始瞬间 $s = 1$，转子电流的频率 $f_2 = sf_1 = f_1$，此时因 $R_m > X_m$，相当于在转子回路中串入了电阻，而且由于 R_m 远大于转子绕组电阻，使转子回路功率因数提高很多，因此既限制了启动电流，又增大了启动转矩。在启动过程中，随着转速升高，转子电流频率 sf_1 逐渐下降，X_m、R_m 都自动减小，结果在整个启动过程中始终保持较大的启动转矩，其机械特性如图 6.15(b)曲线 2 所示，图中曲线 1 为固有机械特性。

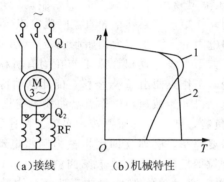

（a）接线　　（b）机械特性

图 6.15　转子串频敏变阻器启动的接线与机械特性

当启动过程结束后，f_2 仅 1～3Hz，R_m 及 X_m 都很小，$Z_P = 0$，频敏变阻器已不起作用，因此，当开关 Q_2 闭合，切除频敏变阻器时，不会引起电流和转矩冲击。对于频繁启动的可以不用开关 Q_2，把频敏变阻器常接于转子回路中，在稳定运行时对电动的机械特性也不会有太大的影响。

频敏变阻器的铁芯与磁轭之间设有空气隙，绕组也留有几个抽头，改变气隙和绕组匝数便可调整整电动机的启动电流和启动转矩。

频敏变阻器结构简单、运行可靠、使用维修方便、价格也便宜。但是功率因数低、与转子串电阻启动相比启动转矩小，由于频敏变阻器 X_m 的存在，最大转矩也有所下降，对于要求启动转矩很大的生产机械不宜采用。

▶ 6.3　三相异步电动机的制动

三相异步电动机除了运行于电动状态外，还时常运行于制动状态。当电动机的电源断开后，由于电动机的转动部分有惯性，所以电动机仍继续运行，要经过若干时间才能停转。在某些生产机械上要求电动机能迅速停转，以提高生产率，为此，需要对电动机进行制动。

三相异步电动机电气制动有能耗制动、反接制动及回馈制动三种方法。

6.3.1 能耗制动

异步电动机的能耗制动接线图如图 6.16(a)所示：制动时，开关 Q_1 断开，电动机脱离电网，同时开关 Q_2 闭合，在定子绕组中通入直流电流(称为直流励磁电流)，于是定子绕组便产生一个恒定的磁场。转子因惯性而继续旋转并切割该恒定磁场，转子导体中便产生感应电动势及感应电流。由图 6.16(b)可以判定，转子感应电流与恒定磁场作用产生的电磁转矩为制动转矩，因此转速迅速下降，当转速下降至零时，转子感应电动势和感应电流均为零，制动过程结束。制动期间，转子的动能转变为电能消耗在转子回路的电阻上，故称为能耗制动。

异步电动机能耗制动机械特性表达式的推导比较复杂，其曲线形状与接到交流电网上正常运行时的机械特性是相似的，只是它要通过坐标原点，如图 6.17 所示。图中曲线 1 和曲线 2 具有相同的转子电阻，但曲线 2 比曲线 1 具有较大的直流励磁电流；曲线 1 和曲线 3 具有相同的直流励磁电流，但曲线 3 比曲线 1 具有较大的转子电阻。

由图 6.17 可见，转子电阻较小时(曲线 1)，初始制动转矩比较小。对于笼型异步电动机，为了增大初始制动转矩，就必须增大直流励磁电流(曲线 2)。对绕线转子异步电动机，可以采用转子串电阻的方法来增大初始制动转矩(曲线 3)。

能耗制动过程可分析如下：设电动机原来工作在固有机械特性曲线上的 A 点，在制动瞬间，因转速不突变，工作点便由 A 点平移至能耗制动特性(如曲线 1)上的 B 点，在制动转矩的作用下，电动机开始减速，工作点沿曲线 1 变化，直到原点，$n=0$，$T=0$，如果拖动的是反抗性负载，则电动机便停转，实现了快速制动停车；如果是位能性负载，当转速过零时，若要停车，必须立即用机械抱闸将电动机轴刹住，否则电动机将在位能性负载转矩的倒拉下反转，直到进入第四象限中的 C 点($T=T_L$)，系统处于稳定的能耗制动运行状态，这时重物保持匀速下降。C 点称为能耗制动运行点。由图 6.17 可见，改变制动电阻 R_B 或直流励磁电流的大小，可以获得不同的稳定下降速度。

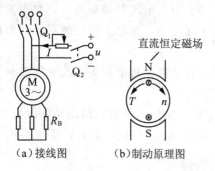

（a）接线图　　（b）制动原理图

图 6.16　三相异步电动机的能耗制动

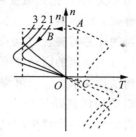

图 6.17　三相异步电动机能耗制动时的机械特性

对于绕线转子异步电动机采用能耗制动时，按照最大制动转矩为$(1.2\sim2.2)T_N$ 可用下列两式计算直流励磁电流和转子应串接电阻的大小：

$$I = (2 \sim 3)I_0 \tag{6-18}$$

式中：I_0——异步电动机的空载电流。

$$R_B = (0.2 \sim 0.4)\frac{E_{2N}}{\sqrt{3}I_{2N}} - R_2 \tag{6-19}$$

式中：E_{2N}——转子堵转时的额定线电动势；

　　　　I_{2N}——转子额定电流；

　　　　R_2——转子每相绕组的电阻，$R_2 = s_N E_{2N}/(\sqrt{3} I_{2N})$。

　　能耗制动具有制动平稳、能实现准确、快速停车，且不会出现反向启动等特点。另外，由于定子绕组已从交流电流网切除，电动机不从电网吸收交流电能，只吸收少量的直流励磁电能，所以从能量角度来讲，能耗制动比较经济。但当转速较低时，制动转矩较小，制动效果较差。用于要求电动机容量较大和启动、制动频繁、平稳准确停车的场合，也可应用于起重机一类带位能性负载的机械上，用来限制重物下降的速度，使重物保持匀速下降。

6.3.2　反接制动

1. 电源反接制动

　　实现电源反接制动的方法是将三相异步电动机任意两相定子绕组的电源进线对调，同时在转子电路串入制动电阻。这种制动类似于他励直流电动机的电压反接制动。

　　如图 6.18(a)所示，反接制动前，电动机处于正向电动状态，以转速 n 逆时针旋转。电源反接制动时，把定子绕组的两相电源进线对调，同时在转子电路串入制动电阻 R_B 由于电源反接后，旋转磁场方向改变，但转子的转速和转向由于机械惯性来不及变化，因此转子绕组切割磁场的方向改变，转子电动势 E_{2s} 改变方向，转子电流 I_2 和电磁转矩 T 也随之改变方向，使 T 与 n 反向，T 成为制动转矩，电动机便进入反接制动状态。

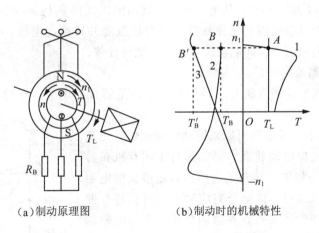

（a）制动原理图　　　　　　（b）制动时的机械特性

图 6.18　三相异步电动机的电源反接制动

　　如图 6.18(b)所示，设反接制动前，电动机拖动恒转矩负载稳定运行于固有机械特性曲线 1 的 A 点。电源反接后，旋转磁场的转向改变，转速变为 $-n_1$ 机械特性曲线应该过 $(0，-n_1)$ 点，其中曲线 2 是转子电路不串电阻时的机械特性，曲线 3 是转子电路串入电阻 R_B 时的机械特性。电源反接瞬间，系统的工作点从 A 点水平跳变到曲线 2 的 B 点或曲线 3 的 B' 点，进入反接制动状态，在制动的电磁转矩 T 和负载转矩 T_L 的共同作用下，转速很快下降，到 $n=0$ 时，制动过程结束。对于反抗性恒转矩负载，若要停车，制动到 $n=0$ 时应快速切断电源，否则电动机可能会反向启动。可见上述过程是一个电源反接制动过程，机械特性位于第二象限，实际上就是反向电动状态的机械特性在第二象限的延长部分。

电源反接制动时，电动机的转差率为

$$s = \frac{-n_1 - n}{-n_1} = \frac{n_1 + n}{n_1} > 1$$

显然，转子电路不串电阻时，制动瞬间（B 点）的制动转矩较小而制动电流过大，制动效果不佳。若转子电路串入电阻 R_B，则可使制动瞬间（B' 点）的制动转矩增大，同时也可减小制动电流。

当电动机工作在机械特性的线性段时，根据 $T = 2T_m s/s_m$ 及 $s_m \approx R_2'/(X_1 + X_2')$ 可知制动电阻 R_B 的近似计算可采用以下关系式：

$$\frac{R_2}{s_g} = \frac{R_2 + R_B}{s}$$

由上式可推得求制动电阻的公式，即

$$R_B = \left(\frac{s}{s_g} - 1\right) R_2 \tag{6-20}$$

式中：s_g——固有机械特性线性段上对应任意给定转矩 T 的转差率，$s_g = s_N(T/T_N)$；

s——转子串电阻 R_B 的人为机械特性线性段上与 s_g 对应相同转矩 T 的转差率。

三相异步电动机的电源反接制动特点：①制动转矩即使在转速降至很低时，仍较大，因此制动强烈而迅速；②能够使反抗性恒转矩负载快速实现正反转，若要停车，需在制动到转速为零时立即切断电源；③由于电源反接制动时 $s>1$，从电源输入的电功率 $P_1 \approx P_M = m_1 I_2'^2 R_2'/s > 0$，从电动机轴上输出的机械功率 $P_2 \approx P_m$。这说明制动时，电动机既要从电网吸取电能，又要从轴上吸取机械能并转换为电能，这些电能全部消耗在转子电路的电阻上，因此制动时能耗大、经济性差。

2. 倒拉反接制动

实现倒拉反接制动的方法是在转子电路串一足够大的电阻。这种制动类似于直流电动机的倒拉反接制动。

如图 6.19 所示，设电动机原来拖动位能性恒转矩负载（重物），处于正向电动状态，稳定运行于固有机械特性曲线 1 的 A 点。如果在其转子电路串入足够大的电阻 R_B 使临界转差率 $s_m \gg 1$，以至于对应的人为机械特性曲线 2 与负载转矩特性的交点落在第四象限。在串电阻的瞬间，由于机械惯性，电动机的工作点从 A 点水平跳变到人为机械特性的 B 点，此时因为转子串入较大的电阻，使电动机的转子电流减小，电磁转矩 T 减小，$T<$ T_L 使电动机从 B 点开始沿着人为机械特性减速运行，到达 C 点时，转速降为零，但此时仍然有 $T<T_L$，因此位

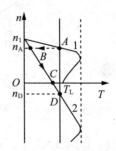

图 6.19　三相异步电动机倒拉反接制动的机械特性

能性负载（重物）便迫使电动机转子反转，电动机开始进入倒拉反接制动状态。在重物的作用下，电动机反向加速，电磁转矩逐渐增大，直到 D 点，$T=T_L$ 时为止，电动机处于稳定的倒拉反接制动运行状态，电动机以较低的速度匀速下放重物。

倒拉反接制动时的转差率为

$$s = \frac{n_1 - n}{n_1} = \frac{n_1 + |n|}{n_1} > 1$$

这一点与电源反接制动一样，所以 $s>1$ 是反接制动的共同特点。

当电动机工作在机械特性的线性段时，制动电阻 R_B 的近似计算仍然采用式(6-20)。

倒拉反接制动的特点：①能够低速下放重物，安全性好。②由于制动时 $s>1$，因此与电源反接制动一样，$P_1>0$，$P_2<0$。这说明制动时，电动机既要从电网吸取电能，又要从轴上吸取机械能并转换为电能，这些电能全部消耗在转子电路的电阻上，因此制动时能耗大、经济性差。

6.3.3　回馈制动

处于电动运行状态的三相异步电动机，如在外加转矩作用下，使转子转速 n 大于同步转速 n_1，于是电动机转子绕组切割旋转磁场的方向将与电动运行状态时相反，因而转子感应电动势、转子电流、电磁力和电磁转矩方向都与电动状态时相反，即电磁转矩 T 方向与 n 方向相反，起制动作用。这种制动发生在起重机重物高速下放或电动机由高速换为低速挡的过程中，对应的是反向回馈制动与正向回馈制动。

1. 反向回馈制动

在图 6.20 中，设 A 点是电动状态提升重物工作点，D 点是回馈制动状态下放重物工作点。电动机从提升重物工作点 A 过渡到下放重物工作点 D 的过程如下：首先将电动机定子两相反接，这时定子旋转磁场的同步转速为 $-n_1$，机械特性如图 6.20 中曲线 2。反接瞬间，转速不突变，工作点由 A 平移到 B，然后电机经过反接制动过程(工作点沿曲线 2 由 B 变到 C)反向电动加速过程(工作点由 C 向同步点 $-n_1$ 变化)，最

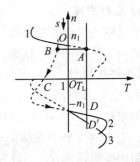

图 6.20　反向回馈制动的机械特性

后在位能负载作用下反向加速并超过同步转速，直到 D 点保持稳定运行，即匀速下放重物。如果在转子电路中串入制动电阻，对应的机械特性如图 6.20 中曲线 3，这时的回馈制动工作点为 D'，其转速增加，重物下放的速度增大。为了限制电机的转速，回馈制动时在转子电路中串入的电阻值不应太大。

2. 正向回馈制动

正向回馈制动发生在变极或变频调速过程中，由高速挡变为低速挡的降速时，其机械特性如图 6.21 所示。

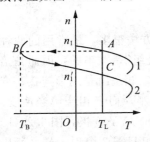

图 6.21　正向回馈制动的机械特性

如果电动机正运行在机械特性 1 上的 A 点，当进行变极调速，换接到倍极数运行时，将从机械特性 1 换接成机械特性 2，因机械惯性，转子 n_A 来不及变化，工作点由 A 点平移至 B 点，且 $n_B>n_1'$，进入正向回馈制动。在 T_B 与 T_L 共同作用下，电动机转速迅速下降，从 B 点到 n_1' 的降速过程都为回馈制动过程。当 $n=n_1'$ 时，电磁转矩为零，但在负载转矩 T_L 作用下转速继续下降，从 n_1' 到 C 点为电动机减速过程。当到 C 点时，$T=T_L$，

电动机在转速 n_C 下稳定运行。所以只有速度从 n_B 降为 n_1' 的过程为正向回馈制动过程。

▶6.4 三相异步电动机的调速

随着电力电子技术、计算机技术和自动控制技术的迅猛发展，交流电动机调速技术日趋完善，大有取代直流调速的趋势，根据三相异步电动机的转速公式：

$$n = (1-s)n_1 = (1-s)\frac{60f_1}{p}$$

可知，三相异步电动机的调速方法有：

(1)改变定子极对数 p 调速。

(2)改变电源频率 f_1 调速。

(3)改变转差率 s 调速。

其中改变转差率 s 调速，包括绕线转子电动机的转子串接电阻调速、串级调速及定子调压调速。

6.4.1 变极调速

1. 变极原理

下面以 4 极变 2 极为例，说明定子绕组的变极原理。图 6.22 画出了 4 极电机 U 相绕组的两个线圈，每个线圈代表 U 相绕组的一半，称为半相绕组。两个半相绕组顺向串联(头尾相接)时，根据线圈中的电流方向，可以看出定子绕组产生 4 极磁场，即 $2p=4$，磁场方向如图 6.22(a)中的虚线或图 6.22(b)中的⊗、⊙所示。

如果将两个"半相绕组"尾尾相串联(称之为反串)或首尾相并联(称之为反并)，则形成一个 $2p=2$ 极的磁场，分别如图 6.22(c)、(d)所示。由此可见，使定子每相的一半绕组中电流改变方向，就可改变极对数。

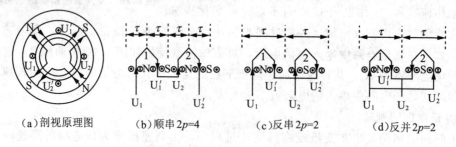

(a)剖视原理图　　　(b)顺串$2p=4$　　　(c)反串$2p=2$　　　(d)反并$2p=2$

图 6.22　绕组变极原理图($2p=4$)

2. 两种常用的变极方式

通过改变半绕组的电流方向来改变极对数，其接线方法很多，最常用的两种变极接线方式如图 6.23 所示。变极前每相绕组的两个"半相绕组"是顺串的，因而是倍极数，不过图 6.23(a)中三相绕组是 Y 形连接，图 6.23(b)中三相绕组是△形连接；变极后每相绕组的两个"半相绕组"都改接成反并，极数减少一半，而三相绕组经演变后，实质上都成为两个并联的 Y 形连接，所以图 6.23(a)所示为 Y/YY 变极，图 6.23(b)所示则为△/YY 变极。显然，这两种变极接线方式，每相绕组只需 3 个引出端，所以变极接线很简单，控制也很方便。

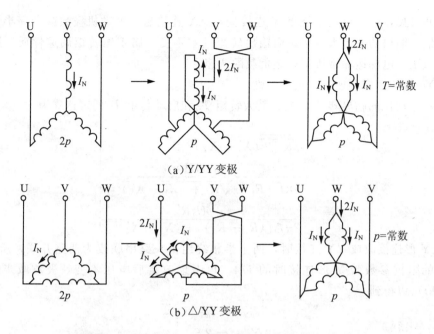

(a) Y/YY 变极

(b) △/YY 变极

图 6.23　三相笼型异步电动机常用的两种变极接线方式

必须注意，上述图中在改变定子绕组接线的同时，将 V、W 两相的出线端进行了对调。这是因为在电动机定子的圆周上，电角度是机械角度的 p 倍，当极对数改变时，必然引起三相绕组的空间相序发生变化。现举例说明：设 $p=1$ 时，U、V、W 三相绕组轴线的翻空间位置依次为 0°、120°、240°电角度；而当极对数变为 $p=2$ 时，三相绕组轴线的空间位置依次是 U 相为 0°、V 相为 120°×2=240°、W 相为 240°×2=480°（相当于 120°），这说明变极后三相绕组的空间相序发生了改变。如果外部电源相序不变，则变极后，不仅电动机的运行转速发生了变化，而且因三相绕组空间相序的改变而引起旋转磁场转向的改变，从而引起转子转向的改变。所以为了保证变极调速前后电动机的转向不变，在改变定子绕组接线的同时，必须把 V、W 两相出线端对调，使接入电动机的电源相序改变，这是在工程实践中必须注意的问题。

3. 变极调速时的允许输出和机械特性

(1) Y—YY 连接。

1) Y—YY 变极调速时的允许输出。

设变极前后电源线电压为 U_N 不变，通过每个"半相绕组"的电流 I_N 不变，则变极前后的输出功率 P_Y 与 P_{YY} 分别为：

$$P_Y = \sqrt{3}U_N I_N \eta_Y \cos\varphi_Y$$

$$P_{YY} = \sqrt{3}U_N 2I_N \eta_{YY} \cos\varphi_{YY}$$

若变极前后，效率 $\eta_Y = \eta_{YY}$，功率因数 $\cos\varphi_Y = \cos\varphi_{YY}$，则 $P_{YY} = 2P_Y$；由于 Y 连接时的极对数是 YY 连接时的两倍，因此后者的同步转速为前者同步转速的两倍，后者转速近似为前者的两倍，即 $n_{YY} = 2n_Y$，则电磁转矩：

$$T_Y = 9550\frac{P_Y}{n_Y} = 9550\frac{2P_Y}{2n_Y} = 9550\frac{P_{YY}}{n_{YY}} = T_{YY}$$

由此可见，电动机定子绕组 Y 连接变成 YY 连接后，电动机极数减少一半，转速增加一倍，输出功率增大一倍，而输出转矩基本不变，属于恒转矩调速性质，适用于拖动起重机、电梯运输带等恒转矩负载的调速。

2）Y—YY 变极调速时的机械特性。

异步电动机的临界转差率 s_m、最大转矩 T_m 和启动转矩 T_{st} 的表达式为

$$
\left.
\begin{aligned}
s_m &= \frac{R_2'}{\sqrt{R_1^2 + (X_1 + X_2')^2}} \\
T_m &= \frac{m_1 p U_1^2}{4\pi f_1 \left[R_1 + \sqrt{R_1^2 + (X_1 + X_2')^2} \right]} \\
T_{st} &= \frac{m_1 p U_1^2 R_2'}{2\pi f_1 \left[(R_1 + R_2')^2 + (X_1 + X_2')^2 \right]}
\end{aligned}
\right\} \tag{6-21}
$$

由 Y 形连接改成 YY 连接时，两个半相绕组由一路串联改为两路并联，所以 YY 连接时的阻抗参数为 Y 形连接时的 1/4。再考虑改接后电压不变，极数减半，根据式（6-21）可以得到

$$
\left.
\begin{aligned}
s_{mYY} &= s_{mY} \\
Y_{mYY} &= 2T_{mY} \\
Y_{stYY} &= 2T_{stY}
\end{aligned}
\right\} \tag{6-22}
$$

这表明，YY 连接时电动机的最大转矩和启动转矩均为 Y 形连接时的 2 倍，临界转差率的大小不变，但对应的同步转速是不同的，YY 连接时的同步转速是 Y 形连接时的 2 倍。其机械特性如图 6.24(a)所示。

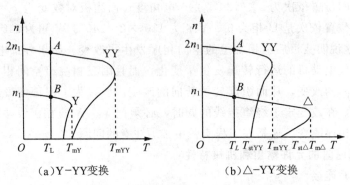

（a）Y-YY变换　　　　　　　（b）△-YY变换

图 6.24　变极调速时的机械特性

（2）△—YY 连接。

1）△—YY 变极调速时的允许输出。

与 Y—YY 设定相同，电源线电压为 U_N，线圈电流 I_N 在变极前后保持不变，效率 η 与功率因数 $\cos\varphi$ 在变极前后近似不变，则输出功率之比为：

$$
\frac{P_Y}{P_\triangle} = \frac{\sqrt{3} U_N 2 I_N \eta_{YY} \cos \varphi_{YY}}{3 U_N I_N \eta_\triangle \cos \varphi_\triangle} = \frac{2}{\sqrt{3}} \approx 1.15
$$

输出转矩之比为：

$$
\frac{T_{YY}}{T_\triangle} = \frac{9550 P_{YY}/n_{YY}}{9550 P_\triangle/n_\triangle} = \frac{2}{\sqrt{3}} \frac{n_\triangle}{n_{YY}} = \frac{2}{\sqrt{3}} \frac{n_\triangle}{2n_\triangle} = 0.577
$$

由此可见，电动机定子绕组由△连接变成 YY 连接后，极数减半，转速增加一倍，转矩近似减小一半，功率近似保持不变。因此△/YY 变极调速近似为恒功率调速性质，适用于车床切削加工。如粗车时，进刀量大，转速低；精车时，进刀量小，转速高，但负载功率近似不变。

2)△—YY 变极调速时的机械特性。

由△形连接改成 YY 连接时，阻抗参数也是变为原来的 1/4，极数减半，相电压变为 $U_{YY} = U_{\triangle}/\sqrt{3}$，根据式(6-22)可以得到：

$$\left.\begin{array}{l} s_{\text{mYY}} = s_{\text{m}\triangle} \\[2mm] T_{\text{mYY}} = \dfrac{2}{3} T_{\text{m}\triangle} \\[2mm] T_{\text{stYY}} = \dfrac{2}{3} T_{\text{st}\triangle} \end{array}\right\} \tag{6-23}$$

可见，YY 连接时的最大转矩和启动转矩均为△形连接时的 2/3，其机械特性如图 6.24(b)所示。

变极调速电动机，有倍极比(如 2/4 极、4/8 极等)双速电动机、非倍极比(4/6 极、6/8 极等)双速电动机，还有单绕组三速电动机，这种电动机的绕组结构复杂一些。

变极调速时，转速几乎是成倍变化，所以调速的平滑性差。但它在每个转速等级运转时，和普通的异步电动机一样，具有较硬的机械特性，稳定性较好。变极调速既可用于恒转矩负载，又可用于恒功率负载，所以对于不需要无级调速的生产机械，如金属切削机床、通风机、升降机等都采用多速电动机拖动。

6.4.2　变频调速

改变供电电源的频率可以使旋转磁场的转速随着改变，电动机的转速也跟着改变，这种调速方法称为变频调速。平滑改变电源频率，可以平滑调节同步转速 n_1，从而使电动机获得平滑调速。但在工程实践中，仅仅改变电源频率，还不能得到满意的调速特性，因为只改变电源频率，会引起电动机其他参数的变化，影响电动机的运行性能，所以下面将讨论变频的同时如何调节电压，以获得满意的调速性能。

1. 变频与调压的配合

由第 5 章的分析可知，若忽略电动机定子漏阻抗压降，则

$$U_1 \approx E_1 = 4.44 f_1 N_1 k_{\text{w1}} \Phi_1$$

由上式可知，当电源频率 f_1 从基频 50 Hz 降低时，若电压 U_1 的大小保持不变，则主磁通 Φ_1 将增大，使原来接近饱和的磁路更加过度饱和，导致励磁电流 I_0 急剧增大，铁损耗显著增加，电动机发热严重，效率降低，功率因数降低，电动机不能正常运行。因此为了防止铁芯磁路饱和，一般在降低电源频率 f_1 的同时，也成比例地降低电源电压，保持 U_1/f_1＝常数，使 Φ_1 基本恒定。当电源频率 f_1 从基频 50 Hz 升高时，由于电源电压不能大于电动机的额定电压，因此电压 U_1 不能随频率 f_1 比例升高，只能保持额定值不变，这样使得电源频率 f_1 升高时，主磁通 Φ_1 将减小，相当于电动机弱磁调速。

2. 变频调速时的机械特性

下面我们将通过分析三相异步电动机机械特性的几个特殊点的变化规律，来分析变频调速时的机械特性。

（1）同步点。

因为 $n_1 = 60f_1/p$，所以 $n_1 \propto f_1$。

（2）最大转矩点。

由式（5-51）可知，对应于最大转矩的临界转速降为：

$$\Delta n_{\mathrm{m}} = n_1 - n_{\mathrm{m}} = s_{\mathrm{m}} n_1 \approx \frac{R_2'}{2\pi f_1(L_1 + L_2')} \frac{60 f_1}{p} = 常数$$

由该结论可知，变频时机械特性的硬度是近似不变的，即变频时的人为机械特性与固有机械特性平行。同时由式（5-52）可知，忽略定子电阻 R_1 时最大转矩为：

$$T_{\mathrm{m}} = \frac{m_1 p}{8\pi^2 (L_1 + L_2')} \left(\frac{U_1}{f_1}\right)^2 \propto \left(\frac{U_1}{f_1}\right)^2$$

注意：该结论只有在频率 f_1 较高时才是正确的，因为在频率 f_1 较低时，定子电阻 R_1 不能忽略。所以从基频向下变频调速时，由于 U_1/f_1 为常数，当频率 f_1 刚开始降低时，频率较高，根据该结论可知，T_{m} 基本不变，电动机的过载能力不变。当频率 f_1 降至较低时，只能根据式（5-52）推知 T_{m} 将减小，电动机的过载能力降低；从基频向上变频调速时，由于电压 U_1 不变，根据该结论可知 T_{m} 将减小，电动机的过载能力降低。

（3）启动点。

由式（5-53）可知，忽略定、转子电阻 R_1 和 R_2' 时，启动转矩为：

$$T_{\mathrm{st}} \approx \frac{m_1 p U_1^2 R_2'}{2\pi f_1 (2\pi f_1)^2 (L_1 + L_2')^2} \propto \frac{U_1^2}{f_1^2} \frac{1}{f}$$

同样，该结论只有在频率 f_1 较高时才是正确的。从基频向下变频调速时，由于 U_1/f_1 为常数，当频率 f_1 刚开始降低时，根据该结论可知 T_{st} 增大；当频率 f_1 降至较低时，根据式（5-53）推知 T_{st} 减小；从基频向上变频调速时，由于电压 U_1 不变，根据该结论可知 T_{st} 将减小。

根据以上分析可得变频调速时的机械特性，如图 6.25 所示。

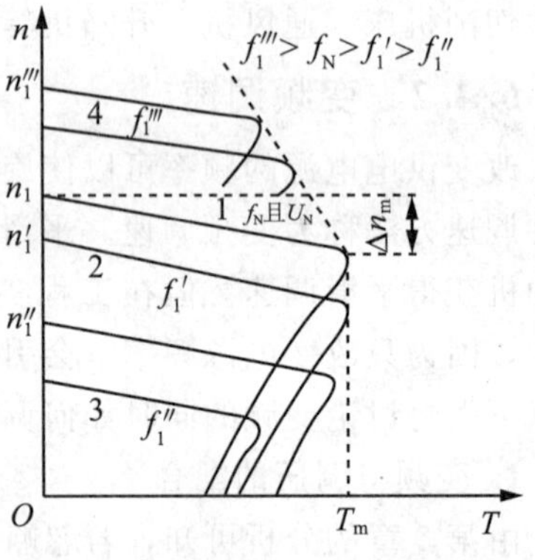

3. 变频调速时的允许输出

当从基频向下变频调速时，一般保持 $U_1/f_1 = $ 常数，使 Φ_1 基本恒定。下面来分析变频前后电磁转矩的变化情况。

图 6.25　异步电动机变频调速时的机械特性

为了充分合理地利用电动机，若调速过程中要求转子电流保持调速前的额定值不变，即 $I_2' = I_{2\mathrm{N}}'$，则有：

$$\frac{E_2'}{\sqrt{(R_2'/s)^2 + (2\pi f_1 L_2')^2}} = \frac{E_{2\mathrm{N}}'}{\sqrt{(R_2'/s_{\mathrm{N}})^2 + (2\pi f_{\mathrm{N}} L_2')^2}}$$

由于 $E_2' = K f_1$，$E_{2\mathrm{N}}' = K f_{\mathrm{N}}$（$K$ 为常数），因此由上式可得：

$$\frac{K}{\sqrt{(R_2'/s f_1)^2 + (2\pi L_2')^2}} = \frac{K}{\sqrt{(R_2'/s_{\mathrm{N}} f_{\mathrm{N}})^2 + (2\pi L_2')^2}}$$

故：

$$sf_1 = s_N f_N \tag{6-24}$$

据此结论又可知：

$$\cos \varphi_2 = \frac{R_2}{\sqrt{R_2^2 + (2\pi s f_1 L_2')^2}} = \frac{K}{\sqrt{R_2^2 + (2\pi s_N f_N R_2')}} = \cos \varphi_{2N} \tag{6-25}$$

即变频后与变频前转子电路的功率因数相等。

根据以上分析结果，由电磁转矩的物理表达式 $T = C_T \Phi_1 I_2' \cos \varphi_{2N}$ 可知变频调速前后的电磁转矩相等，所以基频以下的变频调速为恒转矩调速方式，适宜带恒转矩负载。

从基频向上变频调速时，保持电压 U_1 不变，调速过程中随着频率 f_1 的升高，主磁通 Φ_1 减小，导致电磁转矩减小，下面讨论调速过程中电磁功率的变化情况。

根据式(5-50)可知：

$$P = T\Omega_1 = \frac{m_1 U_1^2 (R_2'/s)}{[R_1 + (R_2'/s)]^2 + (X_1 + X_2')^2} \approx \frac{m_1 U_1^2}{R_2'} s \tag{6-26}$$

上式中，由于电动机正常运行时 s 很小，R_2'/s 相对较大，因此忽略了 R_1 和 $(X_1 + X_2')$。

向上变频调速时，由于 U_1 不变，s 变化很小，因此由上式结果可知电磁功率 P 近似不变。由此可见，基频以上的变频调速为近似恒功率调速方式，适宜带恒功率负载。

三相异步电动机变频调速有以下几个特点：

(1) 从额定频率(基频)向下调速，为恒转矩调速性质(也可进行恒功率调速)；从额定频率往上调速。为近似恒功率调速性质；

(2) 频率可连续调节，故变频调速为无级调速；

(3) 机械特性硬，调速范围大，转速稳定性好。

4. 变频电源简介

变频调速是以变频器向交流电动机供电并构成调速系统。变频器是把固定电压、固定频率的交流电变换成可调电压、可调频率的交流电的变换器。变换过程中没有中间直流环节的，称为交—交变频器，有中间直流环节的称为交—直—交变频器。

交—交变频器是将普通恒压恒频的三相交流电通过电力变流器直接转换为可调压调频的三相交流电源，故又称为直接交流变频器。其结构如图 6.26 所示。

交—直—交变频器，是先将三相工频电源经整流器整流成直流，再用逆变器将直流变为调频调压的三相交流电。其结构如图 6.27 所示。

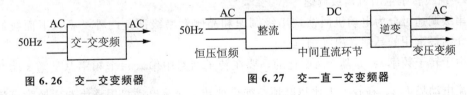

图 6.26　交—交变频器　　　　图 6.27　交—直—交变频器

6.4.3　变转差率调速

变转差率调速方法很多，有绕线转子异步电动机转子串电阻调速、转子串附加电动势(串级)调速、定子调压调速等。变转差率调速的特点是电动机同步转速保持不变。

1. 绕线转子电动机的转子串接电阻调速

绕线转子电动机的转子回路串接对称电阻时的机械特性如图 6.28 所示。

从机械特性上看，转子串入附加电阻时，n_1、T_m 不变，但 s_m 增大，特性斜率增大。

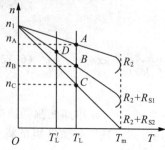

图 6.28　绕线转子异步电动机的转子串电阻调速

当负载转矩一定时，工作点的转差率随转子串联电阻的增大而增大，电动机的转速随转子串联电阻的增大而减小。

这种调速方法的优点是：设备简单、易于实现。缺点是：调速是有级的，不平滑；低速时转差率较大，造成转子铜损耗增大，运行效率降低，机械特性变软，当负载转矩波动时将引起较大的转速变化，所以低速时静差率较大。

这种调速方法多应用在起重机一类对调速性能要求不高的恒转矩负载上。

因为转子串接电阻时，最大转矩 T_m 不变，所以，由实用机械特性简化的表达式(5-57)可得：

$$\frac{s_m}{s}T = 2T_m = 常数 \tag{6-27}$$

设 s_m、s、T 为转子串接电阻前的量，s_m'、s'、T' 为串入电阻 R_s 后的量，由式(6-28)：

$$\frac{s_m}{s}T = \frac{s_m'}{s'}T' \tag{6-28}$$

又因为临界转差率与转子电阻成正比，故：

$$\frac{R_2}{s}T = \frac{R_2 + R_s}{s'}T' \tag{6-29}$$

于是转子串接的附加电阻为：

$$R_s = \left(\frac{s'T}{sT'} - 1\right)R_2 \tag{6-30}$$

当负载转矩保持不变，即恒转矩调速时，$T = T'$（如图 6.28 中 A、B 两点），则：

$$R_s = \left(\frac{s'}{s} - 1\right)R_2 \tag{6-31}$$

如果调速时负载转矩发生了变化（如图 6.28 中 A、D 两点），则必须用式(6-30)来计算串接的电阻值。

2. 绕线转子电动机串级调速

串级调速可分为电动机回馈式串级调速和晶闸管串级调速两种类型，下面我们只简单介绍最常用的晶闸管串级调速。

由于转子频率 sf_1 是随 s 而变化的，要在转子回路中串入一个频率总是随 s 而变化的交流电动势 $\dot{E}_{ad}$，在技术上比较麻烦。如果把转子交流电动势用整流器变换为直流电动势，然后在直流回路中串入一个与整流后的转子电动势极性相反的直流附加电动势，这样就避免了随时改变附加电动势频率的麻烦。次同步串级调速就是采用这种办法实现的。

次同步串级调速应用最多的是晶闸管串级调速，如图 6.29 所示。图中 UR 是转子整流器，它把转子三相交流电动势整流为直流电动势 U_d，经电感 L_d 滤波后送给晶闸管逆变器 UI。如果不计转子铜损耗和整流器的损耗，则转子整流器输出的功率 $U_d I_d$ 就是

电动机的转差功率。晶闸管逆变器的作用
是把转子整流器输出的转差功率（直流）转
换成与电网同频率的交流功率回馈电网。
为了使逆变器输出的交流电压与电网电压
一致，在逆变器交流侧与电网之间接入一
个变压器 T，称为逆变变压器。

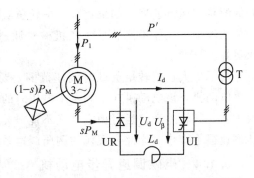

　　逆变器直流侧电压 U_β 称为逆变电压，
它与转子整流电压极性相反，相当于在转
子回路中串入与转子电动势相位相反的附
加电动势，并且 U_β 与 I_d 方向相反，所以逆

图 6.29　晶闸管次同步串级调速原理示意图

变器直流侧吸收转差功率。U_β 可以通过逆变器晶闸管门极触发信号来控制。当 $U_\beta = 0$
时，相当于异步电动机转子短路，电动机基本上在固有机械特性上运行。增大 U_β 时，
逆变器吸收的转差功率增大，n 降低。改变逆变角 β 就可以改变 U_β 的数值，从而实现
异步电动机的串级调速。

　　图 6.29 还表明转子转差功率的转换过程。图中 P_1 为异步电动机的输入功率，若忽
略电动机 M 的空载损耗 $P_0 = P_{mec} + P_{ad}$，$(1-s)P_M$ 为输出给负载的机械功率，sP_M 为
转子转差功率，P' 为反馈至电网的功率；若忽略转子绕组的铜损耗 P_{Cu2} 和整流、逆变
及变压过程中的损耗，则 $P' = sP_M$。可见转差功率 sP_M 没有被消耗，而是被完全吸收后
反馈回电网，从而提高了效率。

　　晶闸管串级调速具有机械特性硬，调速范围大，平滑性好，效率高，便于向大容
量发展等优点，但是获得逆变电压 U_β（转子的附加电动势）的装置比较复杂，成本较高，
在低速时电动机的过载能力较低。功率因数较低，但采用电容补偿等措施，可使功率因
数有所提高。晶闸管串级调速的应用范围很广，既可适用于通风机型负载，也可适
用于恒转矩负载。

3. 改变定子电压调速

　　改变异步电动机定子电压时的机械特性如图 6.30 所示。在不同定子电压下，电动
机的同步转速 n_1 是不变的，临界转差率 s_m 或 n_m 也保持不变，随着电压的降低，电动机
的最大转矩按平方比例下降。

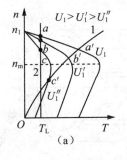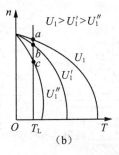

图 6.30　改变定子电压调速机械特性

　　如果负载为通风机负载，其特性如图 6.30(a) 中曲线 1 所示。改变电压，可以获得

较低的稳定运行速度。如果负载为恒转负载，其特性如图 6.30(a)中曲线 2 所示。其调速范围较窄，往往不能满足生产机械对调速的要求，所以调压调速用于通风机负载效果更好。

为了扩大在恒转矩负载时调速范围，要采用转子电阻较大，机械特性较软的高转差率电动机，该电动机在不同定子电压时的机械特性如图 6.30(b)所示。显然，机械特性太软，其转差率、运行稳定性又不能满足生产工艺的要求，所以，单纯改变定子电压调速很不理想。为此，现代的调压调速系统通常采用了测速反馈的闭环控制。

6.4.4 电磁调速异步电动机

1. 电磁转差离合器调速原理

异步电动机除了以上讲述的几种调速方法以外，还可以在异步电动机与机械负载之间加入一个电磁转差离合器，用它来改变机械负载的转速。这种调速方法的原理结构如图 6.31 所示。它包括笼型异步电动机、电磁转差离合器和晶闸管整流电源等三个主要部分。通常把电磁转差离合器和笼型异步电动机装在一起，构成一台可以无级调速的电动机，称为电磁调速电动机。

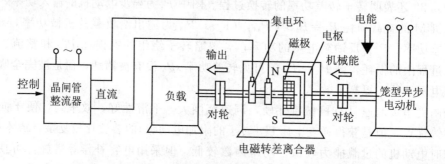

图 6.31　电磁转差离合器调速原理示意图

电磁转差离合器由电枢和磁极两部分组成，它们之间没有机械联系，能自由旋转。电枢与笼型异步电动机同轴连接，由电动机带动旋转，称为主动部分；磁极则与生产机械相连接，称为从动部分。电枢一般用整块铸钢加工而成，形状如同一个杯子，上面没有绕组。磁极则由铁芯和绕组两部分组成，其结构如图 6.32(a)所示。绕组由可控整流电源供电。

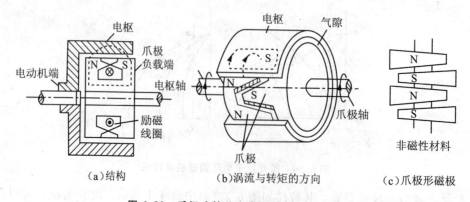

（a）结构　　　　　（b）涡流与转矩的方向　　　　　（c）爪极形磁极

图 6.32　爪极式转差率离合器结构示意图

当电动机带动杯形电枢旋转时，电枢就会因切割磁力线而感应出涡流来。图 6.32 中涡流的方向可由右手定则确定，如虚线所示。这涡流与磁极磁场作用产生电磁力，根据左手定则可知，此电磁力所形成的转矩将使磁极跟着电枢同方向旋转，从而也带动了工作机械旋转。

由于异步电动机的固有机械特性很硬，可以认为电枢的转速是近似不变的，而磁极的转速则由磁极磁场的强弱而定。如果负载为恒转矩，在磁场强（即励磁电流大）时，磁极与电枢之间只要有较小的转差率，就能产生足够大的涡流转矩来带动负载，所以转速高。磁场弱（即励磁电流小）时，必须有较大的转差率才能感应出能带动负载的涡流转矩，即得到低转速。因此，改变励磁电流的大小可达到调速的目的。

如果励磁电流为零，磁极不能带动负载，相当于被"离开"；加上励磁电流负载就能被带动，相当于被"合上"，因此取名为离合器。又由于它是根据电磁感应原理，并必须有转差率才能产生涡流转矩带动负载工作，所以全称为"电磁转差离合器"。

电磁转差离合器的结构形式有好几种，目前应用较多的是磁极为爪极的一种。爪极有两个对应的部分，互相交叉地安装在从动轴上，其间用非磁性材料连接，如图 6.32(c)所示。励磁绕组是与转轴同心的环形绕组。当励磁绕组中有电流流通时，磁通将由左端爪极经过气隙进入电枢，再由电枢经气隙回到右端爪极，形成回路。这样，所有的左端爪极都是 N 极；右端爪极都是 S 极。由于爪极与电枢之间的气隙远小于左、右端两爪极之间的气隙，因此 N 极与 S 极之间不会形成磁短路。

2. 电磁转差离合器的机械特性

电磁转差离合器调速时，由于笼型异步电动机的转速变化不大，所以机械特性主要是电磁转差离合器本身的机械特相似。电磁转差离合器在工作原理上与异步电动机相似，所以当改变励磁绕组的励磁电流时，其机械特性与高转差率笼型异步电动机相似。图 6.33 是电磁转差离合器调速时在不同励磁电流下的机械特性。由图可以看出，理想空载转速 n_0 不变。随着转矩的增大，转速下降较多，是较软的机械特性。励磁电流越小，机械特性越软。

上述机械特性不能用于要求转速稳定的生产机械上。为了改善机械特性，可采用转速闭环控制。采用转速闭环控制后，其机械特性如图 6.34 所示，依靠转速反馈控制的作用，使转差离合器在负载转矩增加时引起的转速降低由增加励磁电流来补偿，从而使转速稳定。

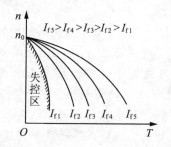
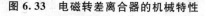
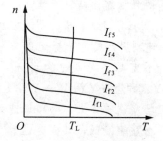

图 6.33　电磁转差离合器的机械特性　　图 6.34　采用转速闭环控制后的机械特性

由于有剩磁转矩以及轴承摩擦转矩的影响，当负载转矩较小（$T_L < 0.1T_N$）时，有

一失控区，如图 6.33 阴影部分所示。

电磁调速异步电动机的优点是结构简单、运行可靠、维修方便、调速范围广，且调速平滑，可实现无级调速。缺点是涡流损耗大，效率较低。

电磁调速异步电动机广泛应用于纺织、印染、造纸、船舶、冶金和电力等工业部门的许多生产机械中。

本 章 小 结

1. 三相异步电动机的机械特性是指电动机的转速 n 与电磁转矩 T 之间的关系。由于转速 n 与转差率 s 有一定的对应关系，所以机械特性也常用 $T = f(s)$ 的形式表示。由电动机本身固有参数所决定的机械特性就是固有机械特性，而人为地改变异步电动机的参数所得到的机械特性就是人为机械特性。

2. 三相异步电动机全压启动时，其启动电流很大，启动转矩却不很大。小容量的三相异步电动可采用全压启动，容量较大的笼型电动机可以采用降压启动。常用定子串电阻或电抗、自耦变压器、Y/△等降压启动方法，但降压启动后，启动转矩与电压平方成比例地下降，因此降压启动一般适用于轻载启动。降压启动的软启动方法，使启动时无启动电流冲击，启动平稳。如果希望笼型电动机启动时既减小启动电流，又增大启动转矩，且启动平滑，则应采用特殊的深槽式或双笼型异步电动机。对绕线转子异步电动机，有转子串电阻和串频敏变阻器两种启动方法。启动时，启动电阻最大，限制了启动电流并增大了启动转矩，改善了启动性能。但后者比前者启动平滑。

3. 三相异步电动机的制动有三种：能耗制动、反接制动和回馈制动。能耗制动具有制动平稳、能实现准确、快速停车，且不会出现反向启动等特点。除了直流励磁使用少量电能外，不需要电网供电，但直流励磁需要专用的整流设备；反接制动的特点是 $s > 1$，制动比较迅速，效果好，但制动的经济性较差，从电网吸收的电能以及由电动机的机械能转换来的电能全都消耗在转子电路的电阻上；回馈制动不需要改变电动机的接线和参数，在制动过程中，$s < 0$，把电动机的机械能转换成电能回馈给电网，所以制动既简便又经济，而且可靠性高。

4. 三相异步电动机的调速方法有变极调速、变频调速和改变转差率调速。变极调速利用换接定子绕组的方法来实现，其调速范围小，且为有级调速，常用于不需要平滑调速的场合。变极调速时的定子绕组连接方式有两种：Y—YY、和△—YY。Y—YY其中连接方式属于恒转矩调速方式，△—YY属于恒功率调速方式。变频调速的调速范围广，可实现无级调速，电动机效率也不会显著降低，其调速性能可与直流电动机相媲美，广泛用于调速要求较高的电力拖动系统。改变转差率调速有三种方法：其一是转子电路串电阻调速，虽然调速范围不大，且效率很低，但由于实现方法简单，控制方便，多用于桥式起重机；其二是串级调速，其晶闸管串级调速效率高，平滑性好，调速范围大，但功率因数低，最适用于通风机型负载；其三是改变定子电压调速，若采用晶闸管调压调速系统，则机械特性硬，调速范围大，平滑性好，且控制方便，但低速运行时发热严重，效率较低，应用也较多。

>>> **思考题与习题**

6.1　三相异步电动机的机械特性，当 $0<s<s_m$ 时，电磁转矩 T 随增加而增大，$s_m<s<1$ 是电磁转矩随 s 增加而减小，为什么？

6.2　什么是三相异步电动机的固有机械特性和人为机械特性？

6.3　三相笼型异步电动机的几种降压启动方法各适用于什么情况下？绕线转子异步电动机为何不采用降压启动？

6.4　绕线转子异步电动机串适当的启动电阻后，为什么既能减少启动电流，又能增大启动转矩？如把电阻改为电抗，其结果又将怎样？

6.5　一台三相笼型异步电动机的铭牌上标明：定子绕组接法为 Y/△，额定电压为 380/220 V，则当三相交流电源为 380 V 时，能否进行 Y/△减压启动？为什么？

6.6　深槽式和双笼型电动机为什么能改善启动性能？

6.7　为什么说绕线转子异步电动机转子串频敏变阻器启动比串电阻启动效果更好？

6.8　三相异步电动机，当降低定子电压、转子串接对称电阻时的人为机械特性各有什么特点？

6.9　三相异步电动机能耗制动时的制动转矩大小与哪些因素有关？

6.10　三相绕线转子异步电动机反接制动时，为什么要在转子电路中串入比启动电阻还要大的电阻？

6.11　三相异步电动机的怎样实现变极调速？变极调速时为什么要改变定子电源的相序？

6.12　变极调速时，改变定子绕组的接线方式有何不同，其共同点是什么？

6.13　三相异步电动机变频调速时，其机械特性有何变化？

6.14　电梯电动机变极调速和车床切削电动机的变极调速，定子绕组应采用什么样的改接方法？为什么？

6.15　一台三相笼型异步电动机的数据为：$U_N=380V$，△形连接，$I_N=20A$，$k_i=7$，$k_{st}=1.4$，求(1)如用 Y—△降压启动，启动电流为多少？能否半载启动？(2)如用自耦变压器在半载下启动？启动电流为多少？试选择抽头比。

6.16　一台三相绕线转子异步电动机，$P_N=11kW$，$n_N=750r/min$，$E_{2N}=160V$，$I_{2N}=50A$，启动时的最大转矩与额定转矩之比：$T_m/T_N=1.8$，负载转矩 $T_L=98N\cdot m$，求三级启动时的每级启动电阻。

6.17　一台三相笼型异步电动机的数据为：$P_N=75kW$，$n_N=1460r/min$，$E_{2N}=399V$，$I_{2N}=116A$，$U_{1N}=380V$，$I_{1N}=144A$，$\lambda_m=2.8$，负载转矩 $T_L=0.8T_N$，如果要求电动机的转速为 $500r/min$，求转子每相应串入的电阻值。

6.18　一台三相笼型异步电动机的数据为：$P_N=55kW$，$k_i=7$，$k_{st}=2$，定子绕组为 △形连接，如满载启动，试问可以采用哪些降压启动方法，通过计算来说明。

实验6 三相异步电动机的启动、调速和制动

一、实验目的

1. 学习并掌握三相笼型异步电动机常用的几种启动方法。

2. 熟悉异步电动机的调速原理和调速方法。

3. 掌握异步电动机能耗制动的方法。

二、实验项目

1. 三相笼型异步电动机的启动。

2. 绕线转子异步电动机的启动。

3. 异步电动机的调速。

4. 异步电动机的能耗制动。

三、预习要点

1. 为什么笼型异步电动机降压启动不适用于重载启动？

2. 绕线转子异步电动机所串电阻的大小对启动转矩有什么影响？

3. 异步电动机的调速原理。

4. 异步电动机的能耗制动原理。

四、实验原理

1. 三相异步电动机的启动

三相异步电动机的启动有直接启动和降压启动。直接启动的启动电流可达额定电流的(4～7)倍，为了减小启动电流，我们采用降压启动。降压启动分为三种：(1)Y—△启动，电动机的每相电压降至额定电压的$1/\sqrt{3}$倍；启动电流和启动转矩均减至直接启动(定子绕组接成△形时)的1/3倍。(2)自耦变压器启动，一般专作启动用的自耦变压器均备有两种抽头，其电压分别为额定电压的65％和85％，可视具体情况选用。(3)串电阻启动，它既可降低启动电流，同时又可增大启动转矩。

2. 三相异步电动机的调速

三相异步电动机的调速方法有三种：(1)变极调速，只适用于定子绕组经特定设计的双速或多速笼型异步电动机。对双速电动机，一种为星形改接为双星形适用于恒转矩负载；另一种为三角形改接为双星形适用于恒为率负载。一般对倍极比变速，绕组的相序将发生变化为保持原转向不变，需对调两相电源接线。变极调速平滑性差，稳定性较好。(2)变频调速，需一套变频电源。如选择恒转矩调速，保持电压和频率比不变。变频调速性能较好，调速范围大，平滑性好，投资较高。(3)变滑差调速，绕线转子异步电动机转子回路串电阻后改变了电动机的机械特性。转子串接的电阻越大，特性越软。此种方法调速范围不大，属恒转矩调速。

3. 三相异步电动机的制动

三相异步电动机的制动方法有三种：(1)反接制动，是依靠改变电动机定子绕组中任意两相与电源接线的相序，从而使转子导体受的电磁转矩方向与转子旋转方向相反，则转子转速很快下降到零，到零时，立即切断电源。反接制动对电动机的冲击力大，不易准确停车，一般只适用于小型异步电动机中。(2)回馈制动，若异步电动机在电动状态下运行时，由于外力的作用(例如起重机下放重物时)，使电动机的转速超过了同步转速(转向不变)，这时电磁转矩方向与转子旋转的方向相反，变为制动转矩。因此电动机此时机械功率转变成电功率输送给电网。(3)能耗制动，当异步电动机脱离三相

交流电源后，立即在定子任意两相绕组中通入直流电流，则该电流在气隙中形成一个恒定磁场。由于惯性的作用，这时转子仍在转动，其上的导体切割恒定磁场，从而产生感应电流，感应电流产生的磁场与恒定磁场相互作用，便产生一个制动性质的电磁转矩，使电机迅速停转。当绕组中通入的直流电流越大时，电机产生的制动转矩也越大，从而制动效果越明显。实验过程中，应注意观察定子绕组中直流电流的大小改变时，对电机制动效果的影响。

五、实验步骤与方法

1. 直接启动

按图 6.35 接线。合上开关 Q_1，读取瞬时启动电流数值，记录于表 6.1 中。

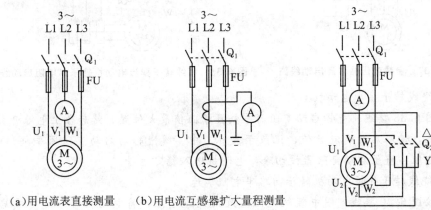

(a)用电流表直接测量　　(b)用电流互感器扩大量程测量

图 6.35　直接启动接线图　　　　**图 6.36　Y—△启动接线图**

2. Y—△启动

按图 6.36 接线。先闭合电源开关 Q_1，然后将调压器输出电压调至电机额定电压（△形接法时），再将开关 Q_2 合至"Y"位(则电动机接成 Y 形启动)，同时观察启动瞬间启动电流的大小并记录于表 6.1 中。待电机转速升至将近额定值时，将开关 Q_2 迅速由"Y"合向"△"位，使电机正常运行。

表 6.1　各种启动方法时的数据

启动方法	启动数据		U_{st}/V	I_{st}/V	启动电流倍数 (I_{st}/I_N)
笼型异步电动机	直接启动				
	Y—△启动				
	自耦变压器启动				
绕线转子异步电动机	转子串电阻启动	$R_{st}=R_{stm}$			
		R_{st}			
		R_{st}			

3. 自耦变压器启动

按图 6.37 接线。先合上电源开关 Q_2，再合上开关 Q_1(则电动机降压启动)，同时观察启动电流大小并记录于表 6.1 中。迅速将 Q_2 由 1 位合至 2 位，则电动机全压正常运行。

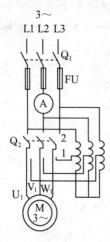

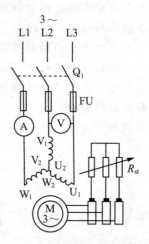

图 6.37　自耦变压器降压启动线路　　**图 6.38　绕线转子异步电动机转子串电阻启动线路**

4. 绕线转子异步电动机启动

按图 6.38 接线。先将启动变阻器手柄置于阻值最大位置。然后合上电源开关 Q_1 启动电动机，读取启动电流数值，记录于表 6.1 中。缓慢转动启动变阻器手柄，逐渐减小启动电阻，直至启动变阻器被切除，电动机进入稳定运行。

5. 绕线转子异步电动机转子回路串电阻调速

仍按图 6.40 接线，图中频敏变阻器改用调速电阻，将电动机带一定负载启动后，改变转子电阻，观察转速变化，然后置变阻器手柄于 2~3 个位置，如 1/4、1/2、1 调速电阻，分别测出各位置时变阻器的电阻值及相应的电动机转速，并做记录。

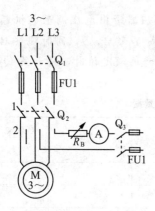

图 6.39　三相异步电动机的能耗制动

6. 能耗制动

按图 6.39 接线。先将制动电阻 R_B 调至最大值。合上开关 Q_3，然后将 Q_2 合至 2 位，观察并记录此时定子绕组中直流电流 I_B 的数值，记示于表 6.2 中，然后将开关 Q_2 由 2 位合至 1 位，合上 Q_1，则电动机通电旋转。待电动机转速稳定后，迅速将开关 Q_2 由 1 位合至 2 位(这时电动机开始进行能耗制动)，记录此制动过程的制动时间填表于表 6.2 中。电动机停转后按下开关 Q_1。依照此方法，调节电阻 R_B 使 $I_B = 0.7I_N$ 和 $I_B = I_N$ 并记录制动时间填表于表 6.2 中。

表 6.2　能耗制动方法时的数据

I_B	I_{B1}(R_B调最大值)	$I_{B2} = 0.7I_N$	$I_{B3} = I_N$	自由停车
制动时间				

六、实验设备

根据实验线路及实验室设备条件，正确选用实验设备及仪器，并做记录。

七、实验报告

1. 根据实际操作，简要写现实验步骤。

2. 比较异步电动机三种启动方法的优缺点。

3. 对绕线转子异步电动机串电阻调速进行分析。

4. 根据所测实验数据，比较电动机自然停车及能耗制动停车的快慢，并分析原因。

第7章 其他电动机

>>> **本章概述**

1. 单相异步电动机的结构、工作原理、启动、反转、调速以及在实际中的应用。

2. 三相同步电动机的结构、工作原理、启动方法、励磁方式、运行特性、电动势平衡方程式及相量图等。

>>> **学习目标**

1. 知道单相异步电动机的结构与工作原理。

2. 掌握单相异步电动机的启动、反转及调速方法。

3. 理解单相异步电动机在实际中的应用。

4. 知道三相同步电动机的结构和基本工作原理。

5. 掌握三相同步电动机的运行特性和启动方法。

7.1 单相异步电动机

单相异步电动机是利用 220V 单相交流电源供电的一种小容量交流电动机，功率一般在 8～750W 之间。单相异步电动机具有结构简单，成本低廉，使用维修方便等特点，被广泛应用于如冰箱、电扇、洗衣机等家用电器及医疗器械中。但与同容量的三相异步电动机相比，单相异步电动机的体积较大、运行性能较差、效率较低。

7.1.1 单相异步电动机的工作原理

1. 单相异步电动机的结构

单相异步电动机在结构上与三相笼型异步电动机类似，转子绕组也为一笼型转子。定子上有一个单相工作绕组和一个启动绕组，为了能产生旋转磁场，在启动绕组中还串联了一个电容器，其结构如图 7.1 所示。

图 7.1 单相异步电动机结构示意图

2. 工作原理

在单相异步电动机的定子绕组通入单相交流电，电动机内产生一个大小及方向随时间沿定子绕组轴线方向变化的磁场，称为脉动磁场，如图 7.2 所示。

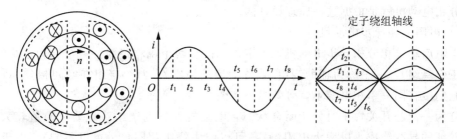

图 7.2　单相脉动磁场

由于单相异步电动机绕组通入单相交变电流，若电动机定子铁芯只具有单相绕组，故产生的磁通是交变脉动磁通，它的轴线在空间上是固定不变的。这种磁通不可能使转子启动旋转，必须采取另外的启动措施。为了说明这个问题，首先分析脉动磁场的特点。

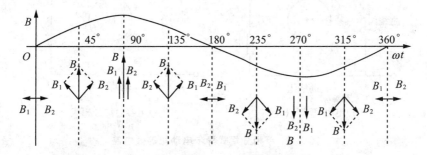

图 7.3　脉动磁场的分解

随时间变化的脉动磁场可以分解为两个大小相等、转速相同、方向相反的旋转磁场 B_1、B_2，如图 7.3 所示。顺时针方向转动的旋转磁场 B_1 对转子产生顺时针方向的电磁转矩；逆时针方向转动的旋转磁场 B_2 对转子产生逆时针方向的电磁转矩。由于在任何时刻这两个电磁转矩都大小相等、方向相反，所以电动机转子的合力为零，转子是不会转动的，也就是说单相异步电动机的启动转矩为零。如果用外力使转子顺时针转动一下，这时顺时针方向转矩大于逆时针方向转矩，转子就会按顺时针方向不停地旋转。当然，反方向旋转也是如此。

通过上述分析可知，单相异步电动机虽无启动转矩，却有运行转矩，其转动的关键是能产生一个启动转矩。只要能产生启动转矩，就能带负载运行。不同类型的单相异步电动机产生启动转矩的方法也不同，以下分别介绍分相式单相异步机和罩极式异步电动机。

7.1.2　单相异步电动机的分类和启动方法

如果在单相异步电动机定子上安放具有空间相位相差 $90°$ 的两套绕组然后通入相位相差 $90°$ 的正弦交流电，那么就能产生一个像三相异步电动机一样的旋转磁场，实现自行启动。根据获得旋转磁场的方式，可以将单相异步电动机分为以下几种主要类型。

1. 单相分相式异步电动机

只要在空间不同相的绕组中通以时间不同相的电流，其合成磁场就是一个旋转磁场，分相电动机就是根据这一原理设计的。

（1）电阻分相异步电动机。

电阻启动单相分相异步电动机，在定子上嵌有两个单相绕组，一个称为主绕组（或称为工作绕组），一个称为辅助绕组（或称为启动绕组）。两个绕组在空间相差 90°电角度，它们接在同一单相电源上，等效电路如图 7.4(a)所示。

Q 为一离心开关，平时处于闭合状态。电动机的辅助绕组一般要求阻值较大，因此用较细的导线绕成，以增大电阻（匝数可以与主绕组相同，也可以不同）。由于主绕组和辅助绕组的阻抗不同，流过两个绕组的电流的相位也不同，一般使辅助绕组中的电流领先于主绕组中的电流，形成了一个两相电流系统，这样就在电动机中形成旋转磁场，从而产生启动转矩。

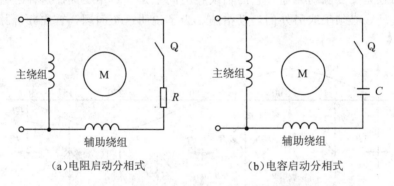

（a）电阻启动分相式　　　　　　　　（b）电容启动分相式

图 7.4　单相分相式异步电动机等效电路

通常辅助绕组是按短时运行设计的，为了避免辅助绕组长期工作而过热，在启动后，当电动机转速达到一定数值时，离心开关 Q 自动断开，把辅助绕组从电源切断。由于主、辅绕组的阻抗都是感性的，因此两相电流的相位差不可能很大，更不可能达到 90°，由此而产生的旋转磁场椭圆度较大，所以产生的启动转矩较小，启动电流较大。

电阻启动单相分相异步电动机一般用于小型鼓风机、研磨搅拌机、小型钻床、医疗器械、电冰箱等设备中。其特点是启动结束后，辅助绕组（启动绕组）被自动切断。

（2）电容分相式电动机。

在结构上，电容启动单相分相电动机和电阻启动单相分相异步电动机相似，只是在辅助绕组中串入一个电容，如图 7.4(b)所示。

当电动机静止不动或转速较低时，装在电动机后端盖上的离心开关 Q 处于闭合状态，因而辅助绕组连同电容器与电源接通。当电动机启动完毕后，转速接近同步转速的 75%～80%时，由于离心力的作用，自动将开关 Q 切断，此时切断辅助绕组电路，电动机便作为单相电动机稳定运转。同理，这种电动机的辅助绕组也只是在启动过程中短时间工作，因此导线选择得也较细。

电容启动单相分相电动机一般用于小型水泵、冷冻机、压缩机、电冰箱、洗衣机等设备中。

2. 单相电容式异步电动机

如果将上述电动机的辅助绕组由原来较细的导线改为较粗的导线串联，并使辅助绕组不仅产生启动转矩，而且参加运行，运行时在辅助绕组电路中的电容器仍与电路接通，保持启动时产生的两相交流电和旋转磁场的特性，即保持一台两相异步电动机的运行，这样不仅可以得到较大的转矩，而且电动机的功率因数、效率、过载能力都比普通单相电动机要高，如图 7.5(a)所示。这种带电容器运行的电动机，称为单相电容式异步电动机，或称单相电容运转电动机。

为了提高电容式电动机的功率因数和改善启动性能，电容式电动机常备有两个容量不同的电容器，如图 7.5(b)所示。在启动时，并联一个容量较大的启动电容器 C_1。启动完毕，离心开关自动断开，使启动电容器 C_1 脱离电源，而辅助绕组与容量较小的电容器 C_2 仍串联在电路中参与正常运行。电容式电动机电容的容量比电容分相电动机的容量要小，启动转矩也小，因此启动性能不如电容分相电动机。

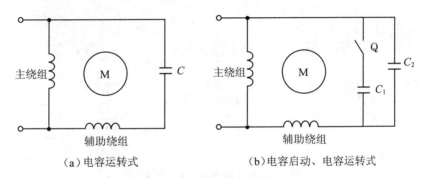

（a）电容运转式　　　　　　（b）电容启动、电容运转式

图 7.5　单相电容式异步电动机等效电路

3. 单相凸极罩极式异步电动机

单相罩极式异步电动机按磁极形式的不同，其结构可分为凸极式和隐极式两种。凸极式结构应用较广。

凸极式罩极电动机的定子、转子铁芯用厚度为 0.5mm 的硅钢片叠成，定子做成凸极铁芯，组成磁极，在每个磁极 1/3～1/4 处开一个小槽，将磁极表面分为两块，在较小的一块磁极上套入短路铜环，套有短路铜环的磁极称为罩极。整个磁极上绕有单相绕组，它的转子仍为笼形，其结构示意图如图 7.6 所示，其等效电路如图 7.7 所示。

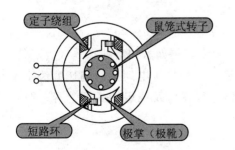　

图 7.6　凸极式罩极电动机结构　**图 7.7　单相凸极罩极式异步电动机等效电路**

当绕组中通以单相交流电时，产生一脉振磁通，一部分通过磁极的未罩部分，另

一部分通过短路环。后者在短路环中感生电动势，并产生电流。根据楞次定律，电流的作用总是阻止磁通变化。在绕组电流 i 从 0 向上增加到 a 这段时间内，如图 7.8(a) 所示。由于 i 及磁通 Φ 上升得较快，在短路铜环中感应出较大的电流 i_k，其方向与 i 的方向相反，以阻碍短路铜环中磁通的增加；罩极部分的磁通密度小于未罩部分的磁通密度，因此，整个磁极的磁场中心线偏向未罩部分的磁极。

在绕组电流 i 从 a 点向上升到 b 点这段时间内，如图 7.8(b) 所示。由于 i 的变化率很小，在短路铜环中感应出的电流 i_k 便接近于 0，整个磁极的磁力线接近均匀分布，磁极的磁场中心线位于磁极的中心。

在绕组电流 i 从 b 点下降到零这段时间内，如图 7.8(c) 所示。由于 i 及 Φ 的数值减小得较快，在短路铜环中感应出较大的电流，其方向与 i 的方向相同，因而罩极部分的磁通密度较大，这样，整个磁极的磁场中心线偏向罩极部分。

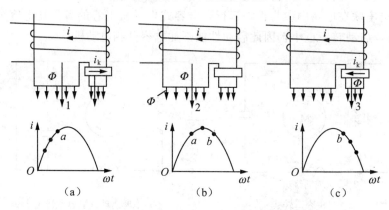

图 7.8　罩极式电动机的工作原理

由此可见，随着电流 i 的变化，磁场的中心线从磁极的未罩部分移向被罩部分，使通过短路环部分的磁通与通过磁极未罩部分的磁通在时间上不同相，并且总要滞后一个角度。于是就会在电动机内产生一个类似于旋转磁场的"扫动磁场"，扫动的方向由磁极未罩部分向着短路环方向。这种扫动磁场实质上是一种椭圆度很大的旋转磁场，从而使电动机获得一定的启动转矩。

单相罩极式异步电动机的主要优点是结构简单、成本低、维护方便。但启动性能和运行性能较差，所以主要用于小功率电动机的空载启动场合，如电风扇、录音机和电唱机等。

7.1.3　单相异步电动机的调速

单相异步电动机在很多时候有不同的转速要求，例如家用落地扇一般有三挡风速，吊扇一般有五挡转速，家用空调也有多种风速。单相异步电动机的调速方法主要有变频调速、串电抗器调速、晶闸管调压调速、传电容器以及绕组抽头调速等。在日常生活中，串电抗器调速和抽头法调速最为常见。

1. 串电抗器调速

在电动机的电源线路中串入起分压作用的电抗器，通过开关选择电抗器绕组的匝数来改变电抗值，从而改变电动机的电源电压，达到调速的目的。串电抗器调速的接线图如图 7.9 所示，串电抗器调速的优点是结构简单、调速方便，但消耗的材料较多，吊扇电动机常采用此方法调速。

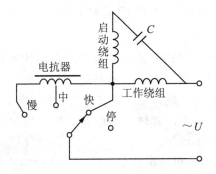

图 7.9 单相异步电动机串电抗器调速

2. 抽头法调速

在电动机定子铁芯的主绕组上多嵌放一个调速绕组，调速绕组与主绕组的连接方法如图 7.10 所示。由调速开关 Q 改变调速绕组串入主绕组支路的匝数，达到改变气隙磁场的目的，从而改变电动机的速度。绕组抽头调速法与串电抗器调速法相比较，节省材料、耗电少，但绕组嵌放和接线较复杂。

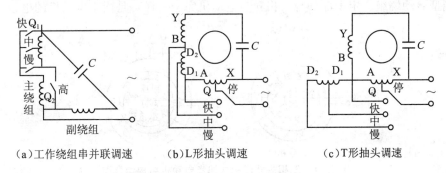

(a)工作绕组串并联调速　　　(b)L形抽头调速　　　(c)T形抽头调速

图 7.10 单相异步电动机抽头调速

以上的调速方法对于罩极式异步电动机也适用工业各个领域，例如，电风扇、洗衣机、电冰箱、吸尘器、电唱机、鼓风机，众多的医疗器械和自动控制系统等。

▶ 7.2 三相同步电动机

三相同步电动机是三相交流电动机的一种。它与异步电动机的根本区别是转子装有励磁绕组并可通入直流电流励磁或者是转子为永磁转子，因而转子具有确定的极性。由于定、转子磁场相对静止，气隙合成磁场恒定是所有旋转电机稳定实现机电能量转换的两个前提条件，因此，同步电机的运行特点是转子的旋转速度必须与定子磁场的旋转速度严格同步。

设产生定子侧旋转磁场的交流电流的频率为 f，电机的极对数为 p，则同步电机转速与电流频率 f 和极对数 p 的基本关系为：

$$n = 60f/p$$

我国规定交流电网的标准工作频率(简称工频)为 $50\mathrm{Hz}$,即同步转速与极对数成反比,最高为 $3000\mathrm{r/min}$,对应于 $p=1$。极对数越多,转速越低。

7.2.1 三相同步电动机的工作原理和结构

1. 三相同步电动机的结构

三相同步电动机有旋转电枢式和旋转磁极式两种结构形式。由于旋转磁极式具有转子质量小、制造工艺简单、通过电刷和滑环的电流小等优点,大中容量的同步电动机多采用旋转磁极式结构形式。旋转磁极式又分为隐极式和凸极式两种,如图 7.11 所示。隐极式多用于高转速的场合,其转子细而长,气隙均匀。凸极式多用于低转速的场合,其转子粗而短,气隙不均匀。

由图 7.11 可以看出,同步电动机的主要结构与其他旋转电机一样,由定子和转子两大部分组成。旋转磁极式同步电机的定子主要由机座、铁芯和定子绕组构成。为减小磁滞和涡流损耗,定子铁芯采用薄硅钢片叠装而成,定子铁芯的内表面嵌有存空间上对称的三相绕组。转子主要由转轴、滑环、铁芯和转子绕组构成。为兼顾导磁性能和机械强度的要求,转子铁芯常采用高强度合金钢锻制而成。转子铁芯上装有励磁绕组,其两个出线端与两个滑环分别相接。为便于启动,凸极式转子磁极的表面还装有用黄铜制成的导条,在磁极的两个端面分别用一个铜环将导条连接起来构成一个不完全的笼型启动绕组。定子部分与三相异步电动机完全一样,是同步电动机的电枢。

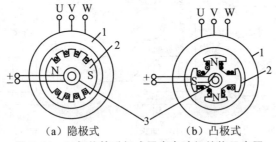

(a)隐极式　　　　　(b)凸极式

图 7.11　三相旋转磁极式同步电动机结构示意图

1—定子;2—转子;3—集电环

2. 工作原理

如图 7.12 所示。当三相交流电源加在三相同步电动机定子绕组时,将产生转速为 n_0 的旋转磁场。转子励磁绕组通入直流电产生与定子极数相同的恒定磁场,根据磁极异性相吸原理,转子磁场磁极与定子旋转磁场磁极之间将异性对齐(定子磁极 S、N 分别与转子磁极 N、S 对齐)。同步电动机就是靠定、转子之间异性磁极的吸引力由旋转磁场带动转子旋转的。同步电动机的工作原理就是旋转磁场以磁场力拖着旋转磁极(转子)共同以同步转速 n_0

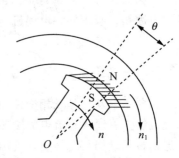

图 7.12　同步电动机工作原理示意图

旋转。在理想空载的情况下,定、转子磁极的轴线重合,带上一定负载时,气隙间的磁力线将被拉长,使定子磁极超前转子磁极一个 θ 角,如图 7.12 所示。这个 θ 角称为功角。在一定范围内,θ 角越大,磁力线拉得越长,电磁转距就越大。负载一定,若增大励磁电流，θ 角将减小。如果负载过重，θ 角过大，则磁力线会被拉断，同步电动机将会停止转动，这种现象称为同步电动机的"失步"。只要同步电动机的过载能力允许，采用强行励磁是克服同步电动机"失步"的有效方法。

7.2.2 同步电动机额定值及励磁方式

1. 额定值

额定值是电机制造厂家对电机正常工作所作的使用规定，也是设计和实验电机的依据。同步电动机的额定值主要有以下几个：

(1)额定功率 P_N。

额定功率 P_N 指电动机在额定状态下运行时，输出功率的保证值。同步电动机的额定功率一般用 kW 表示。

(2)额定电压 U_N。

额定电压 U_N 指电动机额定运行时三相定子绕组的线电压，单位为 V 或 kV。

(3)额定电流 I_N。

额定电流 I_N 指电动机额定运行时三相定子绕组的线电流，单位为 A 或 kA。

(4)额定功率因数 $\cos \varphi_N$。

额定功率因数 $\cos \varphi_N$ 指电动机额定运行时的功率因数。

(5)额定频率 f_N（Hz）。

我国标准工频为 50 Hz。

除以上额定值外，铭牌上还列出电动机额定效率 η_N、额定转速 n_N（r/min）、额定励磁电流 I_{fN}（A）、额定励磁电压 U_{fN}（V）。

2. 励磁方式

同步电动机运行时，必须在励磁绕组中通入直流电流，建立励磁磁场。相应地，将供给励磁电流的整个装置称为励磁系统。

励磁系统是同步电机的重要组成部分，并且可分为两大类。一类是采用直流发电机供给励磁电流；另一类则通过整流装置将交流电流变为直流电流以满足需要。

(1)直流发电机励磁系统。

这是一种经典的励磁系统，并称该系统中的直流发电机为直流励磁机。直流励磁机多采用他励或永磁励磁方式，且与同步电动机同轴旋转，输出的直流电流经电刷、滑环输入同步电动机转子励磁绕组。

(2)静止式交流整流励磁系统。

这种励磁系统以将同轴旋转的交流励磁机的输出电流经整流后供给同步电动机励磁绕组的他励式系统应用最普遍。与传统直流系统相比，其主要区别是变直流励磁机为交流励磁机，从而解决了换向时火花问题。

(3)旋转式交流整流励磁系统。

静止式交流整流励磁系统去掉了直流励磁机的换向器，解决了换向火花问题，但电刷和滑环依然存在，还是有触点系统。如果把交流励磁机做成转枢式同步发电机，并将整流器固定在转轴上一道旋转，就可以将电流整流输出直接供给同步电动机的励磁绕组，而无需电刷和滑环。构成旋转的无触点(或称无刷)交流整流励磁系统，简称无刷励磁系统。

7.2.3 同步电动机电动势平衡方程式及相量图

1. 凸极式同步电动机的电势平衡方程式和相量图

凸极式同步电动机的励磁磁通势 Φ_0 在定子绕组中的感应电动势用 $\dot{E}_0$ 表示，纵轴电枢磁通势 Φ_{ad} 在定子绕组中的感应电动势用 $\dot{E}_{ad}$ 表示，横轴电枢磁通势 Φ_{aq} 在定子绕组中的感应电动势用 $\dot{E}_{aq}$ 表示。根据图 7.13 给出的同步电动机定子绕组各电量正方向，可列出 A 相回路的电压平衡等式为

$$\dot{E}_0 + \dot{E}_{ad} + \dot{E}_{aq} + \dot{I}(R_1 + \mathrm{j}X_1) = \dot{U} \tag{7-1}$$

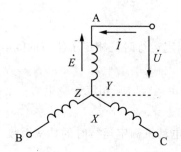

图 7.13 同步电动机各电量的正方向

因磁路线性，$E_{ad} \propto \Phi_{ad}$，$\Phi_{ad} \propto F_{ad}$，$F_{ad} \propto I_d$，$E_{ad} \propto I_d$。$\dot{I}$ 与 $\dot{E}$ 正方向相反，故 $\dot{I}_d$ 滞后于 $\dot{E}_{ad}$ 90°电角度。所以电动势 $\dot{E}_{ad}$ 可写成 $\dot{E}_{ad} = \mathrm{j}\dot{I}_d X_{ad}$。

同理，$\dot{E}_{aq}$ 可写成 $\dot{E}_{ad} = \mathrm{j}\dot{I}_d X_{ad}$。

式中，X_{ad} 是纵轴电枢反应电抗（比例系数），X_{aq} 是横轴电枢反应电抗，它们对同一台电机都是常数。

由以上几式联立得出：

$$\dot{U} = \dot{E}_0 + \mathrm{j}\dot{I}_d X_{ad} + \mathrm{j}\dot{I}_q X_{aq} + \dot{I}(R_1 + \mathrm{j}X_1) \tag{7-2}$$

把 $\dot{I} = \dot{I}_d + \dot{I}_q$ 代入式(7.2)得出：

$$\dot{U} = \dot{E}_0 + \mathrm{j}\dot{I}_d X_{ad} + \mathrm{j}I_q X_{aq} + (\dot{I}_d + \dot{I}_q)(R_1 + \mathrm{j}X_1)$$
$$= \dot{E}_0 + \mathrm{j}\dot{I}_d(X_{ad} + X_1) + \mathrm{j}\dot{I}_q(X_{aq} + X_1) + (\dot{I}_d + \dot{I}_q)R_1 \tag{7-3}$$

一般情况下，当同步电动机容量较大时，可忽略电阻，于是：

$$\dot{U} = \dot{E}_0 + \mathrm{j}\dot{I}_d X_d + \mathrm{j}\dot{I}_q X_q \tag{7-4}$$

式(7-4)中 $X_d = (X_{ad} + X_1)$ 称为纵轴同步电抗，$X_q = (X_{aq} + X_1)$ 称为横轴同步电抗。

根据式 $\dot{U} = \dot{E}_0 + \mathrm{j}\dot{I}_d X_d + \mathrm{j}I_q X_q$ 的关系，当 $\varphi < 90°$（领先性）时画出凸极式同步电动机的电动势相量图如图图 7.14 所示。

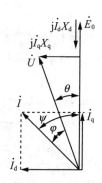 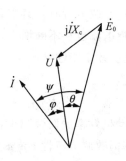

图 7.14　凸极式同步电动机的电动势相量图　　图 7.15　隐极式同步电动机的电动势相量图

图中 $\dot{U}$ 与 $\dot{I}$ 之间的夹角为 φ（功率因数），$\dot{E}_0$ 与 $\dot{U}$ 之间的夹角是 θ，$\dot{E}_0$ 与 $\dot{I}$ 之间的夹角是 ψ，并且 $I_d = I\sin\psi$，$I_q = I\cos\psi$，θ 角称为功率角。

2. 隐极式同步电动机的电势平衡方程式和相量图

如果是隐极式同步电动机，电机的气隙是均匀的，其参数，如纵、横轴同步电抗 X_d、X_q 在数值上彼此相等，即：

$$X_d = X_q = X_c \tag{7-5}$$

式中：X_C——隐极同步电动机的同步电抗。

对隐极同步电动机，其电势平衡方程式为：

$$\dot{U} = \dot{E}_0 + j\dot{I}_d X_d + jI_q X_q$$

$$= \dot{E}_0 + j(\dot{I}_d + \dot{I}_q)X_c$$

$$= \dot{E}_0 + j\dot{I}X_c \tag{7-6}$$

根据其电势平衡方程式画出其电动势相量图如图 7.15 所示。

7.2.4　同步电动机运行特性及启动方法

三相同步电动机的运行特性是指在保持定子端电枢电压、频率不变，转子励磁电流不变的情况下，电枢电流 I、电磁转矩 T、转子转速 n、电机效率 η 以及功率因数 $\cos\varphi$ 与输出功率 P_2 之间的关系。

1. 同步电动机的运行特性

（1）机械特性（转子转速特性）$n = f(P_2)$。

根据三相同步电动机的运行原理，其转速不因负载变化而变化。只要电源频率一定，电动机转速 n 将于频率保持严格的同步关系，不随功率和转矩变化，其曲线是一条平行于 P_2 轴线的直线。这种机械特性叫"绝对硬特性"，其机械特性曲线如图 7.16 所示。

（2）电磁转距特性 $T = f(P_2)$。

由于转速恒定，同步电动机的输出转距与其从电网吸收的电磁功率成正比。当负载增加时，电机电流直线上升，只要不超过同步电动机的过载能力，就能稳定运行。其电磁转矩特性曲线是一条以空载转矩 T_0 为纵轴截距，斜率为 $1/\Omega$ 的直线。如图 7.16 所示。

(3)电枢电流特性 $I = f(P_2)$。

当电动机空载运行时,其空载电流为 I_0。当电动机负载运行时,随着输出功率的不断增大,电枢电流也在不断增大,近似一条直线。如图 7.16 所示。

(4)电动机效率特性 $\eta = f(P_2)$。

三相同步电动机的效率特性与其他的电动机相似,当电动机空载时,其效率为零,随着功率增加效率也增大,直到达到其额定值附近,此时效率最大。如果继续增大输出功率,电动机效率反而会减小,是一条非单调的曲线。如图 7.16 所示。

(5)功率因数调节特性 $\cos\varphi = f(P_2)$。

当机械负载一定时,我们可以调节励磁电流,使定子电流达到最小值。由于输入功率 $P_1 = \sqrt{3}U_1 I_1 \cos\varphi$,其中 P_1、U_1 都是定值,I_1 的改变必然伴随 $\cos\varphi$ 的变化。当 I_1 最小时必定是 $\cos\varphi = 1$ 最大,同步电动机相当于纯电阻负载,这种情况称为正常励磁,简称正励。当励磁电流减小时,功角 θ 增大,电流 I_1 增大,且 $\dot{I}_1$ 滞后 $\dot{U}_1$,同步发电机相当于电感性负载,这种情况称为励磁不足,简称欠励。当励磁电流从正励增大时,角 θ 减小,电流 I_1 也增大,但 $\dot{I}_1$ 超前 $\dot{U}_1$,同步电动机相当于电容性负载,这种情况称为过度励磁,简称过励。这种保持负载不变,定子电流 I_1 随着转子励磁电流 I_F 变化的特性叫功率因数调节特性,如图 7.17 所示。当负载变化时又可画出一条曲线。由于这种特性曲线形状如"U"字,故称为 U 形曲线。在过励区,同步电动机相当于电容性负载,这对于提高电网的功率因数十分有利,因此同步电动机通常都工作在过励区。

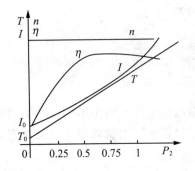

图 7.16　三相同步电动机的运行特性

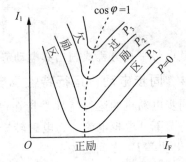

图 7.17　三相同步电动机功率因数调节特性

2. 同步电动机的启动

当定子绕组接通电源时,旋转磁场立即产生并高速旋转。转子由于惯性,根本来不及跟着旋转,当定子磁极迅速越过转子磁场时,前后两次作用在转子磁极上的磁力大小相等、方向相反、间隔时间短,平均转矩为零。因此,同步电动机不能自行启动,一般采取以下两种方法启动。

(1)辅助电动机启动法。

选用一台极数相同的感应电动机(其容量约为主机的 $10\% \sim 15\%$)作为辅助电动机带动同步电动机转动,当达到接近同步转速时,在转子绕组中加入直流励磁电流,脱离辅助电动机,利用牵入同步转矩将转子牵入同步,投入正常运行。这种启动方法因使用设备过多，操作复杂，目前已停止采用。

(2)异步启动法。

在转子上装设笼型启动绕组，启动时将励磁绕组用一个 10 倍于励磁电阻的附加电阻连接成闭合回路，当旋转磁场作用于笼形启动绕组使转子转速达到同步转速的 95% 时，迅速切除附加电阻，通入励磁电流，使转子迅速拉入同步运行。当同步电动机处于同步运行时，笼形启动绕组是不起作用的。

本 章 小 结

1. 单相异步电动机在结构上与三相异步电动机基本一样，但其只有运行转矩而没有启动转矩。单相异步电动机在启动时必须首先将脉动磁场转换为旋转磁场，启动方法有分相启动和罩极启动两种。单相异步电动机通过串电抗器或抽头等方法实现调速。

2. 三相同步电动机与三相异步电动机的根本区别是转子装有励磁绕组或采用永磁转子，其励磁绕组中可通入直流电流励磁，因而转子具有确定的极性。其运行特点是转子的旋转速度与定子磁场的旋转速度严格同步。三相同步电动机有旋转电枢式和旋转磁极式两种结构形式，后者又分为隐极式和凸极式两种。三相同步电动机有两种励磁方式，即直流发电机励磁和整流装置励磁。三相同步电动机不能自行启动，需要用辅助电动机启动或者是异步启动。

>>> **思考题与习题**

7.1 简述单相异步电动机的工作原理。

7.2 单相异步电动机主要分为哪几种类型？简述罩极式电动机的工作原理。

7.3 单相异步电动机若无启动绕组能否自行启动？

7.4 根据获得旋转磁场方式的不同，单相异步电动机可以分为哪几种？

7.5 单相异步电动机怎样实现正反转？

7.6 单相异步电动机有哪几种调速方法？

7.7 单相异步电动机加上单相电源，静止时的气隙磁场为何种磁场？运行时气隙磁场又为何种磁场？

7.8 电容分相异步电动机，在启动绕组电路中串入电容器的作用是什么？

7.9 与三相异步电动机相比，单相异步电动机有哪些优缺点？

7.10 举例说明单相异步电动机在生活当中的应用。

7.11 简述三相同步电动机的工作原理。

7.12 一台转速为 150r/min、50Hz 的三相同步电动机，其极对数是多少？

7.13 三相同步电动机有几种启动方法？分别是什么？

7.14 三相同步电动机有几种调速方法？分别是什么？

7.15 同步电动机能自行启动吗？为什么？

7.16 三相同步电动机有几种励磁方式？分别是什么？

7.17 同步电动机有哪些优点？

7.18 试画出 $\cos \varphi = 1$（纯电阻性）时凸极式同步电动机的电动势相量图。

第 8 章   控 制 电 机

>>> **本章概述**

1. 介绍交直流伺服电动机、测速发电机和直线电动机的工作原理和基本结构。

2. 反应式步进电动机和永磁式和混合式步进电动机的工作原理，特别介绍了反应式步进电动机的特性以及步进电动机的应用。

3. 自整角机、旋转变压器的结构和工作原理，自整角机的误差与选用时应注意的事项，旋转变压器的误差、改进方法以及应用。

4. 开关磁阻电动机传动系统的组成、工作原理、相数与结构以及传动系统的特点。

>>> **学习目标**

1. 掌握几种控制电机的结构和工作原理。

2. 熟悉反应式步进电动机的特性，了解步进电动机的应用。

3. 了解自整角机的误差与选用时应注意的事项，旋转变压器的误差、改进方法以及应用。

4. 掌握开关磁阻电动机传动系统的组成，熟悉其相数与结构以及传动系统的特点。

▶ 8.1   伺服电动机

伺服电动机又称执行电机，在自动控制系统中作为执行元件，它执行控制指令，将指令信号转换为转轴上的角位移或者角速度输出。转轴的转速和转向随输入信号电压的大小和方向而改变。伺服电动机应用非常广泛，大到导弹、潜艇、卫星、工业自动化生产系统，小到家用音响设备和自动调压稳压器中均有应用。

自动控制系统对伺服电动机的基本要求是：

(1)无"自转"现象，伺服电动机应在控制电压为零时自行停转。

(2)空载始动电压低，使伺服电动机从静止到稳定旋转所需的最低控制电压称为始动电压。始动电压越低，伺服电动机的灵敏度越高。

(3)机械特性线性度好，能实现电动机转速的平滑调节。

(4)响应迅速，要求电动机的机电时间常数小。

伺服电动机分为交、直流两种类型。

8.1.1   直流伺服电动机

直流伺服电动机是用直流电信号控制的伺服电动机。它与小型的普通直流电机在结构上基本相同，工作原理也完全相似。但直流伺服电动机具有更好的启动、制动和调速性能，可以在较宽的范围内实现平滑的无级调速，因而适用于调速性能要求较高的场合。如图 8.1 所示为直流伺服电动机的实物图。

图 8.1　直流伺服电动机的实物图

1. 直流伺服电机的结构

由于伺服电机功率不大，通常其磁极做成永磁的，以省去励磁绕组。即使是电励磁的，也均采用他励式的。根据其结构可以分为：普通型直流伺服电机、盘形电枢直流伺服电机、空杯直流伺服电机和无槽直流伺服电机等几种。

(1)普通型直流伺服电机。

普通型直流伺服电机的结构与他励直流电机的结构相同。根据励磁方式又可以分为电磁式和永磁式两种，电磁式伺服电动机的定子磁极上装有励磁绕组，励磁绕组接励磁控制电压产生磁通；永磁式伺服电机的磁极是永久磁铁，其磁通是不可控的。与普通直流电动机相同，直流伺服电动机的转子一般由硅钢片叠压而成，转子外圆有槽，槽内装有电枢绕组。绕组通过换向器和电刷与外边电枢控制电路相连接。为提高控制精度和响应速度，伺服电动机的电枢铁芯长度与直径之比比普通直流电机要大，气隙也较小。电磁式和永磁式直流伺服电动机剖面图如图 8.2 所示。

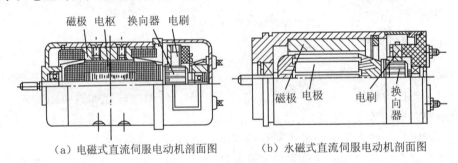

（a）电磁式直流伺服电动机剖面图　　　　　（b）永磁式直流伺服电动机剖面图

图 8.2　直流伺服电动机剖面图

(2)盘形电枢直流伺服电机。

盘形电枢直流伺服电机的定子由永久磁铁和前后铁轭共同组成，磁铁可以在圆盘电枢的一侧，也可以在其两侧。盘形伺服电机的转子电枢由线圈沿转轴的径向圆周排列，并用环氧树脂浇注成圆盘形。盘形绕组中通过的电流是径向电流，而磁通为轴向的，径向电流与轴向磁通相互作用产生电磁转矩，使伺服电机旋转。

传统的直流伺服电动机动实质是容量较小的普通直流电动机，有他励式和永磁式两种，其结构与普通直流电动机的结构基本相同。其结构示意图如图 8.3 所示。

(3)无刷直流伺服电动机。

无刷直流伺服电动机用电子换向装置代替了传统的电刷和换向器，使之工作更可靠。它的定子铁芯结构与普通直流电动机基本相同，上面嵌有多相绕组，转子用永磁材料制成。其结构示意图如图 8.4 所示。

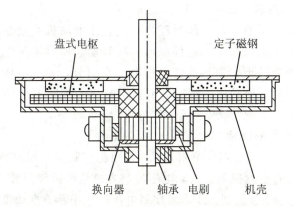

图 8.3　盘形电枢直流伺服电动机结构示意图

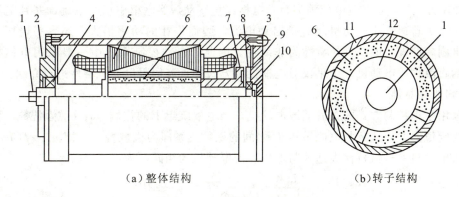

（a）整体结构　　　　　　　　（b）转子结构

图 8.4　永磁无刷直流电动的结构图

1—转轴；2—前端盖；3—螺钉；4—轴承；5—定子组件；6—永磁体；7—传感器转子；
8—传感器定子；9—后端盖；10—轴承；11—护环；12—转子轭

(4)杯形电枢直流伺服电动机。

杯形电枢直流伺服电动机的转子由非磁性材料制成空心杯形圆筒，转子较轻而使转动惯量小，响应快速。转子在由软磁材料制成的内、外定子之间旋转，气隙较大。杯形电枢直流伺服电动机结构示意图如图 8.5 所示。

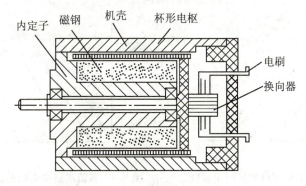

图 8.5　杯形电枢直流伺服电动机剖面图

2. 直流伺服电机的基本工作原理

传统直流伺服电动机的基本工作原理与普通直流电动机完全相同，依靠电枢电流与气隙磁通的作用产生电磁转矩，使伺服电动机转动。通常采用电枢控制方式，即在保持励磁电压不变的条件下，通过改变电枢电压来调节转速。电枢电压越小，则转速越低；电枢电压为零时，电动机停转。由于电枢电压为零时电枢电流也为零，电动机不产生电磁转矩，不会出现"自转"现象。

3. 直流伺服电动机的特性

直流伺服电动机工作时有两种控制方式，即电枢控制方式和磁场控制方式。永磁式的直流伺服电动机只有电枢控制方式。电枢控制方式是励磁绕组接于恒定的直流电源，产生额定磁通，电枢绕组接控制电压，当控制电压的大小和方向改变时，电动机的转速和转向随之改变。磁场控制方式是将电枢绕组接于恒定直流电源，励磁绕组接控制电压，这种控制方式下，在控制电压消失时，电枢停止转动，但电枢中仍有电流，并且电流很大，相当于普通直流电动机的直接启动电流，因而损耗的功率很大，还容易烧坏换向器和电刷。此外，电动机的特性为非线性。因此，自动控制系统中一般采用电枢控制方式的直流伺服电动机，这里仅对电枢控制方式的直流伺服电动机特性进行介绍。

（1）机械特性。

采用电枢控制方式的直流伺服电动机，当电枢绕组上的控制电压 U_c 为常数，励磁电压为定值时，转速 n 与电磁转矩 T 之间的函数关系即为机械特性，即 $n = f(T)$。直流伺服电动机的机械特性表达式与他励直流电动机的相同，为：

$$n = \frac{U_c}{C_e\Phi} - \frac{R_a}{C_e C_T \Phi^2}T = n_0 - \beta T \tag{8-1}$$

式中：n_0——电动机的理想空载转速，$n_0 = U_c/C_e\Phi$。n_0 与控制电压 U_c 成正比。

电动机转速 n 与转矩 T 为线性关系，在控制电压不同时，机械特性为一组 n_0 不同的平行直线，如图 8.6 所示。从图中可以看出：

1）机械特性是线性的；

2）在控制电压 U 为定值时，转速越高，电磁转矩越小；

3）当控制电压为不同值时，机械特性为一族平行线；

4）机械特性线性度越高，则系统的启动误差越小。

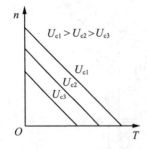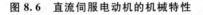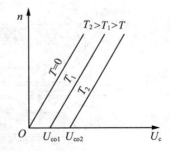

图 8.6 直流伺服电动机的机械特性　　图 8.7 直流伺服电动机的调节特性

（2）调节特性。

伺服电动机的调节特性是指在一定的负载转矩下，电动机稳态转速随控制电压变化的关系。当电动机的转矩 T 不变时，控制电压的增加与转速的增加成正比，转速 n 与控制电压 U_c 也成线性关系。不同转矩时的调节特性如图 8.7 所示。由图可知，当转速 $n = 0$ 时，不同转矩 T 所需要的控制电压 U_c 也是不同的，只有当电枢电压大于这个电压值，电动机才会转动，调节特性与横轴的交点所对应的电压值称始动电压。负载转矩 T_L 不同时，始动电压也不同，T_L 越大，始动电压越高，死区越大。负载越大，死区越大，伺服电机越不灵敏，所以不可带太大负载。

直流伺服电动机的机械特性和调节特性的线性度好，调整范围大，启动转矩大，效率高。缺点是电枢电流较大，电刷和换向器维护工作量大，接触电阻不稳定，电刷与换向器之间的火花有可能对控制系统产生干扰。

8.1.2　交流伺服电动机

交流伺服电动机是用交流电信号控制的伺服电动机。它主要由一个用以产生磁场的电磁铁绕组或分布的定子绕组和一个旋转电枢或转子组成。电动机是利用通电线圈在磁场中受力转动的现象而制成的。交流伺服电动机控制精度高，矩频特性好，具有较

图 8.8　交流伺服电动机实物图

大过载能力，多应用于物料计量，横封装置和定长裁切机上。其实物图如图 8.8 所示。

1. 交流伺服电动机的基本结构

交流伺服电动机实际为两相异步电动机，其定子的结构与异步电动机的定子基本相同，如图 8.9 所示。在定子铁芯中也安放着空间互成 90°电角度的两相绕组。其中一组为励磁绕组；另一组为控制绕组。

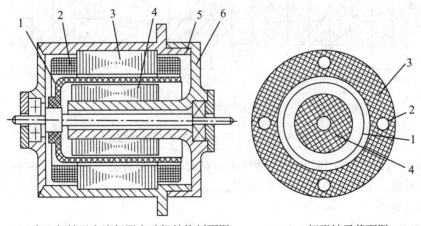

（a）空心杯转子交流伺服电动机结构剖面图　　　　（b）杯形转子截面图

图 8.9　交流伺服电动机结构示意图

1—空心杯转子；2—定子绕组；3—外定子铁芯；4—内定子铁芯；5—机壳；6—端盖

交流伺服电动机的转子主要有两种结构。一种是鼠笼式转子，其绕组由高电阻率的材料制成，绕组的电阻较大；鼠笼转子结构简单，但其转动惯量较大。另一种是空

心杯转子，它由非磁性材料制成杯形，可看成是导条数很多的鼠笼转子，其杯壁很薄，因而其电阻值较大；转子在内外定子之间的气隙中旋转，因空气隙较大而需要较大的励磁电流；空心杯形转子的转动惯量较小，响应迅速。

2. 交流伺服电动机基本工作原理

交流伺服电动机的工作原理可由图 8.10 来说明。图中，f 为励磁绕组，k 为控制绕组，两绕组由频率相同、相位不同的单相交流电源供电。

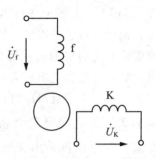

在两个空间位置上互差 90°电角度的定子绕组中，加上相位差为 90°电角度的励磁电压 $\dot{U}_f$ 和控制电压 $\dot{U}_K$，将在电动机的气隙中产生旋转磁场。旋转磁场切割转子导条而在其中产生感应电势，闭合的转子回路中便有电流流过。带电的转子导

图 8.10　交流伺服电动机工作原理图

体受磁场力的作用而产生电磁转矩，使转子旋转。改变控制电压的大小或相位，可改变旋转磁场的强弱程度，使转子转速改变。改变控制电压的极性，可使旋转磁场的旋转方向改变，从而使转子反转。这就是交流伺服电动机的基本工作原理。

3. 交流伺服电动机的主要特性

(1)机械特性。

机械特性是控制电压 $\dot{U}_K$ 不变时，电磁转矩与转速的关系。

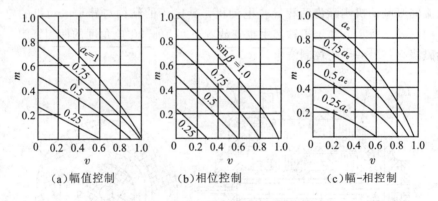

　　(a)幅值控制　　　　　(b)相位控制　　　　　(c)幅-相控制

图 8.11　交流伺服电动机的机械特性

图 8.11 中 m 为输出转矩对启动转矩的相对值，v 为转速对同步转速的相对值。从机械特性看出，不论哪种控制方式，控制电信号越小，机械特性就越下移，理想空载转速也随之减小。

(2)调节特性。

两相交流伺服电动机的调节特性是指电磁转矩不变时，转速随控制电压大小变化的关系。由图 8.12 看出，两相交流伺服电动机在三种不同控制方式下的调节特性都不是线性关系，只在转速标么值较小和信号系数不大范围内才接近于线性关系。相位控制时调节特性的线性度较好。

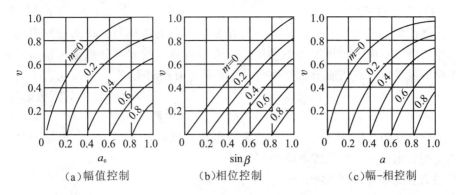

（a）幅值控制　　　　（b）相位控制　　　　（c）幅-相控制

图 8.12　交流伺服电动机的调节特性

▶ 8.2　测速发电机

测速发电机广泛用于各种速度或位置控制系统。在自动控制系统中作为检测速度的元件，以调节电动机转速或通过反馈来提高系统稳定性和精度；在解算装置中可作为微分、积分元件，也可作为加速、延迟信号用或用来测量各种运动机械在摆动、转动以及直线运动时的速度。测速发电机分为直流和交流两种。其实物图如图 8.13 所示。

图 8.13　测速发电机实物图

8.2.1　直流测速发电机

直流测速发电机是一种测量转速的信号元件，它可以将转速信号变成电压信号。直流测速发电机有永磁式和电磁式两种，其结构与直流发电机相近。直流测速发电机的原理示意图如图 8.14 所示。

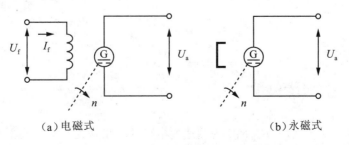

（a）电磁式　　　　　　　　　　（b）永磁式

图 8.14　直流测速发电机工作原理图

1. 结构及工作原理

直流测速发电机的结构及工作原理与普通直流发电机相同。在测速发电机中电枢绕组为输出绕组，而励磁绕组仍做励磁用。为了避免干扰和不分散输出信号，直流测速发电机一般采用永磁式或采用他励式式，而不采用并励式。

直流测速发电机的工作原理如图 8.14(a)所示。励磁绕组在独立的直流电压 U_f 下励磁，在测速发电机内产生一恒定磁场。当转子不转（即无机械信号输入）时，输出绕组端无感应电动势，即输出电压信号为零。当转子以转速 n 旋转时，电枢上导体切割磁通 Φ_n，便在电刷间产生空载电动势 U_0。

2. 直流测速发电机的输出特性

由直流发电机的运行原理可知：

$$E_0 = \frac{pN}{60a}\Phi_n = C_e\Phi_n n = k_e n \tag{8-2}$$

式中：p —— 极对数；

$\quad\quad N$ —— 电枢绕组总导体数；

$\quad\quad a$ —— 电枢绕组并联支路对数。

在空载时，直流发电机的输出电压就是空载电压，即 $U_0 = E_0$，可见空载时测速发电机的输出电压与转速 n 呈线性关系。

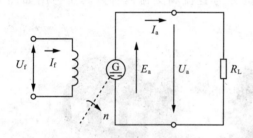

图 8.15　直流测速发电机带负载　　　图 8.16　直流测速发电机的输出特性

当发电机带负载后，如图 8.15 所示。电刷两端输出的电压为：

$$U_0 = E_0 - R_a I_a \tag{8-3}$$

另一方面带负载后负载电压与电流关系可写为：

$$I_a = \frac{U_2}{R_L} \tag{8-4}$$

上式中，R_L 为负载电阻，电刷两端的输出电压与负载上电压相等，因此将式(8-4)代入式(8-3)得：

$$U_2 = E_0 - R_a\frac{U_2}{R_L} \tag{8-5}$$

整理后可得：

$$U_2 = \frac{E_0}{1+\dfrac{R_a}{R_L}} = Cn \tag{8-6}$$

式(8-6)中 $C = k_e/(1+R_a/R_L)$ 为测速发电机的输出特性斜率。当不考虑电枢反应，且认为 Φ、R_a 和 R_L 都能保持为常数，斜率 C 也是常数，输出特性便有线性关系。对于

不同的负载电阻 R_L，测速发电机输出特性的斜率也不同，它将随负载电阻的增大而增大，如图 8.16 中实线所示。

8.2.2 交流测速发电机

交流测速发电机可分为同步测速发电机和异步测速发电机两大类。因同步测速发电机在自动控制系统中较少采用，故本书只介绍异步测速发电机。

1. 基本结构和工作原理

异步测速发电机是自动控制系统中应用较多的一种交流测速发电机，它的结构与交流伺服电动机相似，如图 8.17 所示。它主要由定子、转子组成，根据转子结构的不同分为笼型转子和空心杯转子两种。空心杯转子的应用较多，它由电阻率较大、温度系数较小的非磁性材料制成，以使测速发电机的输出特性线性度好、精度高。杯壁通常只有 0.2~0.3mm 的厚度，转子较轻以使测速发电机的转动惯性较小。

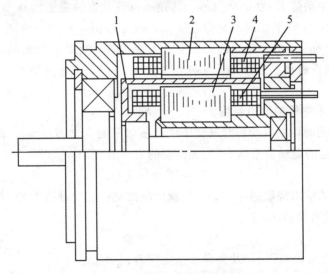

图 8.17 空心杯转子测速发电机结构

1—空心杯转子；2—外定子；3. 内定子；4—励磁绕组；5—输出绕组

空心杯转子异步测速发电机的定子分为内、外定子。内定子上嵌有输出绕组，外定子上嵌有励磁绕组并使两绕组在空间位置上有相差 90°电角度。内外定子的相对位置是可以调节的，可通过转动内定子的位置来调节剩余电压，使剩余电压为最小值。

图 8.18 为异步测速发电机的工作原理示意图。图中 N_1 是励磁绕组，N_2 是输出绕组。由于转子电阻较大，为分析方便起见，忽略转子漏抗的影响，认为感应电流与感应电动势同相位。

给励磁绕组 N_1 加频率 f 恒定，电

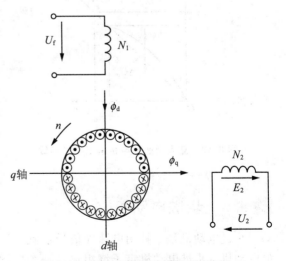

图 8.18 测速发电机工作原理示意图

压 U_f 恒定的单相交流电，测速发电机的气隙中便会生成一个频率为 f、方向为励磁绕组 N_1 轴线方向即 d 轴方向的脉振磁动势及相应的脉振磁通，分别称为励磁磁动势及励磁磁通。

当转子不动时，励磁磁通在转子绕组（空心杯转子实际上是无穷多导条构成的闭合绕组）中感应出变压器电动势，变压器电动势在转子绕组中产生电流，转子电流由 d 轴的一边流入，在另一边流出，转子电流所生成的磁动势及相应的磁通也是脉振的且沿 d 轴方向脉振，分别称为转子直轴磁动势及转子直轴磁通。

励磁磁动势与转子直轴磁动势都是沿 d 轴方向脉振的，两个磁动势合成而产生的磁通也是沿 d 轴方向脉振的，称之为直轴磁通 Φ_d。由于直轴磁通 Φ_d 与输出绕组 N_2 不交链，所以输出绕组没有感应电动势，其输出电压 $U_2 = 0$。

转子旋转时，转子绕组切割直轴磁通 Φ_d 产生切割电动势 E_q。由于直轴磁通 Φ_d 是脉振的，因此切割电动势 E_q 也是交变的，其频率也就是直轴磁通的频率 f，切割电动势 E_q 在转子绕组中产生频率相同的交变电流 I_q，电流 I_q 由 q 轴的一侧流入而在另一侧流出，电流 I_q 形成的磁动势及相应的磁通是沿 q 轴方向以频率 f 脉振的，分别称为交轴磁动势 F_q 及交轴磁通 Φ_q。交轴磁通与输出绕组 N_2 交链，在输出绕组中感应出频率为 f 的交变电势 E_2。

2. 异步测速发电机的输出特性

以频率 f 交变的切割电动势与其转子绕组所切割的直轴磁通 Φ_d、切割速度 n 及由电机本身结构决定的电动势常数 C_e 有关，它的有效值为：

$$E_q = C_e \Phi_d \cdot n \tag{8-7}$$

频率 f 交变的输出绕组感应电势，与输出绕组交链的交轴磁通 Φ_q 及输出绕组的匝数 N_2 有关，它的有效值 E_2 为：

$$E_2 = 4.44 f N_2 \Phi_q \tag{8-8}$$

由此看出，当励磁电压 U_f 及频率 f 恒定时有：

$$E_2 \propto \Phi_q \propto I_q \propto E_q \propto n \tag{8-9}$$

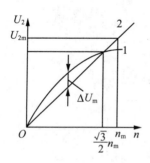

图 8.19　交流测速发电机输出特性曲线

即 E_2 与 n 成正比关系。可见，异步测速发电机可以将其转速值一一对应地转换成输出电压值。输出电压 U_2 与转速的关系曲线 $U_2 = f(n)$ 称为输出特性，如图 8.19 所示。实际上，由于存在漏阻抗、负载变化等问题，直轴磁通 Φ_d 是变化的，输出电压与转速不是严格的正比关系，输出特性呈现非线性，如图 8.19 中曲线 1 所示。

▶ 8.3　步进电动机

步进电动机是一种用电脉冲信号控制、将电脉冲信号转换成为角位移或直线位移的电动机。步进电动机定子绕组输入一个电脉冲，转子就前进一步，因此被称为步进电动机。其输出的角位移与输入的脉冲数成正比，转速与脉冲频率成正比。由于步进电动机输出与输入成正比，所以它在开环系统中作为执行元件，例如用在数字程序控制线切割机，平面绘图机中。

常用的步进电动机分三大类：反应式步进电动机、永磁式步进电动机以及混合式步进电动机。这三类步进电机的运行原理基本相同，下面以单段三相反应式步进电动机为例介绍步进电动机的工作原理。

8.3.1 步进电动机的工作原理

从结构上看步进电机是凸极结构。如图 8.20 所示，步进电动机可以是定子、转子双边凸极结构或转子单边凸极结构。为了实现小步距角运行，定子、转子主极上一般开有若干个齿槽。因此，步进电机输出步距角的精度主要取决于自身的结构。三相六极反应式步进电动机的运行原理如图 8.20 所示。（注意：为了作图清晰，步进电机定子磁极的绕组未画出。）

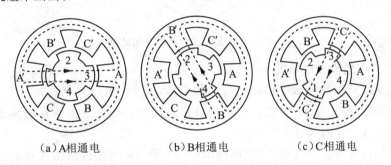

(a)A相通电   (b)B相通电   (c)C相通电

图 8.20 反应式步进电动机的运行原理

从图 8.20 可见，三相六极反应式步进电动机的定子有六个磁极，每个磁极上均装有集中绕组作为控制绕组。相对的定子磁极绕组串联构成一相绕组，由专门的驱动电源供电。转子铁芯是由软磁材料构成，其上均匀分布了四个齿，齿上无任何转子绕组。

当 A 相绕组通电时，由于磁力线有通过磁阻最小路径的特性，转子在磁阻转矩的作用下，1～3 号齿与定子 A 相绕组轴线重合，如图 8.20(a)所示；当 A 相断电、B 相定子绕组通电时，转子按逆时针方向转过 30°机械角，转子的 2～4 号齿与定子 B 相绕组轴线重合，如图 8.20(b)所示；同样，当 B 相断电、C 相定子绕组通电时，转子再转过 30°机械角，1～3 号齿与定子 C 相绕组轴线重合，如图 8.20(c)所示。可见，定子绕组按照 A—B—C—A 顺序通电，转子一步步沿逆时针方向旋转。若改变通电顺序，使之按 A—C—B—A 顺序通电，则转子将一步步沿顺时针方向旋转。

8.3.2 反应式步进电动机

反应式步进电动机的结构形式按定转子铁芯的段数分为单段式和多段式两种。

1. 单段反应式步进电动机

单段式是定转子为一段铁芯。由于各相绕组沿圆周方向均匀排列，所以又称为径向分相式。它是步进电动机中使用最多的一种结构形式。如图 8.21 为三相反应式步进电动机的径向截面图。定转子铁芯由硅钢片叠压而成，定子磁极为凸极式，磁极的极面上开有小齿。定子上有三套控制绕组，每一套有两个串联的集中控制绕组分别绕在径向相对的两个磁极上。每套绕组叫一相，三相绕组接成星形。所以定子磁极数通常为相数的两倍即 $2p = 2m$（p 为极对数，m 为相数）。转子上没有绕组，沿圆周也有均匀的小齿，其齿距和定子磁极上小齿的齿距必须相等。而且转子的齿数有一定的限制。这种结构形式的优点是制造简便，精度易于保证，步距角可以做得较小，容易得到较高的启动和运行频率。其缺点是在电机的直径较小而相数又较多时，沿径向分相较为困难，消耗功率大，断电时无定位转矩。

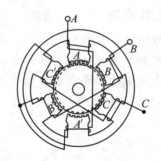

图 8.21　三相反应式步进电动机的结构

2. 多段反应式步进电动机

多段式是定转子铁芯沿电机轴向按相数分成 m 段。由于各相绕组沿着轴向分布，所以又称为轴向分相式。按其磁路的结构特点有两种，一种是主磁路仍为径向，另一种是主磁路包含有轴向部分。

多段式径向磁路步进电动机的结构如图 8.22 所示，每一段的结构和单段式径向分相结构相似。通常每一相绕组在一段定子铁芯的各个磁极上，定子的磁极数从结构合理考虑决定，最多可以和转子齿数相等。定转子铁芯的圆周上都有齿形相近和齿距相同的均匀小齿，转子齿数通常为定子极数的倍数。定子铁芯或转子铁芯每相邻两段沿圆周错开 $1/m$ 齿距。此外，也可以在一段铁芯上放置两相或三相绕组，定子铁芯（或转子铁芯）每相邻两段要错开相应的齿距。这样可增加电机制造的灵活性。

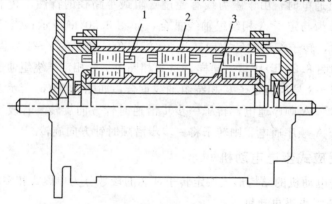

图 8.22　多段式径向磁路反应式步进电动机
1—线圈；2—定子；3—转子

多段式轴向磁路步进电动机的结构如图 8.23 所示，每段定子铁芯为 Π 字形，在其中间放置环形控制绕组。定转子铁芯上均有齿形相近和齿数相等的小齿。定子铁芯或转子铁芯每相邻两段沿圆周错开 $1/m$ 齿距。

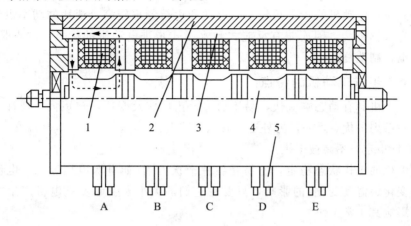

图 8.23　多段式轴向磁路反应式步进电动机

1—线圈；2—定子；3—磁轭；4—转子；5—引出线图

多段式结构的共同特点是铁芯分段和错位装配工艺比较复杂，精度不易保证，特别对步距角较小的电机更是困难。但步距角可以做的很小，启动和运行频率较高。对轴向磁路的结构，定子空间利用率高，环形控制绕组绕制方便，转子的惯量较低。

8.3.3　永磁式和混合式步进电动机

1. 永磁式步进电动机

永磁式步进电动机的转子采用永久磁钢，永久磁钢的极数与定子每相的极数相同，如图 8.24 给出了永磁式步进电动机的典型结构（B 相绕组只画出了一部分）。定子采用两相绕组，每相包括两对磁极。转子则采用两对极的星形磁钢。由该图不难看出，当采用二相四拍通电方式，定子绕组按照 A－B－（－A）－（－B）－A 顺序轮流通电时，转子将按顺时针方向旋转，步距角为 $45°$。

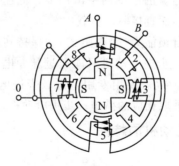

图 8.24　永磁式步进电动机结构示意图

此外还有两相双四拍通电方式即 AB－B（－A）－（－A）（－B）－（－B）A－AB。永磁式步进电动机的缺点是步距角大，启动和运行频率较低，需要正、负脉冲供电。但这种步进电机消耗的功率小，断电时具有自锁能力。

2. 混合式步进电动机

混合式步进电动机结合了反应式和永磁式步进电动机的特点。其定子结构与单段反应式步进电动机相同，转子则由环形磁铁和两段铁芯组成。每段铁芯沿外圆周方向开有小齿，两段铁芯上的小齿彼此错开1/2齿距。

混合式步进电动机的步距角较小，启动和运行频率较高，消耗的功率也较小，且断电时具有自锁能力，因而兼有反应式和永磁式步进电动机的优点。缺点是：需正、负脉冲供电，制造复杂。

8.3.4 步进电动机的特点

步进电动机具有动态响应快，易于启停、正反转及变速，转矩大，惯性小，响应频率高等一系列的优点之外，另外还具有以下特点：

(1)运行稳定，不易被干扰。

步进电机的工作状态稳定，不易受各种干扰因素(如电源电压波动、电流大小变化、波形变化、温度变化)的影响，只要在它们的大小未引起步进电机产生"丢步"现象，就不影响其正常工作。

(2)输出的转角或位移精度高。

虽然步进电机的步距角有误差，转子转过一定步数以后也会出现累计误差，但转子转过一转以后，其累计误差为"零"，不会长期积累，因此输出的转角或位移精度高。

(3)控制性能好。

步进电动机在启动、停止、反转时不易"丢步"。步进电动机通常不用反馈就能对位移或速度进行精确控制，因此被广泛应用于开环结构(有时也在闭环机电控制系统中应用)的机电一体化系统中，使系统简化，并可靠地获得较高的位置精度。

(4)采用直接数字控制性能好。

步进电机是根据脉冲个数决定旋转角度的，单片机只需记住脉冲个数就能计算出电机的旋转角度，从而计算出被控对象的行进距离，简化了控制电路。因为可以用数字信号直接控制，因此很容易与微型机算计相连接实现机电一体化控制。

(5)直接驱动性能好

步进电动机速度可在相当宽的范围内平滑调节，低速情况下仍能保证获得很大转矩，因此一般利用不用减速器而直接驱动负载。

另外，步进电动机具有自锁能力(变磁阻式)和保持转距(永磁式)的能力。但步进电动机也有不足之处。比如，步进电动机只能通过脉冲电源供电才能运行，它不能直接使用交流电源和直流电源，故需要用专用电源；步进电动机存在振荡和失步现象，必须对控制系统和机械负载采取相应的措施；步进电动机带负载的能力比较差。

8.3.5 反应式步进电动机的特性

1. 静态特性

静态运行特性是指不改变通电状态，也就是一相或几相控制绕组通有直流电时的运行特性。此时，电动机产生的转矩是随转子的变化而变化的。

(1)步距角与静态步矩角误差。

步距角是指步进电动机在一个电脉冲作用下，转子所转过的角度。步距角的大小与定子绕组的相数，转子的齿数及通电方式有关，步距角 θ_s 可在 $0.375° \sim 90°$ 变化，根据不同定位精度的要求，可选相应步距角的步进电动机。理论上每发出一个脉冲信号，转子应转过同样的步距角。实际上由于制造的原因，出现定转子的齿距分度不均匀，定转子间的气隙不同等现象，这些都会使实际步距角与理论步距角之间存在偏差，即静态步距角误差。这个误差将直接影响到位置控制时的位置误差，也也影响到速度控制时的角度误差及转子瞬时转速的稳定性，因此为提高精度和稳定性，要设法减小这一误差。

（2）初始稳定平衡位置。

步进电机在空载情况下，控制绕组通以直流电时转子的最后稳定平衡位置，即转子齿轴线和定子齿轴线重合的位置，称之为初始稳定平衡位置，或称零位，如图 8.25 所示。此时，静态转矩为零。当出现一个较小的扰动时，如转子偏离此位置，磁拉力也能把转子拉回来，实现步进电动机的"自锁"。此功能可以通过使步进电动机定子绕组通电的方法，达到停止转动时转子定位的目的。

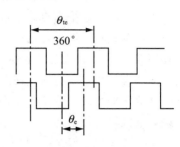

图 8.25　步进电动机的初始平衡
位置与失调角

（3）失调角 θ_e。

步进电动机转子偏离初始平衡位置的电角度，用 θ_e 表示，如图 8.25 所示。反应式步进电机中，转子一个齿距对应的电角度为 $2\pi(\mathrm{rad})$。

（4）矩角特性。

不改变通电状态，步进电机产生的静态转矩 T 随失调角 θ 的变化规律，称为矩角特性，即 $T = f(\theta)$ 曲线。经过推导可以得出静态转矩 T 的数学表达式为：

$$T = Z_s Z_r l F_\delta^2 G_1 \sin \theta \tag{8-10}$$

式中：T——静转矩；

　　　Z_s——定子每极下的小齿数；

　　　Z_r——转子总齿数；

　　　l——铁芯长度；

　　　F_δ——定、转子单边气隙磁通势；

　　　G_1——气隙比磁导中的基波的幅值；

　　　θ——失调角。

上式即为步进电动机的静态转矩 T 与失调角 θ 的关系的矩角特性，矩角特性的曲线如图 8.26 所示。

由式（8-10）可以看出，当失调角 $\theta = -90°$ 时，将有最大静态转矩 T_{sm}，即：

$$T_{sm} = Z_s Z_r l F_\delta^2 G_1 \tag{8-11}$$

为了增大转矩，步进电动机常采用多相绕组同时通电的运行方式。当多相同时通电时，则应以上一相通电时的最大静态转矩乘以转矩增大系数 K。

$$T_{sm} = K Z_s Z_r l F_\delta^2 G_1 \tag{8-12}$$

转矩增大系数 K 与定子控制绕组的相数 m 有关。当两相定子绕组同时通电时，$K = 2\cos(\pi/m)$；三相绕组通电时，$K = 1 + 2\cos(\pi/m)$。

2. 动态特性

动态特性是指脉冲电压按一定的分配方式加到各控制绕组上，步进电动机所具有的特性。脉冲频率不同，步进电动机的运行性能也不同。动态特性直接影响系统工作的可靠性和系统的快速反应，它通过矩频特性来反映。

（1）静稳定区和动稳定区。

步进电机静态稳定指当步进电机在某一平衡点静态运行时，由于外部扰动作用，使转子齿轴线偏离定子齿轴线 θ 角（失调角）情况下，一旦扰动消除，在电磁转矩的作用下，转子能会回到原平衡点，该点是稳定运行点。

通常，在矩角特性中，把所有稳定点所在区间定义为静稳定区域，用失调角 θ 表示。在图 8.26 中，静态稳定区为 $-\pi < \theta < \pi$，即转子齿轴线位于相邻两个定子槽轴线之间的区域为静稳定运行区，在此范围内，转子均将稳定运行。一旦受到扰动，系统最终能够返回平衡点。若 θ 超过此范围，则电磁转矩将改变方向，失调角 θ 将进一步增大，最终电机将不稳定运行。

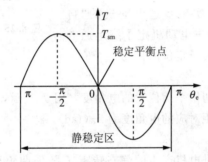

图 8.26   反应式步进电动机的矩角特性图

对于一个三相步进电机来说，各相的情况相同，其矩角特性画在同一个坐标上曲线形状完全一样，只是右移 $2\pi/3$。图 8.27 中 A、B、C 曲线为 A、B、C 三相分别通电时的矩角特性。

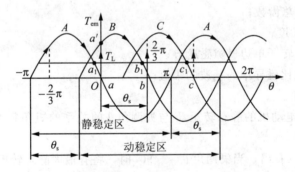

图 8.27   步进电机的静态稳定和动态稳定

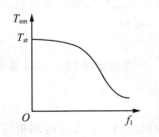

图 8.28   典型步进电动机的矩频特性

（2）矩频特性。

步进电动机可以在单脉冲方式下运行，也可以在多脉冲方式下运行。但大部分时间步进电动机是在多脉冲方式下连续运行的，相应的电磁转矩也变为动态电磁转矩。电磁转矩与脉冲频率之间的关系 $T_{em} = f(f_1)$ 称为矩频特性。图 8.28 给出了典型步进电动机的矩频特性。

由矩频特性可见，当步进电动机连续运行时，随着定子通电脉冲频率的提高，动态电磁转矩下降。这主要是由于定子绕组电感引起定子绕组电流按指数规律上升所造成的。当定子通电脉冲频率较低时，定子绕组电流可以达到稳定值，步进电动机的动态电磁转矩与静态时相同。当定子通电脉冲频率高到一定程度时，由于多个脉冲作用，定子绕组电流在每个周期内不可能达到稳定值，结果，步进电动机的动态电磁转矩小于静态转矩。频率越高，动态电磁转矩越小。

为了说明动态稳定和静态稳定的概念，图 8.27 分别画出了 A、B、C 三相绕组单独通电时的矩角特性，两者相差一个步距角 θ_s。假定步进电动机处于空载状态，即负载转矩 $T_L = 0$，开始时仅 A 相定子绕组通电，则 A 相绕组的矩角特性即为步进电机的矩角特性。显然，转子稳定运行在原点 0（即 a 点）。当由 A 相绕组通电切换至 B 相绕组通电时，步进电机的矩角特性变为 B 相绕组的矩角特性。由于切换瞬间 θ_s 角不能突变，故运行点由 a 点跳至 a' 点，显然 a' 点处于 B 相绕组单独通电时的稳定运行区域 $-\pi + \theta_s < \pi + \theta_s$ 内。此时，由于 $T_{em} > T_L$，转子将顺时针加速运行至 b 点，并在 b 点稳定运行。

同理，若负载转矩 $T_L = 0$，通电状态切换前，相应的运行点位于如图 8.27 中的 a_1 点。通电状态切换后，转子稳定运行点的轨迹为 $a_1 \rightarrow b_1$，在 C 相绕组通电前，转子稳定运行在 b_1 点。

通常，把切换过程中步进电动机不至于引起失步的区域称为动稳定区，用失调角 θ 表示。很显然，图 8.27 中，动稳定区为 $-\pi + \theta_s < \pi + \theta_s$。由此可见，步距角 θ_s 越小，动稳定区越接近静稳定区，步进电动机稳定性越好。因此，三相单、双六拍通电方式要比单三拍或双六拍更稳定。

此外，由图 8.27 还可以看出，为了保持转子动态稳定运行，步进电动机所能带动的最大负载转矩 T_L 不能超过 A、B 两相矩角特性交点处的静转矩，即步进电机的最大转矩。最大转矩又称为启动转矩，为了确保转子动态稳定运行，最大转矩是步进电动机的负载能力的上限。如果负载转矩超过最大转矩，转子将无法切换到新的平衡点。

另外值得注意的是，步进电动机的最大脉冲频率，即启动频率是空载情况下步进电动机能够不引起失步启动的最大脉冲频率，这个频率随着负载转矩和转动惯量的增加，有所下降。步进电动机运行时的频率又称为连续工作频率，即步进电动机正常运行（或不失步）时的最高脉冲频率。一般情况下，运行频率要比启动频率高得多。

8.3.6　步进电动机的应用

步进电动机的应用十分广泛，如机械加工、绘图机、机器人、计算机的外部设备、自动记录仪表等。它主要用于工作难度大、要求速度快、精度高等场合。电力电子技术和微电子技术的发展为步进电动机的应用开辟了广阔的前景。

1. 步进电动机在数控机床中的应用

数控机床是数字程序控制机床的简称。它具有通用性、灵活性及高度自动化的特点。主要适用于加工零件精度要求高，形状比较复杂的生产中。它的工作过程是，首先应按照零件加工的要求和加工的工序，通过手工或自动编程软件编制加工程序，并将程序送入微型计算机中，计算机根据程序中的数据和指令进行大量计算和控制，然后根据所得结果向各个方向的步进电动机发出相应的控制脉冲信号，使步进电动机带动工作机构按加工的要求依次完成各种动作，如转速变化、正反转、启停等。这样就能自动地加工出程序所要求的零件。图 8.29 为数控机床方框图，图中实线所示的系统为开环控制系统，在开环系统的基础上再加上虚线所示的测量装置，即构成闭环控制系统。

2. 软磁盘驱动系统

软磁盘存储器是一种十分简便的外部信息存储装置(曾经作为计算机的标配，但现在完全被新式的存储装置取代)。当软磁盘插入驱动器后，驱动电机带动主轴旋转，使盘片在盘套内转动。磁头安装在磁头小车上，步进电动机通过传动机构驱动磁头小车，步进电动机的步矩角变换成磁头的位移。步进电动机每行进一步，磁头移动一个磁道。如图 8.30 所示。

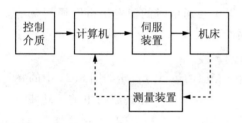

图 8.29　数控机床方框图

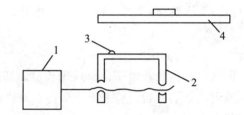

图 8.30　软磁盘驱动系统

1—步进电动机；2—磁头小车；3—磁头；4—软磁盘

3. 针式打印机

一般针式打印机的字车电机和走纸电机都采用步进电动机，如 LQ-1600K 打印机。在逻辑控制电路 CPU 和门阵列的控制下，走纸步进电动机通过传动机构带动纸滚转动，每转一步使纸移动一定的距离。字车步进电动机可以加速或减速，使字车停在任意指定位置或返回到打印起始位置。字车电机的步进速度是由一单元时间内多个驱动脉冲所决定的，改变步进速度可产生不同的打印模式中的字距。

▶ 8.4　自整角机

自整角机是利用自整步特性将转角变为交流电压或由转角变为转角的感应式微型电机，在伺服系统中被用作测量角度的位移传感器。自整角机还可用以实现角度信号的远距离传输、变换、接收和指示。两台或多台电机通过电路的联系，使机械上互不相连的两根或多根转轴自动地保持相同的转角变化或同步旋转。电机的这种性能称为自整步特性。在伺服系统中，产生信号一方所用的自整角机称为发送机，接收信号一方所用自整角机称为接收机。自整角机广泛应用于冶金、航海等位置和方位同步指示系统以及火炮、雷达等伺服系统中。

自整角机按其使用要求不同，可分为控制式自整角机和力矩式自整角机。控制式自整角接收机输出的是与两轴转角差成一定关系的电压，该电压控制交流伺服电动机去带动被动轴旋转，故能带动较大负载。由于接收机工作在变压器状态，故通常称为自整角变压器。力矩式接收机直接输出力矩并带动负载，但带载能力差，只能带动指针、刻度盘等轻负载，常用于角度传输精度要求不很高的指示系统中。

8.4.1 力矩式自整角机的工作原理

力矩式自整角机的工作原理可以由图 8.31 来说明。图中，由结构、参数均相同的两台自整角机构成自整角机组，一台用来发送转角信号，称自整角发送机，用 ZLF 表示；另一台用来接收转角信号，称为自整角接收机，用 ZLJ 表示。两台自整角机中的整步绕组均接成星形，三对相序相同的相绕组分别连接成回路。两台自整角机转子中的励磁绕组接在同一个单相交流电源上。

在励磁绕组中通入单相交流电流时，两台自整角机的气隙中都将产生脉振磁场，其大小随时间按余弦规律变化。脉振磁场使整步绕组的各相绕组生成时间上同相位的感应电动势，电动势的大小取决于整步绕组中各相绕组的轴线与励磁绕组轴线之间的相对位置。当整步绕组中的某一相绕组轴线与其对应的励磁绕组轴线重合时，该相绕组中的感应电动势为最大，用 E_m 表示电动势的最大值。

设发送机整步绕组中的 A 相绕组轴线与其对应的励磁绕组轴线的夹角为 θ_F，接收机整步绕组中的 A 相绕组轴线与其对应的励磁绕组轴线的夹角为 θ_J，如图 8.31 所示。则整步绕组中各相绕组的感应电动势有效值如下。

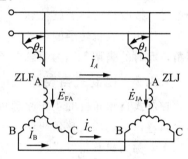

图 8.31 力矩式自整角机的原理图

对发送机：

$$E_{FA} = E_m \cos \theta_F$$
$$E_{FB} = E_m \cos (\theta_F - 120°) \qquad (8-13)$$
$$E_{FC} = E_m \cos (\theta_F - 240°)$$

对接收机：

$$E_{JA} = E_m \cos \theta_J$$
$$E_{JB} = E_m \cos (\theta_J - 120°) \qquad (8-14)$$
$$E_{JC} = E_m \cos (\theta_J - 240°)$$

由于发送机与接收机各连接相的感应电动势在时间上是同相位的，可得各相回路的合成电动势为：

$$
\left.
\begin{aligned}
\Delta E_A &= E_{JA} - E_{FA} = E_m(\cos \theta_J - \cos \theta_F) \\
&= 2E_m \sin \frac{\theta_F + \theta_J}{2} \sin \frac{\theta}{2} \\
\Delta E_B &= E_{JB} - E_{FB} = 2E_m \sin \left(\frac{\theta_F + \theta_J}{2} - 120° \right) \sin \frac{\theta}{2} \\
\Delta E_C &= E_{JC} - E_{FC} = 2E_m \sin \left(\frac{\theta_F + \theta_J}{2} - 240° \right) \sin \frac{\theta}{2}
\end{aligned}
\right\} \qquad (8-15)
$$

式中：$\theta = \theta_F - \theta_J$——发送机、接收机偏转角之差，称为失调角。

当 $\theta_J \neq \theta_F$，即失调角 $\theta \neq 0$ 时，整步绕组中各相回路的合成电动势不为零，使各相回路中产生均衡电流。设整步绕组中的各相阻抗为 Z，则各相回路的均衡电流有效值为：

$$I_A = \frac{\Delta E_A}{2Z} = \frac{E_m}{Z}\sin\frac{\theta_F + \theta_J}{2}\sin\frac{\theta}{2}$$

$$I_B = \frac{\Delta E_B}{2Z} = \frac{E_m}{Z}\sin\left(\frac{\theta_F + \theta_J}{2} - 120°\right)\sin\frac{\theta}{2} \quad\quad (8\text{-}16)$$

$$I_C = \frac{\Delta E_C}{2Z} = \frac{E_m}{Z}\sin\left(\frac{\theta_F + \theta_J}{2} - 240°\right)\sin\frac{\theta}{2}$$

由于 $\theta_J \neq \theta_F$ 时，整步绕组各相回路中存在均衡电流，带电的整步绕组在气隙磁场的作用下产生电磁转矩，电磁转矩作用于整步绕组而试图使定子旋转。由于定子不能旋转，电磁转矩只能反作用于转子而使接收机转子转动（发送机转子的转轴是主令轴，不能因此而旋转。）接收机转子转动到使 $\theta = 0$ 时，均衡电流为零，接收机转子停转。可见，只要发送机转子转过一个角度，接收机的转子就会在接收机本身生成的电磁转矩作用下转过一个相同的角度，$\theta_J = \theta_F$，从而实现了转角的远距离再现。

实际上，由于存在摩擦转矩，当电磁转矩随失调角减小而减小到等于或小于摩擦转矩时，接收机的转子就停转了，也就是说，均衡电流未下降到零时接收机转子就停转了，说明接收机转子的偏转角与发送机转子的偏转角还有一定的偏差，即仍存在失调角，此时的失调角称为静态误差角。静态误差角越小，力矩式自整角机的精度越高。

8.4.2 控制式自整角机的工作原理

控制式自整角机的工作原理可以由图 8.32 来说明。图中，由结构、参数均相同的两台自整角机构成自整角机组。一台用来发送转角信号，它的励磁绕组接到单相交流电源上，称为自整角发送机，用 ZKF 表示。另一台用来接收转角信号并将转角信号转换成励磁绕组中的感应电动势输出，称之为自整角接收机，用 ZKJ 表示。两台自整角机定子中的整步绕组均接成星形，三对相序相同的相绕组分别接成回路。

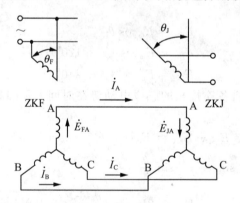

图 8.32 控制式自整角机系统的原理图

在自整角发送机的励磁绕组中通入单相交流电流时，两台自整角机的气隙中都将产生脉振磁场，其大小随时间按余弦规律变化。脉振磁场使自整角发送机整步绕组的各相绕组生成时间上同相位的感应电动势，电动势的大小取决于整步绕组中各相绕组的轴线与励磁绕组轴线之间的相对位置。当整步绕组中的某一相绕组轴线与励磁绕组轴线重合时，该相绕组中的感应电动势为最大值，用 E_{Fm} 表示电动势的最大值。

设发送机整步绕组中的 A 相绕组轴线与其对应的励磁绕组轴线的夹角为 θ_F，接收机整步绕组中的 A 相绕组轴线与其对应的励磁绕组轴线的夹角为 θ_J，如图 8.32 所示。发送机整步绕组中各相绕组的感应电动势有效值为：

$$E_{FA} = E_{Fm}\cos\theta_F$$
$$E_{FB} = E_{Fm}\cos(\theta_F - 120°) \quad\quad\quad (8\text{-}17)$$
$$E_{FC} = E_{Fm}\cos(\theta_F - 240°)$$

可以证明，接收机励磁绕组的合成电动势，即输出电动势 E_o 为：

$$E_o = E_{om}\cos\theta \quad\quad\quad (8\text{-}18)$$

式中，E_{om} 为最大输出电动势有效值。从上该式中可以看出，失调角 $\theta = 0$ 时，接收机的输出电动势为最大而不是零，且与失调角 θ 有余弦关系的输出电动势不能反映发送机转子的偏转方向，故很不实用。实际的控制式自整角机是将接收机转子绕组轴线与发送机转子绕组轴线垂直时的位置作为计算 θ_F 的起始位置。此时，输出电动势表示为：

$$E_o = E_{om}\cos(\theta - 90°) = E_{om}\sin\theta \quad\quad\quad (8\text{-}19)$$

由于接收机转子不能转动，即 θ_J 是恒定的。控制式自整角机的输出电动势的大小反映了发送机转子的偏转角度，输出电动势的极性反映了发送机转子的偏转方向，从而实现了将转角转换成电信号。

8.4.3　自整角机的误差与选用时应注意的事项

1. 自整角机的误差

力矩式自整角机的误差主要有零位误差和静态误差。

力矩式自整角发送机加励磁电压后，通过旋转整步绕组可使一组整步绕组的线电动势为零，该位置即为基准电气零位。从基准电气零位开始，转子每转过 $60°$ 电角度，在理论上应当有一组整步绕组线电动势为零，但由于设计及加工工艺等因素的影响，实际电气零位和理论零位之间有差异，实际电气零位与理论电气零位的差即为发送机的零位误差。

力矩式自整角机系统，当发送机与接收机处于静态协调时，接收机与发送机转子转角之差，称为力矩式自整角接收机的静态误差。力矩式自整角机的静态误差是衡量接收机跟随发送机的静态准确程度的指标。静态误差小则接收机跟随发送机的能力强。力矩式自整角机的静态误差主要取决于比整步转矩（失调角 $\theta = 1°$ 时产生的整步转矩称为比整步转矩）和摩擦力矩的大小。

控制式自整角机的误差主要有电气误差、零位电压误差。

2. 选用时的注意事项

力矩式和控制式自整角机常应用于精度较低的指示系统。如液面的高低，闸门的开启度，液压电磁阀的开闭，船舶的舵角、方位和船体倾斜的指示，核反应堆控制棒位置的指示等。而控制式自整角机适用于精度高、负载较大的伺服系统，如雷达高低角自动显示系统等。

选用自整角机还应注意以下几个问题：

（1）自整角机的励磁电压和频率必须与使用的电源符合，若电源可任意选择时，应选用电压较高（一般是 400V）的自整角机，其性能较好，体积较小。

（2）相互连接使用的自整角机，其对应绕组的额定电压和频率必须相同。

（3）在电源容量允许的情况下，应选用输入阻抗较低的发送机，以便获得较大的负载能力。

（4）选用自整角变压器时，应选用输入阻抗较高的产品，以减轻发送机的负载。

▶ 8.5 旋转变压器

旋转变压器是一种电磁式传感器，又称同步分解器。它是一种测量角度用的小型交流电动机，用来测量旋转物体的转轴角位移和角速度，由定子和转子组成。其中定子绕组作为变压器的原边，接受励磁电压，励磁频率通常用 400Hz、3 000Hz 及 5 000Hz 等。

8.5.1 旋转变压器的结构及工作原理

1. 旋转变压器的结构

旋转变压器实质是二次绕组（转子绕组）可以旋转的特殊变压器。当一次绕组（定子绕组）接单相交流电源励磁，转子转过不同的角度时，定子、转子绕组之间的磁耦合关系随之改变，使旋转变压器的输出电压与转子的转角具有某种函数关系。

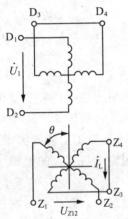

图 8.33　正余弦旋转变压器结构原理图

旋转变压器分为定子和转子两大部分，一般制成两极电机。定子、转子铁芯采用高导磁率的软磁材料或硅钢片叠成。定子、转子铁芯的槽中均嵌有在空间位置上互差 90°电角度、参数完全相同的两套绕组。定子上的两套绕组表示为 D_1D_2 和 D_3D_4，其有效匝数均为 N_1。转子上的两套绕组表示为 Z_1Z_2 和 Z_3Z_4，其有效匝数为 N_2，如图 8.33 所示。

2. 旋转变压器的工作原理

（1）正余弦旋转变压器的工作原理。

正余弦旋转变压器的转子输出电压与转子转角 θ 呈正弦或余弦关系，它可用于坐标变换、三角运算、单相移相器、角度数字转换、角度数据传输等场合。正余弦旋转变压器的工作原理如图 8.33 所示。

在定子绕组 D_1D_2 施以交流励磁电压 $\dot{U}_1$，则建立磁通势 F 而产生脉振磁场，当转子在原来的基准电气零位逆时针转过 θ 角度时，则图 8.33 中的转子绕组 Z_1Z_2 和 Z_3Z_4 中所产生的电压分别为：

$$U_{Z12} = k_u U_1 \cos \theta \tag{8-20}$$

$$U_{Z34} = k_u U_1 \sin \theta \tag{8-21}$$

由上式，称转子的 Z_1Z_2 绕组为余弦绕组、称 Z_3Z_4 绕组为正弦绕组。

为了使正余弦旋转变压器负载时的输出电压不畸变，仍是转角的正余弦函数，则希望转子正余弦绕组的负载阻抗相等；希望定子上的 D_3D_4 绕组自行短接，以补偿由于负载电流引起的与 F 垂直的会引起输出电压畸变的磁通势，因此绕组 D_3D_4 也称补偿绕组。

（2）线性旋转变压器的工作原理。

线性旋转变压器使转子的输出电压与转子转角 θ 呈线性关系，即 $U_{Z34} = f(\theta)$ 函数曲线为一直线，故它只能在一定转角范围内用做机械角与电信号的线性变换。若用正余弦旋转变压器的正弦输出绕组做输出 $U_{Z34} = k_U U_1 \sin \theta$，则只能在 θ 很小的范围内，使 $\sin \theta = \theta$ 时，才有 $U_{Z34} \approx \theta$ 的关系。为了扩大线性的角度范围，将图 8.33 接成如图 8.34 所示，即把正余弦旋转变压器的定子绕组 $D_1 D_2$ 与转子绕组 $Z_1 Z_2$ 串联，成为一次侧（励磁方）。当施以交流电压 $\dot{U}_1$ 后，经推导，转子绕组 $Z_3 Z_4$ 所产生电压 U_{Z34} 与转子转角 θ 有如下关系：

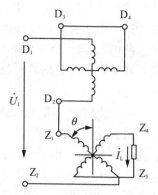

图 8.34　线性旋转变压器原理图

$$U_{Z34} = \frac{k_u U_1 \sin \theta}{1 + k_u \cos \theta} \tag{8-22}$$

当 k_u 取在 $0.56 \sim 0.6$ 之间时，则转子转角 θ 在 $\pm 60°$ 范围内与输出电压 U_{Z34} 呈良好的线性关系。

8.5.2　旋转变压器的误差及改进方法

旋转变压器作为一种精密元件，要求它必须具有高精度、高稳定性、高可靠性和良好的机械性能。然而，实际的旋转变压器不可能没有误差。针对不同的误差，可以采用合理的方法加以改进，从而最大限度提高旋转变压器的精度，使其更能满足不同的生产需要。

1. 设计因素引起的误差及其改进方法

设计误差是指设计上由种种原因而不可避免的误差。对于这些误差，设计者只能尽量缩小其影响，相当大的一部分误差是不可能完全消除的，如：绕组问题、齿谐波问题、导磁材料问题以及其他设计问题。对于绕组问题，可以采取原绕组和副绕组都采用正弦分布绕组的方法来改进；对于齿谐波问题，根据其产生原理，可以借助于斜槽和定、转子齿数的适当配合来削弱谐波的影响，考虑到工艺便利，一般都采用转子斜槽，另外增大气隙长度对降低齿谐波也有很好的效果；对于因磁性材料而产品影响产品精度的因素，首先是选用高磁导率和具有高起始磁导（即在靠近原点时，磁化曲线成线性关系）的材料；在工艺方法中，定子、转子铁芯叠装时，将后一片的冲片沿一定方向与前一冲片错叠一个槽的位置。增大气隙长度以降低铁芯在整个磁路上的影响，也是解决磁性材料不均匀的一个方法。

2. 机加工工艺引起的误差及其改进方法

由于机械加工不良而引起的定子内圆椭圆、转子外圆椭圆，定子、转子相对偏心，导磁材料的片间短路等问题都会引起旋转变压器的误差。加工工艺良好与否，对旋转变压器的性能和精度有着巨大的影响，特别是在小机座号产品中，其影响更为突出。因此采用先进的加工工艺，是保证旋转变压器的一个重要环节。

3. 应用及环境因素引起的误差

当使用条件发生变化时，对旋转变压器性能也会造成一定的影响。特别是输入电压、频率和环境温度的变化对旋转变压器性能（主要是对变比及相位移）的影响较大。对于这些变化因素，在设计时是很难考虑进去的，然而这些因素都严重地影响到旋转变压器的运行。这些变化因素在某些系统运行中是难免的，特别是随着宇航技术的发展，环境温度的变化幅度也越来越大。针对这种情况，必须预先采取有效措施予以防备，尽量减小应用及环境的影响。

4. 机械结构引起的误差及其改进方法

机械结构的良好与否，直接影响到旋转变压器的精确度和可靠性。旋转变压器的外壳材料通常采用阳极氧化铝和不锈钢。前者质量轻、成本低，但由于铝的热膨胀系数与铁芯不一样，故在外界温度变化很大的情况下，机械配合容易发生变化，直接影响性能。并且铝的抗腐蚀性远不及不锈钢，故在恶劣环境下运行的旋转变压器，其外壳多采用不锈钢制造。不锈钢的缺点是使产品的重量增大，造价也较高。因此，在不同的运行条件下，采用相应的机械结构可以减小误差。

8.5.3　旋转变压器的应用

旋转变压器的应用，近期发展很快。除了传统的、要求可靠性高的军用、航空航天领域之外，在工业、交通以及民用领域也得到了广泛的应用。特别应该提出的是，这些年来，随着工业自动化水平的提高，随着节能减排的要求越来越高，效率高、节能显著的永磁交流电动机的应用，越来越广泛。而永磁交流电动机的位置传感器，原来是以光学编码器居多，但这些年来，却迅速地被旋转变压器代替。可以举几个明显的例子，在家电中，不论是冰箱、空调、还是洗衣机，目前都是向变频变速发展，采用的是正弦波控制的永磁交流电动机。目前各国都在非常重视的电动汽车中，电动汽车中所用的位置、速度传感器都是旋转变压器。例如，驱动用电动机和发电机的位置传感、电动助力方向盘电机的位置速度传感、燃气阀角度测量、真空室传送器角度位置测量等，都是采用旋转变压器。在应用于塑压系统、纺织系统、冶金系统以及其他领域里，所应用的伺服系统中关键部件伺服电动机上，也是用旋转变压器作为位置速度传感器。旋转变压器的应用已经成为一种趋势。

▶ 8.6　直线电动机

直线电动机是一种将电能直接转换成直线运动机械能的电力传动装置。它可以省去大量中间传动机构，加快系统反映速度，提高系统精确度，所以得到了广泛的应用。

8.6.1　直线电动机的原理与分类

1. 直线电动机工作原理

直线电动机的工作原理和旋转式异步电动机一样，定子绕组与交流电源相连接，通以多相交流电流后，则在气隙中产生一个平稳的行波磁场（当旋转磁场半径很大时，就成了直线运动的行波磁场）。该磁场沿气隙作直线运动，同时，在转子导体中感应出电动势，并产生电流，这个电流与行波磁场相互作用产生异步推动力，使转子沿行波方向作直线运动。若把直线异步电动机定子绕组中电源相序改变一下，则行波磁场移动方向也会反过来，根据这一原理，可使直线异步电动机作往复直线运动。

直线电机是由旋转电机演变来的，将图 8.35 所示的旋转电机在顶上沿径向剖开，并将圆周拉直，便成了图 8.36 所示的直线电机。

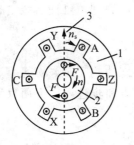

图 8.35　旋转电机的基本工作原理
1—定子；2—转子；3—磁场方向

图 8.36　直线电机的基本原理
1—初级（定子）；2—次级（转子）；3—行波磁场

图 8.36 所示的直线电机的三相绕组中通入三相对称正弦电流后，也会产生气隙磁场。当不考虑由于铁芯两端断开而引起的纵向边端效应时，这个气隙磁场的分布情况与旋转电机相似，即可看成沿展开的直线方向呈正弦形分布。当三相电流随时间变化时，气隙磁场将按 A、B、C 相序沿直线向左移动。这个原理与旋转电机的相似，二者的差异是：直线电机磁场是平移的而不是旋转的，因此称为行波磁场。显然，行波磁场的移动速度与旋转磁场在定子内圆表面上的线速度是一样的，即为 v_s，称为同步速度(m/s)，且：

$$v_s = 2f\tau \tag{8-23}$$

再来看行波磁场对次级的作用。假定次级为栅形次级，图 8.36 中仅画出其中一根导条。直线电机通电后，行波磁场切割次级导条，次级导条将感应电动势并产生电流。而所有导条的电流和气隙磁场相互作用便产生电磁推力。在这个电磁推力的作用下，如果初级固定不动，那么次级就顺着行波磁场运动的方向作直线运动。若次级移动的速度用 v 表示，移动的差率（简称移差率）用 s 表示，则有：

$$s = \frac{v_s - v}{v_s} \tag{8-24}$$

在电动机运行状态下，s 在 0 与 1 之间。上述就是直线电机的基本原理。

应该指出，直线电机的次级大多采用整块金属板或复合金属板，因此并不存在明显的导条。但在分析时，不妨把整块看成是无限多的导条并列安置，这样仍可以应用上述原理进行讨论。在图 8.37 中，分别画出了假想导条中的感应电流及金属板内电流的分布，图中 l_δ 为初级铁芯的厚度，c 为次级在 l_δ 长度方向伸出初级铁芯的宽度，它用来作为次级感应电流的端部通路，c 的大小将影响次级的电阻。

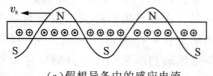

（a）假想导条中的感应电流

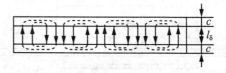

（b）金属板内电流分布

图 8.37　次级导体板中的电流

三相感应旋转电机通过对换任意两相，可以实现反向旋转。这是因为三相绕组的相序相反了，旋转磁场的转向也随之反了，使转子转向跟着反过来。同样，直线电机对换任意两相的电源线后，运动方向也会反过来，根据这一原理，可使直线电机做往复直线运动。

2. 直线电动机分类

直线电动机的种类按结构形式可分为：单边扁平型、双边扁平型、圆盘型、圆筒型（或称为管型）等；按工作原理可分为：直流、异步、同步和步进等。下面仅对结构简单，使用方便，运行可靠的直线异步电动机做简要介绍。

8.6.2　直线感应电动机

1. 直线感应电动机的基本结构

直线电机主要由初级（相当于旋转电机的定子）和次级（相当于旋转电机的转子）两大部分构成，简单地说，直线电机的初级就好像把普通旋转电机的定子按径向剖开并将它拉直，次级亦按这种方式处理，作为初级的一列线圈按一定的相序通电流，初、次级之间就会产生电磁力。

简单地将普通鼠笼式感应电动机剖开拉直而得到两类不同的直线感应电动机，即"短初级（或短定子）电机"和"短次级（或长定子）电机"，如图8.38所示。一般地说，短初级电机的制造成本和运行成本要比短次级低得多。另外，次级的结构可以进一步简化，通常制成为一片导体，整个系统仅在其长度上一小部分有电流流通。

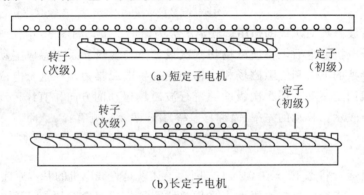

图 8.38　扁平型直线感应电动机的两种基本类型

图8.38所描述的情况是假设定子和转子均由叠片铁芯槽中的导体所组成，这是旋转感应电机的普通结构。在这种结构中，除了电机所产生的切向电磁推力外，在初、次级内表面之间还存在着一种纯磁拉力。为了消除这种因结构不对称而引起的失衡磁拉力，人们设计了一种双边型直线电机，次级导体不再嵌在槽中而是在气隙中工作，在结构上是一片结实的导体。电机的初级有两个，分别对称布置在次级两边，如图8.39所示，这种电机亦称为"片状转子"（扁平型）的直线感应电机。

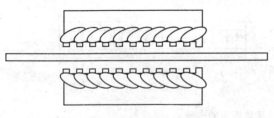

图 8.39　"片状转子"的双边直线感应电机

在直线电机领域中，扁平型直线感应电机尤其适用于运输系统，在 20 世纪 50 年代以后，直线感应电动机在推进和运输方面的应用取得了很大的进展。直线电机用于轨道交通牵引中时，把初级装在车上，次级作为轨道本身是最佳方案，如图 8.40 所示。这时次级又称为反应板或反应轨道，初级和次级之间表面之间存在着磁拉力（推

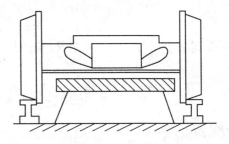

图 8.40　直线感应电机作为轨道交通牵引电机

力），这种磁拉力有助于减小轮轨之间的压力而减小磨损，这种结构的直线感应电机在地铁动车上的应用比较广泛。

考虑到经济性、实用性等问题，直线感应电机的次级多用以下型式或材料：(1)绕线式；(2)鼠笼式；(3)铁片；(4)非铁金属片；(5)铁与非铁金属片的夹层片；(6)非铁金属片中嵌进铁芯。其中用于轨道运输用的短定子电机，以(4)～(6)材料最为实用，而(6)作为鼠笼式的简化型，可望有优良的特性。

2. 工作原理

直线感应电动机的工作原理都是相同的，下面以扁平型直线感应电动机的工作原理为例进行分析。直线感应电机的定子(初级)由冲出槽的电工钢片叠压而成，槽中嵌有绕组。转子(次极或反应板)一般是由铜或铝制成的金属板，定子和转子之间有一定的气隙。当定子绕组通入两相或三相交流电时，就产生由下式表达的磁通密度 B，即：

$$B = B_{\mathrm{m}}\cos\left(\omega t - \frac{\pi x}{\tau}\right) \tag{8-25}$$

式中，$\omega = 2\pi f$ 为交流电的角频率(rad/s)；f 为频率(Hz)；B_{m} 为磁通密度幅值；t 为时间(s)；x 为定子表面上的距离(m)；τ 为极距(m)。

极距 p 是图中磁通密度 B 的半波长，也就是等于半个周期的长度。式(8-25)中磁通密度 B 既是 t 的函数也是距离 x 的函数。图 8.41 中 B 的波形是 $t = 0$ 时的波形，如果加进时间因素，B 的波形将会向右方向移动。

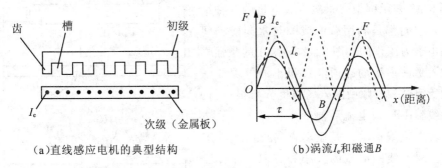

(a)直线感应电机的典型结构　　　　(b)涡流 I_{e} 和磁通 B

图 8.41　直线感应电动机的结构、涡流 I_{e} 和磁通 B

这种用 t 和 x 作为函数的磁通密度称为行波磁场，与旋转感应电动机中的旋转磁场原理相同。当定子通入上述交流电产生磁通时，根据楞次定律，将在动体的金属板上感应出涡流。设引起涡流的感应电压为 E_{e}，在金属板上磁通的作用面积为 A，则

$$E_e = -A \frac{dB}{dt} = \omega A B_m \sin\left(\omega t - \frac{\pi x}{\tau}\right) \tag{8-26}$$

金属板中有电感 L 和电阻 R，设阻抗为 $Z = R + j\omega L$，则金属板上的涡流电流 I_e 如下式：

$$I_e = \frac{E_e}{Z} = \frac{E_0}{Z} \sin\left(\omega t - \frac{\pi x}{\tau} - \varPhi\right) \tag{8-27}$$

式(8-27)中，$Z = \sqrt{R^2 + (\omega L)^2}$，$\varPhi = \arctan\frac{\omega L}{R}$，$E_0 = \omega A B_m$。

涡流电流 I_e 和磁通密度 B 将产生连续的推力 F，这就是 LIM 的工作原理。

直线电机与普通的旋转电机相比，有三点比较特殊：第一，直线电机有纵向边端效应(包括始端和终端效应)和横向边端效应；第二，直线电机气隙较大；第三，电机初级电流产生的磁场不对称。边端效应和大气隙通常会造成以下后果：电机工作时功率输出减小，在所有场合下效率较低和功率/质量比较小。

直线感应电动机的控制方式与旋转式感应电机相比没有本质的差别。在车辆牵引中，采用变频变压控制(VVVF)，采用该技术可以使直线电机达到高效运行。

8.6.3　直线直流电动机

直线直流电机主要有永磁式和电磁式两种类型。前者多用在功率较小的自动记录仪表中，如记录仪中笔的纵横走向的驱动，摄影机中快门和光圈的操作机构，电表试验中探测头，电梯门控制器的驱动等；而后者则用在驱动功率较大的机构中。下面分别对它们作一些介绍。

1.　永磁式

随着高性能永磁材料的出现，各种永磁直线直流电机相继出现。由于它具有结构简单，无旋转部件，无电刷，速度易控，反应速度快，体积小等优点，在自动控制仪器仪表中被广泛的采用。

图 8.42 表示框架式永磁直线电机的 3 种结构型式，它们都是利用载流线圈与永久磁场间产生的电磁力工作的。图 8.42(a)采用的是强磁铁结构，磁铁产生的磁通经过很小的气隙被框架软铁所闭合，气隙中的磁场强度分布很均匀。当可动线圈中通入电流后便产生电磁力，使线圈沿滑轨作直线运动，其运动方向可由左手定则确定。改变线圈电流的大小和方向，即可控制线圈运动的推力和方向。这种结构的缺点是要求永久磁铁的长度大于可动线圈的行程。如果记录仪的行程要求很长，则磁铁长度就更长。因此，这种结构成本高、体积笨重。图 8.42 (b)所示结构是采用永久磁铁移动的型式。在一

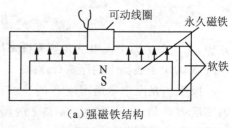

（a）强磁铁结构

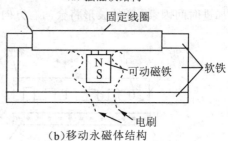

（b）移动永磁体结构

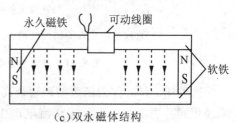

（c）双永磁体结构

图 8.42　永磁式直线直流电动机

个软铁框架上套有线圈，该线圈的长度要包括整个行程。显然，当这种结构形式的线圈流过电流时，不工作的部分要白白消耗能量。为了降低电能的消耗，可将线圈外表面进行加工使铜裸露出来，通过安装在磁极上的电刷把电流馈入线圈中（如图中虚线所示）。这样，当磁极移动时，电刷跟着滑动，可只让线圈的工作部分通电。但由于电刷存在磨损，故降低了可靠性和寿命。图 8.42(c) 所示的结构是在软铁架两端装有极性同向放置的两块永久磁铁，通电线圈可在滑道上作直线运动。这种结构具有体积小、成本低和效率高等优点。国外将它组成闭环系统，用在 25.4cm(10 英寸)录音机中，得到了良好的效果，在推动 2.5N 负载的情况下，最大输入功率为 8W，通过全程只需 0.25s，比普通类型闭环系统性能有很大提高。

在设计永磁直线电机时应尽可能减少其静摩擦力，一般控制在输入功率的 20%～30%。故应用在精密仪表中的直线电机采用了直线球形轴承或磁悬浮及气垫等形式.以降低静磨擦的影响。

2. 电磁式

当功率较大时，上述直线电机中的永久磁钢所产生的磁通可改为由绕组通入直流电励磁所产生，这就成为电磁式直线直流电机。图 8.43 表示这种电机的典型结构，其中图(a)是单极电机；图(b)是两极电机。此外，还可做成多极电机。由图可见，当环形励磁绕组通入电流时，便产生了磁通，它经过电枢铁芯、气隙、极靴端板和外壳形成闭合回路，如图中虚线所示。电枢绕组是在管形电枢铁芯的外表面上用漆包线绕制而成的。对于两极电机，电枢绕组应绕成两半，两半绕组绕向相反，串联后接到低压电源上。当电枢绕组通入电流后，载流导体与气隙磁通的径向分量相互作用，在每极上便产生轴向推力。若电枢被固定不动，磁极就沿着轴线方向作往复直线运动（图示的情况）。当把这种电机应用于短行程和低速移动的场合时，可省掉滑动的电刷；但若行程很长，为了提高效率，应与永磁式直线电机一样，在磁极端面上装上电刷，使电流只在电枢绕组的工作段流过。

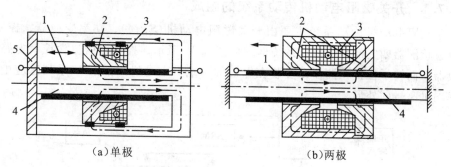

（a）单极　　　　　　　（b）两极

图 8.43　电磁式直线直流电动机

1—电枢绕组；2—极靴；3—励磁绕组；4—电枢铁芯；5—非磁性端板

图 8.43 所示的电动机可以看作为管形的直流直线电动机。这种对称的圆柱形结构具有若干优点。例如，它没有线圈端部，电枢绕组得到完全利用；气隙均匀，消除了电枢和磁极间的吸力。

▶ 8.7 开关磁阻电动机

开关磁阻电动机传动系统是继变频调速系统、无刷直流电动机调速系统之后发展起来的最新一代无级调速系统，是集现代微电子技术、数字技术、电力电子技术、红外光电技术及现代电磁理论、设计和制作技术为一体的光、电、机一体化高新技术产品。它的调速系统兼具交直流两类调速系统的优点，广泛应用于家用电器、航空航天、电子、机械及电动车辆等领域。其组成如图 8.44 所示。

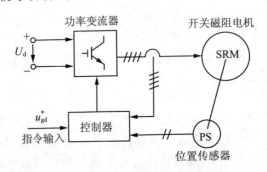

图 8.44　开关磁阻电机系统的组成

由图 8.44 可见，这种电机主要由开关磁阻电机本体、电力电子功率变流器、转子位置传感器及控制器四部分组成。

SRM 具有结构简单，转子转动惯量小、成本低、动态响应快等优点。其容量可设计成几瓦到几兆瓦。系统的调速范围也较宽，可以在低速下运行，也可以在高速场合下运行(最高转速可达 15 000r/min 以上)。除此之外，SRM 在运行效率、可靠性等方面均优于感应电机和同步电机。可以在散热环境差、存在化学污染环境下运行。

8.7.1　开关磁阻电动机传动系统的组成

开关磁阻电动机传动系统主要由开关磁阻电动机(SRM)、功率变换器、控制器、转子位置检测器四大部分组成，系统框图如图 8.45 所示。控制器内包含控制电路与功率变换器，而转子位置检测器则安装在电机的一端，电动机与国产 Y 系列感应电动机同功率同机座号同外形。

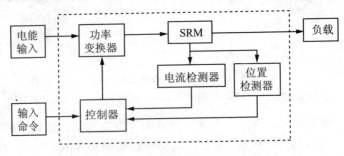

图 8.45　开关磁阻电动机传动系统框图

8.7.2　开关磁阻电动机的工作原理

图 8.46 所示为四相（8/6）结构 SRM 电动机原理图。为简单计，图中只画出 A 相绕组及其供电电路。SRM 电动机的运行原理遵循"磁阻最小原理"——磁通总要沿着磁阻最小的路径闭合，而具有一定形状的铁芯在移动到最小磁阻位置时，必使自己的主轴线与磁场的轴线重合。图 8.46 中，当定子 A—A′极励磁时，a—a′向

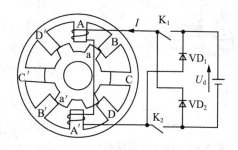

图 8.46　四相 8/6 极 SRM 电机结构原理图

定子轴线 A—A′重合的位置转动，并使 A 相励磁绕组的电感最大。若以图中定、转子所处的相对位置作为起始位置，则依次给 A—D—C—B 相绕组通电，转子即会逆着励磁顺序以逆时针方向连续旋转；反之，若依次给 B—C—D—A 相通电，则电动机即会沿顺时针方向转动。可见，SRM 电动机的转向与相绕组的电流方向无关，而仅取决于相绕组通电的顺序。另外，从图 8.46 可以看出，当主开关器件 K_1、K_2 导通时，A 相绕组从直流电源 U_d 吸收电能，而当 K_1、K_2 关断时，绕组电流经续流二极管 VD_1、VD_2 继续流通，并回馈给电源 U_d。因此，SRM 电动机传动的共性特点是具有再生作用，系统效率高。

在多相电机实际运行中，也常出现两相或两相以上绕组同时导通的情况。当 m 相中的定子绕组轮流通电一次，转子转过一个转子极距。

设转子极距角为 $\theta_r = 360°/Z_r$；定子每通断一次转子对应的转角 α_p，即 SRM 电动机每转过转角 α_p，对应绕组切换一次。α_p 为：

$$\alpha_p = \theta_r/m = 360°/mZ_r \tag{8-28}$$

SRM 电动机每一转绕组通断次数 N_P 为：

$$N_P = \frac{360°}{\alpha_p} = mZ_r \tag{8-29}$$

当 SRM 电动机以转速 n（r/min）转动时，SRM 电动机总的切换频率为：

$$f = \frac{n}{60}mZ_r \tag{8-30}$$

得 SRM 电动机转速为：

$$n = \frac{60f}{mZ_r} = \frac{60f_{ph}}{Z_r} \tag{8-31}$$

式中：f_{ph}——每相绕组开关频率。

8.7.3　开关磁阻电动机的相数与结构

SRM 电机可以设计成单相、两相、三相、四相及多相等不同相数结构，且有每极单齿结构和每极多齿结构，轴向气隙、径向气隙和轴向——径向混合气隙结构，内转子和外转子结构。低于三相的 SRM 电机一般没有自启动能力。相数多，有利于减小转矩波动，但导致结构复杂、主开关器件增多和成本增加。目前应用较多的是三相、四相和五相结构。

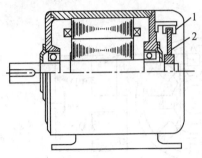

图 8.47 SRM 电机结构

1—传感器；2—磁盘

SRM 电机本体采用定子、转子双凸极结构，单边励磁，即仅定子凸极采用集中绕组励磁，而转子凸极上既无绕组也无永磁；定子、转子均由硅钢片叠压而成；定子绕组径向相对的极串联，构成一相；其结构原理如图 8.47 所示。

转子位置检测器有电磁式、光电式和磁敏式多种。现介绍得到广泛应用的光电式位置检测器。光电式位置检测器设在电机的非轴伸端，如图 8.48 所示。

光电式位置检测器由齿盘和光电传感器组成。齿盘截面和转子截面相同，装在转子上，光电传感器装在定子上，如图 8.48 所示。当磁盘随转子转动时，光电传感器检测到转子齿的位置信号，如图 8.48 所示。

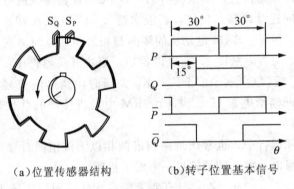

（a）位置传感器结构　　（b）转子位置基本信号

图 8.48 位置检测器原理图

图 8.48(a)中是一个四相 8/6 极电机的位置检测器，它只设置两个传感器 S_P 和 S_Q，它们空间相差 15°，磁盘上有间隔 30°的六个磁槽。图 8.48(b)是检测到的基本信号。

有传感器就增加了 SRM 电机结构的复杂性和可靠性难度，因此人们致力于研究无传感器方案，主要通过检测相电感来获取转子位置信息，这被公认是非常有意义的研究方向。

8.7.4 开关磁阻电动机传动系统的特点

1. 电动机结构简单、成本低、可用于高速运转

SRM 的结构比鼠笼式感应电动机还要简单。其突出的优点是转子上没有任何形式的绕组，因此不会有鼠笼感应电机制造过程中铸造不良和使用过程中的断条等问题。其转子机械强度极高，可以用于超高速运转（如每分钟上万转）。在定子方面，它只有几个集中绕组，因此制造简便、绝缘结构简单。

2. 功率电路简单可靠

因为电动机转矩方向与绕组电流方向无关，即只需单方相绕组电流，故功率电路可以做到每相一个功率开关。对比异步电动机绕组需流过双向电流，向其供电的 PWM 变频器功率电路每相需两个功率器件。因此，开关磁阻电动机调速系统较 PWM 变频器功率电路中所需的功率元件少，电路结构简单。另外，PWM 变频器功率电路中每桥臂两个功率开关管直接跨在直流电源侧，易发生直通短路烧毁功率器件。而开关磁阻电动机调速系统中每个功率开关器件均直接与电动机绕组相串联，根本上避免了直通短路现象。因此开关磁阻调速电动机调速系统中功率电路的保护电路可以简化，即降低了成本，又有较高的工作可靠性。

3. 系统可靠性高

从电动机的电磁结构上看，各相绕组和磁路相互独立，各自在一定轴角范围内产生电磁转矩。而不像在一般电动机中必须在各相绕组和磁路共同作用下产生一个旋转磁场，电动机才能正常运转。从控制结构上看，各相电路各自给一相绕组供电，一般也是相互独立工作。由此可知，当电动机一相绕组或控制器一相电路发生故障时，只需停止该相工作，电动机除总输出功率能力有所减小外，并无其他妨碍。

4. 启动转矩大，启动电流低

控制器从电源侧吸收较少的电流，在电机侧得到较大的启动转矩是本系统的一大特点。典型产品的数据是：启动电流为额定电流的 15％时，获得启动转矩为 100％的额定转矩；启动电流为额定电流的 30％时，启动转矩可达其额定转矩的 250％。而其他调速系统的启动特性与之相比，如直流电机为 100％的电流，鼠笼感应电动机为 300％的电流，获得 100％的转矩。启动电流小而转矩大的优点还可以延伸到低速运行段，因此本系统十分合适那些需要重载启动和较长时间低速重载运行的机械。

5. 适用于频繁启停及正反向转换运行

本系统具有的高启动转矩、低启动电流的特点，使之在启动过程中电流冲击小，电动机和控制器发热较连续额定运行时还要小。可控参数多使其制动运行能与电动运行具有同样优良的转矩输出能力和工作特性。二者综合作用的结果必然使之适用于频繁启停及正反向转换运行，次数可达 1 000 次/小时。

6. 可控参数多，调速性能好

控制开关磁阻电动机的主要运行参数和常用方法至少有四种，即相导通角、相关断角、相电流幅值、相绕组电压。可控参数多，意味着控制灵活方便。可以根据对电动机的运行要求和电动机的情况，采取不同控制方法和参数值，即可使之运行于最佳状态(如出力最大、效率最高等)，还可使之实现各种不同的功能的特定曲线。如使电动机具有完全相同的四象限运行能力，并具有最高启动转矩和串励电动机的负载能力曲线。由于 SRM 速度闭环是必备的，因此系统具有很高的稳速精度，可以很方便的构成无静差调速系统。

7. 效率高，损耗小

本系统是一种非常高效的调速系统。这是因为一方面电动机绕组无铜损；另一方面电动机可控参数多，灵活方便，易于在宽转速范围和不同负载下实现高效优化控制。以 3kW 的 SRM 为例，其系统效率在很宽范围内都在 87％以上，这是其他一些调速系统不容易达到的。将本系统同 PWM 变频器鼠笼型异步电动机的系统进行比较，本系统在不同转速和不同负载下的效率均比变频器系统高，一般要高 5～10 个百分点。

另外，开关磁阻电机还可以通过机和电的统一协调设计，来满足各种特殊使用的要求。SMR 也存在在转动过程中会出现转矩脉动、振动以及噪声现象，需要位置检测而使得控制复杂化等缺点。对于前者，可通过优化设计来减小或克服；对于后者，可以采用更为先进的检测方法。

本 章 小 结

1. 本章主要从使用的角度介绍了常用的控制电机，控制电机与普通电机在电磁理论上并没有本质的差别。但普通电机侧重运行时的动力功率指标，而控制电机侧重于特性的高精度和快速响应。

2. 控制电机中，交流和直流测速发电机、旋转变压器、自整角机等为信号元件，用来检测和转换信号；而交流和直流伺服电动机、步进电动机、直线电动机、开关磁阻电动机为功率元件，用于将信号转换成输出功率或将电能转换为机械能。

3. 伺服电动机又称执行电动机，分为直流伺服电动机和交流伺服电动机。直流伺服电动机的工作原理与普通直流电机相同，交流伺服电动机的工作原理同两相交流电机。直流伺服电动机的控制方式可以分为电枢控制与磁极控制两种。交流伺服电动机的控制方式分为幅值控制、相位控制和幅相控制三种。三种控制方式中相位控制方式特性最好，幅相控制线路最简单。

4. 根据所发出电压的不同，测速发电机可分为直流测速发电机和交流测速发电机两类。直流测速发电机的工作原理与直流发电机相同；通过式 $E_q = C_e \Phi_d \cdot n$ 可以得知交流测速发电机的理想特性是输出电压与转速维持严格的线性关系。

5. 自整角机是伺服系统中的核心元件，通常成对使用。产生信号的自整角机称为发送机，接收信号的自整角机称为接收机。自整角机按其使用要求不同，可分为控制式自整角机和力矩式自整角机。控制式能带动较大负载，主要用于随动系统。力矩式带载能力差，只能带动指针、刻度盘等轻负载，常用于角度传输精度要求不很高的指示系统中。

6. 旋转变压器是一种测量角度用的小型交流电动机，用来测量旋转物体的转轴角位移和角速度，由定子和转子组成。其转子的输出电压与转子转角之间呈正弦、余弦或其他函数关系。

7. 步进电动机转子的转动完全取决于定子绕组的电脉冲，其输出的角位移与输入的脉冲数成正比，转速与脉冲频率成正比。步进电动机具有启动、制动特性好，反转控制方便，工作不失步等特点。

8. 直线电动机是一种将电能直接转换成直线运动机械能的电力传动装置。它可以省去大量中间传动机构，加快系统反应速度，提高系统精确度。特别适合于调速或超高速运输。直线电动机不受离心力或转子直径的限制，不存在转子发热的问题。

9. SRM 是集现代微电子技术、数字技术、电力电子技术、红外光电技术及现代电磁理论、设计和制作技术为一体的光、电、机一体化高新技术产品。它的调速系统兼具交直流两类调速系统的优点，广泛应用于家用电器、航空航天、电子、机械及电动车辆等领域。开关磁阻电动机系统主要由开关磁阻电机本体、电力电子功率变流器、转子位置传感器以及控制器四部分组成。SRM 具有结构简单，转子转动惯量小、成本低、动态响应快等优点。

>>> 　**思考题与习题**

8.1　直流伺服电动机的电磁转矩和电枢电流由什么决定？

8.2　当直流伺服电动机电枢电压、励磁电压不变时，如果将负载转矩减小，试问此时电动机的电枢电流、电磁转矩、转速将怎样变化？并说明由原来的稳态到达新的稳态的物理过程。

8.3　一台直流伺服电动机带动一恒定转矩负载，测得始动电压为 4V，当电枢电压 $U_a = 50V$ 时，其转速为 1500r/min。若要求转速达到 3000r/min，试问要加多大的电枢电压？

8.4　伺服电动机的作用是什么？直流伺服电动机是怎样实现调速的？

8.5　交流伺服电动机有哪些控制方式？怎样改变交流伺服电动机的转向？其转向为什么能改变？

8.6　为什么交流伺服电动机又称为两相异步电动机？如果有一台电动机，标明的空载转速为 1200r/min，电源频率为 50Hz，请问这是几极电机？空载转差率是多少？

8.7　测速发电机的作用是什么？它一般应用到哪些场合？

8.8　直流测速发电机的输出特性是指什么？

8.9　当交流测速发电机转子不动时，为何没有电压输出？转动时，为何输出电压与转速成正比，但频率却与转速无关？

8.10　步进电动机的工作原理是什么？步进电动机有哪些特点？

8.11　一台三相六极反应式步进电动机步距角为 3°，若控制脉冲频率为 2 000Hz，其转速是多少？

8.12　什么是步进电动机的步距角？步距角的大小由哪些因素决定？

8.13　试举例说明步进电动机在生活中的应用。

8.14　在步进电动机运行中，什么叫三相单三拍运行，三相双三拍运行，以及三相单六拍运行和三相双六拍运行？它们各有什么特点？

8.15　简述控制式自整角机和力矩式自整角机的工作原理。

8.16　自整角机在应用中可能存在哪些误差？选用时应注意的事项有哪些？

8.17　简述正余弦旋转变压器和线性旋转变压器的工作原理。

8.18　旋转变压器的误差有哪些？对应的改进方法是什么？

8.19　举例说明旋转变压器的应用。

8.20　直线电动机的工作原理是什么？它有哪些基本类型？

8.21　与旋转电动机相比，直线电动机在电磁方面有什么特点？主要适用于哪些场合？

8.22　开关磁阻电动机的基本工作原理是什么？

8.23　开关磁阻电动机的传动系统有哪些部分组成？传动系统的特点又是什么？

实验 7　直流伺服电动机特性的测定

一、实验目的

1. 掌握测定直流伺服电动机电枢控制时的机械特性和调节特性的方法。

2. 了解直流伺服电动机的调速和反向方法。

二、实验项目

1. 测定电枢控制时直流电动机的机械特性。

2. 测定电枢控制时直流电动机的调节特性。

3. 观察直流伺服电动机磁极控制的调速和反向。

三、预习内容

1. 为什么直流伺服电动机的磁路要处于不饱和状态？

2. 何为调节特性的死区？调节特性死区的大小与哪些因素有关？

3. 实验所得到的电枢控制时的机械特性和调节特性曲线与理论曲线是否有误差？产生误差的原因何在？

四、实验原理

直流伺服电动机实质上是一台他励直流电动机，在自动控制系统中作为执行元件，把输入的电压信号变换为转轴上的角位移或角速度输出。输入的电压信号称为控制电压，改变控制电压可以改变伺服电动机的转速和转向。直流伺服电动机的控制方式有电枢控制和磁极控制两种。将电枢绕组作为接受控制信号的控制绕组，而励磁绕组接到恒定的直流电压 U_f 上称为电枢控制，如图 8.49(a) 所示。而将励磁绕组作为控制绕组，电枢绕组接到恒定的直流电压 U_a 上称为磁极控制，如图 8.49(b) 所示。

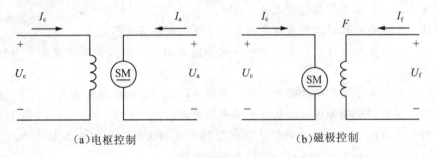

（a）电枢控制　　　　　　　　　　　　（b）磁极控制

图 8.49　直流伺服电动机的控制方式

直流伺服电动机的机械特性是指 U_f＝常数、U_a＝常数时，转速 n 与转矩 T 之间的关系，即 $n = f(T)$。直流伺服电动机的调节特性是指负载转矩 T＝常数时，转速 n 与控制电压 U_c 之间的关系 $n = f(U_c)$。直流伺服电动机无论是电枢控制还是磁极控制，其机械特性是线性的。当采用电枢控制时，其调节特性是线性的，而采用磁极控制时，其调节特性是非线性的。因此，除小功率电机外，一般不采用磁极控制。

五、实验设备

直流伺服电动机，变阻器，测功机，直流电压表，直流电流表。

六、实验步骤和方法

1. 测定直流伺服电动机绕组电阻

用电桥法测定励磁绕组电阻 R_f 和电枢绕组电阻 R_a，并记录室温。

2. 测定直流伺服电动机的空载转速 n_0。

实验线路如图 8.50 所示，拆除测功机，合上开关 Q1，调节 R_1，使 $U_f = U_{fN}$。合上开关 Q2，调节 R_2，测取 U_a、I_a、n 共 3 组数据，记录于表 8.1 中。

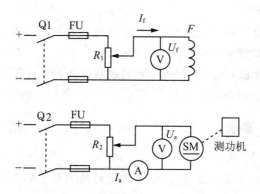

图 8.50　直流伺服电动机实验接线图

表 8.1　空载转速测量数据

序号	测量数据			计算值
	U_a/V	I_a/A	$n/r \cdot min^{-1}$	$n_0/r \cdot min^{-1}$

3. 测定电枢制时的机械特性

接线图如图 8.50 所示，调节 R_1 和 R_2，使 $U_f = U_{fN}$，$U_a = U_N$，然后调节转矩 T，直到电枢电流 $I_a = I_{aN}$ 为止，测量 I_a、T、n（5～6 组）数据，记录于表 8.2 中。调节可变电阻 R_2 使 $U_a = 60\% U_N$，重复上述实验步骤，将实验数据记录于表 8.2 中。

表 8.2　机械特性测量数据

序号	$U_a = U_N =$ V			$U_a =$ V		
	I_a/A	$T/N \cdot m$	$n/r \cdot min^{-1}$	I_a/A	$T/N \cdot m$	$n/r \cdot min^{-1}$

4. 测定电枢控制时的调节特性

(1)空载时的调节特性　在 $U_f = U_{fN}$ 时使电动机处于空载状态，调节 R_2，直到 $U_a = U_N$ 为止，测量 U_a、n（5～6 组）数据，记录于表 8.3 中。

表 8.3　调节特性测量数据

序号	$T = 0 N \cdot m$		$T = N \cdot m$	
	U_a/V	$n/r \cdot min^{-1}$	U_a/V	$n/r \cdot min^{-1}$

(2)负载时的调节特性　保持 $U_f = U_{fN}$，使电动机轴上的转矩为某一定值。重复上述实验步骤，将实验数据记录于表 8.3 中。

5. 观察直流伺服电动机在磁极控制下的调速及反转

线路图如图 8.50 所示。在 $U_a = U_N$ 时，调节 R_1，改变 U_f，观察电动机转速的变化情况。将 U_f 电源反向，观察电机转向的变化。

七、实验报告

1. 根据实测数据计算励磁绕组电阻 $R_{f75℃}$ 及电枢绕组电阻 $R_{a75℃}$ 数值。

2. 计算理想空载转速 $n_0 = U_f n/(U_a - R_a I_a)$。

3. 根据实验数据作出电枢控制时电动机的机械持性 $n = f(T)$ 和调节特性 $n = f(U_a)$。

4. 求出不同负载下的始动电压 U_{S0}、U_{S1}。

实验 8 交流伺服电动机特性的测定

一、实验目的

1. 熟悉由三相电源变成相位差成 90°电角度的两相电源的方法。

2. 观察交流伺服电动机有无"自转"现象及改变转向的方法。

3. 了解交流伺服电动机的控制方式。

4. 掌握测定交流伺服电动机的机械特性和调节特性的实验方法。

二、实验项目

1. 观察伺服电动机有无"自转"现象。

2. 测定交流伺服电动机采用幅值控制时的机械特性和调节特性。

3. 测定交流伺服电动机采用幅值—相位控制时的机械特性和调节特性。

三、预习内容

1. 什么是交流伺服电动机的"自转"现象，是否允许"自转"现象存在？采用什么方法可以消除"自转"现象。

2. 如何改变交流伺服电动机的转向？为什么？

3. 为什么总希望交流伺服电动机的控制电压和励磁电压间的相位差为 90°电角度？有哪些方法可以获得两个互差 90°电角度的相位移电压？

四、实验原理

交流伺服电动机定子有两个在空间互差 90°电角度的绕组，即励磁绕组和控制绕组。励磁绕组通常固定地接到电源上，而控制绕组接到大小和相位均可改变的控制电源上。根据合成磁场的理论，当改变控制电压的大小或相位，均可改变这两相绕组所产生的合成旋转磁场的椭圆度，从而影响电磁转矩的大小，当负载一定时，可通过调节控制电压的大小和相位来控制电机的转速。因此，交流伺服电动机的控制方式有幅值控制、相位控制和幅值——相位控制三种。

施加于交流伺服电动机上的两相正弦电源是通过两个单相调压器变换而得到。将其中一个调压器接某相的电压如 U_V，另一个调压器接另两相的线电压 U_{VW}，则两个单相调压器输出的电压之间相差 90°电角度，如图 8.51 所示。

当控制电压 U_c 保持不变时，转矩随转速而变化的关系 $T = f(n)$ 称为机械特性。为使交流伺服电动机的机械特性与普通单相异步电动机机械

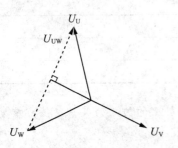

图 8.51 互成 90°相位移电压相量图

特性不同，即在转差率 $0 < s < 1$ 范围内，T 与 n 近似为线性关系，因此交流伺服电动机的转子电阻做的较大，这就使在控制电压 $U_c = 0$ 时，伺服电动机也不会出现自转现象。

交流伺服电动机的调节特性是指电磁转矩不变时，转速随控制电压大小而变化的关系，即 $n = f(U_c)$。无论是幅值控制还是幅值——相位控制，调节特性都不是线性的。只有在小信号和低速时，才近似为线性。因而交流伺服电动机一般由 400 Hz 中频电源供电，以提高其同步转速。

五、实验设备

交流伺服电动机，单相调压器，测功机，交流电压表，交流电流表。

六、实验步骤和方法

1. 观察交流伺服电动机有无"自转"现象

实验线路如图 8.51 所示。合上开关 Q1、Q2，启动伺服电动机，当伺服电动机空载运转时，迅速将控制绕组两端开路或将调压变压器 T2 的输出电压调节至零，观察电动机有无"自转"现象，并比较这两种方法电动机的停转速度。将控制电压相位改变 $180°$ 电角度，注意电动机的转向有无改变。

2. 测定交流伺服电动机采用幅值控制时的机械特性和调节特性

(1) 测定机械特性。

接线图如图 8.52 所示。调节调压器 T1、T2 使 $U = U_{fN}$，$U_c = U_{cn}$。使伺服电动机空载运行，记录空载转速 n_0。然后调节测功机，逐步增加电动机轴上负载，直至将电动机堵转，读取转速 n 与相应的转矩 T 共 (6~7) 组数据，记录于表 8.4 中。

改变控制电压 U_c，使 $U_c = 50\% U_{cN}$，重复上述实验，将数据填入表 8.4 中。

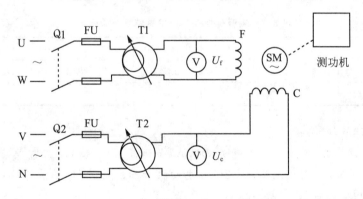

图 8.52　交流伺服电动机实验线路图

(2) 测定调节特性。

仍按图 8.52 接线。保持 $U_f = U_{fn}$，电动机轴上不加负载，调节控制电压，从 $U_c = U_{cn}$ 开始，逐渐减小到零，分别读取转速 n 和相应的控制电压 U_c (5~6) 组数据，记录于表 8.4 中。

增加电动机轴上负载，并保持电动机输出转矩不变，重复上述实验步骤，将数据记录于表 8.4 中。

表 8.4　调节特性测量数据　　　　　　　　　　$U_f =$ ＿＿＿＿ V

序号	$T = 0$ N·m		$T =$ N·m	
	$n / r · min^{-1}$	U_c / V	$n / r · min^{-1}$	U_c / V

3. 测定交流伺服电动机采用幅值——相位控制时的机械特性和调节特性

（1）测定机械特性。

接线图如图 8.53 所示。合上开关 Q1，调节调压器 T1，使 $I_f = I_{fn}$ 并保持不变。合上开关 Q2，调节调压器 T2，启动伺服电动机，当 $U_c = U_{cn}$ 时，测取 U_1。调节电动机轴上的转矩 T，读取 T 和 n（5～6）组数据，记录于表 8.5 中。

改变控制电压使 $U_c = 50\%U_{cn}$，测 U_1，调节 T2，读取 T 和 n（5～6）组数据，记录于表 8.5 中。

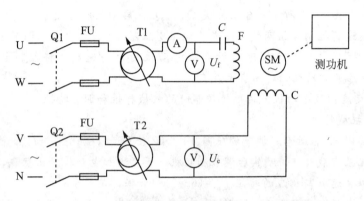

图 8.53 交流伺服电动机幅值—相位控制实验线路图

表 8.5 幅值—相控制时机械特性测量数据 $U_1 = $＿＿＿＿＿＿V

序号	$U_c = U_{cn}$		$U_c = 50\%U_{cn}$	
	$T/\text{N}\cdot\text{m}$	$n/\text{r}\cdot\text{min}^{-1}$	$T/\text{N}\cdot\text{m}$	$n/\text{r}\cdot\text{min}^{-1}$

（2）测定调节特性。

接线图如图 8.53 所示。合上开关 Q1，调节调压 T1，使 U_1 为常数，并使电动机空载。合上开关 Q2，调节调压器 T2，在电动机开始转动时 U_c 的最低值调至 U_{cn} 范围内，读取 n 和 U_c 的数值（5～6）组，记录于表 8.6 中。

保持 U_1 为常数，使 $T = 25\%T_N$，重复上述步骤，将测量数据记录于表 8.6 中。

表 8.6 幅值—相控制时调节特性测量数据 $U_1 = $＿＿＿＿＿＿V

序号	$T = 0 \text{ N}\cdot\text{m}$		$T = $ N·m	
	$n/\text{r}\cdot\text{min}^{-1}$	U_c/V	$n/\text{r}\cdot\text{min}^{-1}$	U_c/V

七、实验报告

1. 根据幅值控制实验测得的数据作出交流伺服电动机的机械特性 $T = f(n)$ 和调节特性 $n = f(U_c)$。

2. 根据幅值——相位控制实验测得的数据作出交流伺服电动机的机械特性 $T = f(n)$ 和调节特性 $n = f(U_c)$。

第 9 章　　电力拖动系统中电动机的选择

>>>　**本章概述**

1. 介绍电动机的一般选择及电动机发热和冷却过程。
2. 介绍电动机的工作制和电动机容量的选择。

>>>　**学习目标**

1. 了解电动机的温升和绝缘的关系，熟悉电动机的发热和冷却过程，理解电动机的工作制。
2. 熟悉电动机的种类、电压、转速和结构形式的选择，掌握电动机容量选择的基本方法。

▶ 9.1　电动机的一般选择

　　一个电力拖动系统能否既经济又可靠地运行，正确地选用电动机是至关重要的。合理选择电动机，是正确使用电动机的先决条件，选择的合理与否，是直接关系到电动运行的经济性和工作的可靠性。电动机的规格、品种繁多，性能各异，选用电动机时要全面考虑电源的电压、频率、负载及使用的环境等多方面因素，必须与电动机的铭牌规定的相等，一般选用电动机时遵循的原则是：

　　(1)电动机的机械特性，启动特性及调速特性必须满足生产机械的特点及要求。

　　(2)电动机的容量要选择合理，且要充分利用。

　　(3)电动机的结构型式应适合生产机械周围环境的条件。

　　(4)电动机的电源选择，根据生产机械的要求，选择交流电动机或直接电动机。交流电动机又有笼型转子和绕线转子之分等。

　　(5)电动机转速的合理选用，电动机的转速要适合生产机械转速要求，才能达到即经济又好用的目的。

9.1.1　电动机种类的选择

　　选择电动机种类的原则是在满足生产机械技术性能的前提下，优先选用结构简单、工作可靠、价格便宜、维修方便、运行经济的电动机。

　　电动机的种类分为直流电动机和交流电动机两大类了直流电动机又分为他励、并励、串励电动机等。交流电动机又分为笼型、绕线转子异步电动机以及同步电动机等。

　　凡是不需要调速的拖动系统，总是考虑采用交流拖动，特别是采用笼型异步电动机拖动长期工作、不需要调速且容量相当大的生产机械，如空气压缩机、球磨机等，往往采用同步电动机拖动，因为它能改善电网的功率因数。

　　如果拖动系统的调速范围不广，调速级数少，且不需在低速下长期工作，可以考虑采用交流绕线转子异步电动机或变极调速电动机。因为目前应用的交流调速拖动。大部分由于低速运行时能量损耗大（如串级调速、电磁调速电动机），故一般均不宜在低速下作长期运行。

对于调速范围宽、调速平滑性要求较高的场合。通常采用直流电动机拖动，或者采用近来发展起来的交流变频调速电动机拖动。

9.1.2 电动机形式的选择

各种生产机械的工作环境差异很大，电动机与工作机械也有各种不同的连接方式，所以应当根据具体的生产机械类型、工作环境等特点，来确定电动机的结构形式，如有开启式、防护式、封闭式和防爆式等。

1. 开启式

开启式电动机的价格便宜，散热条件最好，但由于转子和绕组暴露在空气中，容易被水汽、灰尘、铁屑、油污等侵蚀，影响电动机的正常工作及使用寿命。因此，它只能用于干燥、灰尘很少又无腐蚀性和爆炸性气体的环境。

2. 防护式

防护式电动机一般可防止水滴、铁屑等外界杂物落入电动机内部，但不能防止潮气及灰尘的侵入。它只适用于较干燥且灰尘不多又无腐蚀性和爆炸性气体的工作环境。这种电动机的通风散热条件也较好。

3. 封闭式

封闭式电动机有自冷式、强迫通风式和密闭式三种。自冷式电动机一般自带风扇，自冷式和强迫通风式电动机能防止任何方向的水滴或杂物侵入电动机，潮湿空气和灰尘也灭易侵入，因此适用于潮湿、多尘、易受风雨侵蚀，有腐蚀性气体等较恶劣的工作环境，应用最普遍。而密闭式电动机，则适用于浸入液体中的生产机械，如潜水泵等。

4. 防爆式

防爆式电动机是在密封结构的基础上制成隔爆型、增安型和正压型等，适用于有爆炸危险的工作环境，如矿井、油库、煤气站等场所。

此外，对于湿热地带、高海拔地带及船舶等用电动机，还应选具有特殊防护要求的电动机。

9.1.3 电动机额定电压的选择

电动机额定电压的选择，一般是由工厂或车间的供电条件所决定。我国一般标准是交流电压为三相380V，直流电压为220V。大容量的交流电动机通常设计成高压供电，如3kV、6 kV或10 kV电网供电，此时电动机应选用额定电压为3kV、6 kV或10 kV的高压电动机。采用大容量直流电动机时，为了减小电枢电流，可以考虑用额定电压为440V的电动机。

9.1.4 电动机额定转速的选择

电动机的额定转速是根据生产机械传动系统的要求来选择的。在一定功率时，电动机的额定转速越高，其体积越小，重量越轻，价格越低，运行的效率越高，电动机的飞轮矩越小，因此选用高速电动机较经济。但是，若生产机械要求的转速低，如果选择高速电动机，则会使传动机构复杂。

对于经常启动、制动、反转的生产机械，若过渡过程时间对生产效率有较大影响，则应以 $GD^2 \cdot n_N$ 为最小来选择电动机的额定转速，如龙门刨床工作台拖动电动机等。若过渡过程时间对生产效率影响不大，则应以过渡过程中能量损耗最小来选择电动机的额定转速。

▶ 9.2 电动机的发热与冷却过程

9.2.1 电动机的发热和冷却过程

1. 电动机的发热过程

电动机在运行过程中，由于总损耗转换的热量不断产生，电动机温度升高，就有了温升，电动机就要向周围散热。温升越高，散热越快。当单位时间发出的热量等于散出的热量时，电动机温度不再升高，而保持一个稳定不变的温升，即处于发热与散热平衡的状态。此过程是升高的热过渡过程，称为发热。

由于电动机发热的具体情况比较复杂，为了研究分析方便，假设电动机长期运行，负载不变，总损耗不变，电动机本身各部分温度均匀，周围环境温度不变。

根据能量守恒定律：在任何时间内，电动机产生的热量应该与电动机本身温度升高需要的热量和散发到周围介质中去的热量之和相等。如果用 $Q\mathrm{d}t$ 表示 $\mathrm{d}t$ 时间内电动机产生的总热量，用 $C\mathrm{d}t$ 表示 $\mathrm{d}t$ 时间内电动机温升 $\mathrm{d}\tau$ 所需的热量，用 $A\tau\mathrm{d}t$ 表示在同一时间内，电动机散到周围介质中的热量，则发热的过渡过程有：

$$Q\mathrm{d}t = C\mathrm{d}t + A\tau\mathrm{d}t \tag{9-1}$$

即：

$$\frac{C}{A}\frac{\mathrm{d}\tau}{\mathrm{d}t} + \tau = \frac{Q}{A} \tag{9-2}$$

式中：Q——电动机在单位时间内产生的热量$(\mathrm{J/s})$；

C——电动机的热容量，即电动机温度升高时所需要的热量$(\mathrm{J/^\circ C})$；

A——电动机的表面散热系数，它表示温升为 $1\,^\circ\!\mathrm{C}$ 时，单位时间内散到周围介质中的热量 $\mathrm{J/(^\circ C \cdot s)}$；

τ——电动机的温升，即电动机温度与周围介质温度之差$(^\circ\!\mathrm{C})$。

式$(9-2)$即为电动机的热平衡方程式。它是研究电动机发热和冷却的基础。

令 $\tau_\mathrm{w} = Q/A$，发热时间常数 $T = C/A$，则热平衡方程式$(9-2)$变为：

$$T\frac{\mathrm{d}\tau}{\mathrm{d}t} + \tau = \tau_\mathrm{w} \tag{9-3}$$

上式是一个标准的一阶微分方程，其解为

$$\tau = \tau_0 \mathrm{e}^{-t/T} + \tau_\mathrm{w}(1 - \mathrm{e}^{-t/T}) \tag{9-4}$$

式中：τ_0——电动机的起始温升，即 $t=0$ 时的温升$(^\circ\!\mathrm{C})$。

如果电动机长时间停歇后，再负载运行，则 $\tau_0=0$，式$(9-4)$变为：

$$\tau = \tau_\mathrm{w}(1 - \mathrm{e}^{-t/T}) \tag{9-5}$$

由式$(9-4)$和式$(9-5)$可分别绘出电动机的温升曲线 1 和温升曲线 2，如图 9.1 所示。

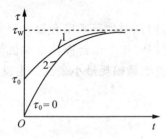

图 9.1 电动机发热过程的温升曲线

由温升曲线可以看出电动机的温升是按指数规律变化的曲线。温升变化的快慢，与发热时间常数 T 有关，电动机温升 τ 最终趋于稳态温升 τ_w。

电动机发热的初始阶段，由于温升小，散发出的热量较少，大部分热量被电机吸收，因此温升增加较快；过一段时间以后，电动机的温升增加，散发的热量也增加，而电动机的损耗产生的热量因负载恒定而保持不变，则电机吸收的热量不断减少，温升变化慢，温升曲线趋于平缓；当发出热量与散发热量相等，即 $Qdt = A\tau dt$ 时，$d\tau = 0$，电动机的温升不再增长，温度最后达到稳定值。

发热时间常数 $T = C/A$ 是一个很重要的参数。当热容量越大时，温升越缓慢，所以 T 较大；当散热系数 A 越大时，散热越快，所以 T 较小。

2. 电动机的冷却过程

对负载运行的电动机，在温升稳定以后，如果使其负载减小或使其停车，那么电动机内的总损耗及单位时间的发热量 Q 都将随之减小或不再继续产生。这样就使发热少于散热，破坏了热平衡状态，电动机的温度下降，温升降低。在降温过程中，随着温升的降低，单位时间散热量 $A\tau$ 也减小。当达到 $Q = A\tau$，即发热量等于散热量时，电动机不再继续降温，其温升又稳定在一个新的数值上。在停车时，温升将降为零。温升下降的过程称为冷却。

热平衡方程式在电机冷却过程中同样适用。只是其中的起始值、稳态值不同，而时间常数相同。若减小负载之前的稳定温升为 τ_0，而重新负载后的稳定温升 $\tau_w = Q/A$，由于 Q 已减小，因此 $\tau_0 > T$。

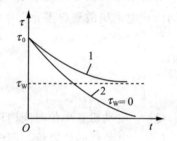

图 9.2 电动机冷却过程的温升曲线

电动机冷却过程的温升曲线如图 9.2 所示，冷却过程曲线也是一条按指数规律变化的曲线。当负载减小到某一数值时，$\tau_w = Q/A$，如曲线 1；如果把负载全部去掉，且断开电动机电源后，则 $\tau_w = 0$，如曲线 2。

上面研究的电动机的发热和冷却情况，只适用于电动机拖动恒定负载连续工作的情况。

9.2.2 电动机的允许温升

电动机运行时，由于损耗产生热量，使电动机的温度升高。而电动机中耐热最差的是绝缘材料，若电动机的负载太大，损耗太大而使温度超过绝缘材料允许的限度时，绝缘材料的寿命就急剧缩短，严重时会使绝缘遭到破坏，电动机冒烟而烧坏。这个温度限度称为绝缘材料的允许温度。电动机容许达到的最高温度是由电动机使用绝缘材料的耐热程度决定的，绝缘材料的耐热程度称为绝缘等级。不同的绝缘材料，其最高容许温度是不同的，电动机中常用的绝缘材料分为五个等级，如表 9.1 所示，其中的最高允许温升值是按环境温度为 40℃ 计算出来的。

目前我国生产的电机多采用 E 级和 B 级绝缘，发展趋势是采用 F 级和 H 级绝缘，这样可以在一定的输出功率下，减轻电机的重量、缩小电机的体积。

电机的使用寿命主要是由它的绝缘材料决定的，当电机的工作温度不超过其绝缘材料的最高允许温度时，绝缘材料的使用寿命可达 20 年左右，若超过最高允许温度，则绝缘材料的使用寿命将大大缩短，一般是每超过 8℃，寿命减少一半。

表 9.1　电动机绝缘材料的等级和允许温度、允许温升

绝缘等级	绝缘材料类别	允许温度/℃	允许温升/℃
A	经过浸渍处理的棉、丝、纸板、木材等，普通绝缘漆	105	65
E	环氧树脂，聚酯薄膜，青壳纸，三醋酸纤维薄膜，高强度绝缘漆包线用绝缘漆	120	80
B	用提高了耐热性能的有机漆作黏合剂的云母、石棉和玻璃纤维组合物	130	90
F	用耐热优良环氧树脂黏合剂的云母、石棉和玻璃纤维组合物	155	115
H	用硅有机树脂黏合或浸渍的云母、石棉和玻璃纤维组合物，硅有机橡胶	180	140

由此可见，绝缘材料的最高允许温度是一台电动机带负载能力的限度，而电动机的额定功率正是这个限度的具体体现。事实上，电动机的额定功率是指在环境温度为 40℃、电动机长期连续工作，其温度不超过绝缘材料最高允许温度时的最大输出功率。

上述环境温度 40℃ 是国家标准规定的环境温度。如果实际环境温度低于 40℃，则电动机可以在稍大于额定功率下运行；反之，电动机必须在小于额定功率下运行。总之，是要保证电动机的工作温度不要超过其绝缘材料的极限温度。

▶ 9.3　电动机的工作制分类

电动机的工作制就是对电动机承受负载情况的说明，包括启动、电制动、空载、断电停转以及这些阶段的持续时间和先后顺序。为了适应不同负载的需要，按负载持续时间的不同，国家标准把电动机分成了三种工作方式或三种工作制，细分为八类，用 S1，S2，…，S8 来表示。

9.3.1　连续工作制(S1)

连续工作制是指电动机工作时间相当长，即 $t_w > (3 \sim 4)T$，可达几小时或几十小时，其温升可以达到稳定值。它的功率负载图 $P = f(t)$ 及温升曲线 $\tau = f(t)$，如图 9.3 所示。水泵、通风机、造纸机和纺织机等很多连续工作的生产机械都选用连续工作制电动机。

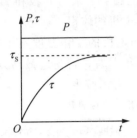

图 9.3　连续工作制的功率负载图及温升曲线

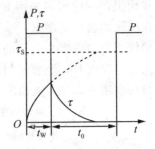

图 9.4　短时工作制的功率负载图及温升曲线

9.3.2　短时工作制(S2)

短时工作制是指电动机的工作时间很短，即 $t_w < (3 \sim 4)T$，在工作时间内，温升达不到稳定值。但它的停机时间 t_0 却很长，$t_0 > (3 \sim 4)T$，停机时电动机的温度是以降至周围环境的温度，即温升降至零。其功率负载图和温升曲线，如图 9.4 所示。属于这种工作制的生产机械有水闸闸门、吊车、车床的夹紧装置等。我国短时工作制电动机的标准工作时间有 15 min、30 min、60 min 和 90 min 四种。电动机在短时工作时，其容量往往只受过载能力的限制，因此这类电动应设计成较大的过载能力。

9.3.3　断续周期工作制

断续周期工作制是指电动机工作与停歇周期交替进行，但时间都比较短。工作时，$t_w < (3 \sim 4)T$，温升达不到稳态值；停歇时，$t_0 < (3 \sim 4)T$，温升也降不到零。按国家标准，规定每个工作与停歇的周期 $(t_0 + t_w) \leqslant 10min$。电动机经过一个周期时间，温升有所上升。经过若干个周期后，温升在最高温升和最低温升之间波动，达到了周期变化的稳定状态。但其最高温升仍低于拖动同样负载连续运行的稳态温升。图 9.5 为断续周期工作制的功率负载图及温升曲线。属于此类工作制的生产机械有起重机、电梯、轧钢机辅助机械、某些自动机床的工作机构等。

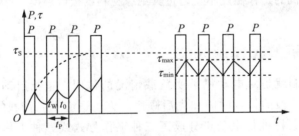

图 9.5　断续周期工作制的功率负载图及温升曲线

根据一个周期内电动机运行状态的不同，断续周期工作制可分为六类(详见国家标准 GB 755−81)：

(1)断续周期工作制(S3)。

(2)包括启动的断续周期工作制(S4)。

(3)包括电制动的断续周期工作制(S5)。

(4)连续周期工作制(S6)。

(5)包括电制动的连续周期工作制(S7)。

（6）包括负载与转速相应变化的连续周期工作制（S8）。

在断续周期工作制，负载工作时间与整个周期之比称为负载持续率（或暂载率），用 $FC\%$ 表示。

$$FC\% = \frac{t_{\mathrm{w}}}{t_{\mathrm{w}} + t_0} \times 100\% \tag{9-6}$$

同一台断续周期工作制电动机，负载持续率不同时，其额定功率大小也不同。$FC\%$ 值大的，额定功率小；$FC\%$ 值小的，额定功率大。

我国规定的标准负载持续率有 15％、25％、40％、60％ 四种。断续周期工作制电动机因启动频繁，要求过载能力强、飞轮矩小、机械强度好，所以需要专门设计。

▶ 9.4　电动机容量选择的基本方法

选择电动机的容量较为繁琐，不仅需要一定的理论分析计算，还需要经过校验。其基本步骤是：根据生产机械负载提供的负载图 $P_{\mathrm{L}} = f(t)$ 及温升曲线 $\tau = f(t)$，并考虑电动机的过载能力，预选一台电动机，然后根据负载图进行发热校验，将校验结果与预选电动机的参数进行比较，若发现预选电动机的容量太大或太小，再重新选择，直到其容量得到充分利用，最后再校验其过载能力与启动转矩是否满足要求。

9.4.1　连续工作制电动机容量的选择

连续工作制电动机的负载可分为两类，即常值负载与周期性变化负载。

1. 常值负载下电动机容里的选择

常值负载是指在长期运行过程中，电动机处于连续工作状态，负载大小恒定或基本恒定不变，工作时能达到稳定温升 τ_{w}。这种生产机械所用的电动机容量选择比较简单。选择的原则是使稳定温升 τ_{w} 在电动机绝缘允许的最高温升限度之内。选择的方法是使电动机的额定功率等于生产机械的负载功率加上拖动系统的能量损耗。通常情况下，负载功率 P_{L} 是已知的，拖动系统的能量损耗可由传动效率 η 求得。实际上 P_{L} 和 η 已知时，可按 $P_{\mathrm{N}} = P_{\mathrm{L}}/\eta$ 计算电动机的额定功率 P_{N}，然后根据产品目录选一台电动机，使电动机的额定功率等于或略大于生产机械需要的功率，即：

$$P_{\mathrm{N}} \geqslant P_{\mathrm{L}} \tag{9-7}$$

由于一般电动机是按常值负载且连续工作设计的，电动机设计及出厂试验保证在额定容量下工作时，温升不会超出允许值，而电动机所带的负载功率小于或等于其额定功率，发热自然没有问题，不需进行发热校验。

当生产机械无法提供负载功率 P_{L} 时，可以用理论方法或经验公式来确定所用电动机的功率。

一般旋转机械的负载功率表达式为：

$$P_{\mathrm{L}} = \frac{T_{\mathrm{L}} n}{9550 \eta} \tag{9-8}$$

式中：T_{L}——生产机械的静态阻转矩（N·m）；

n——生产机械的转速（r/min），负载功率 P_{L} 的单位为 kW。

水泵在电动机轴上的负载功率表达式为：

$$P_{\mathrm{L}} = \frac{QH\rho}{102\eta_1\eta_2} \tag{9-9}$$

式中：Q——泵的流量($\mathrm{m^3/s}$)；

ρ——液体密度($\mathrm{kg/m^3}$)；

H——扬程，即排水高度(m)；

η_1——泵的效率，高压离心泵为 $0.5\sim0.8$，低压离心泵为 $0.3\sim0.6$，活塞式泵为 $0.8\sim0.9$；

η_2——电动机与泵之间的传动装置的效率，直接连接为 $0.95\sim1$，皮带传动为 0.9。

选择电动机容量时，除考虑发热外，还要考虑电动机的过载能力。对有冲击性负载的生产机械，如球磨机等，要在产品目录中选择过载能力较大的电动机，并进行过载校验，因为各种电动机的过载能力都是有限的。

若选择直流电动机，只要生产机械的最大转矩不超过电动机的最大转矩，过载校验就可以通过。校验直流电动机的过载能力可按下式计算：

$$T_{\max} \leqslant \lambda_{\mathrm{m}} T_{\mathrm{N}} \tag{9-10}$$

如果选择交流电动机，要考虑电网电压向下波动时，对电动机的影响。其校验的条件为：

$$T_{\max} \leqslant (0.80\sim0.85)\lambda_{\mathrm{m}} T_{\mathrm{N}} \tag{9-11}$$

当过载能力不满足时，应该另选电动机，重新校验，直到满足条件为止。

对于笼型异步电动机，还要校验其启动能力。其校验的条件为：

$$T_{\mathrm{st}} \geqslant (1.1\sim1.2)T_{\mathrm{L}} \tag{9-12}$$

电动机铭牌上所标注的额定功率是指环境温度为 $40^\circ\mathrm{C}$ 时，连续工作情况下的功率。当环境温度不标准时，其功率可按表 9.2 进行修正。环境温度低于 $30^\circ\mathrm{C}$，一般电动机功率也只增加 8%。但必须注意，当高原地区(海拔高度大于 $1\,000\ \mathrm{m}$)空气稀薄，散热条件恶化，选择的电动机的使用功率必须降低。

表 9.2 不同环境温度下电动机功率的修正

环境温度/℃	30	35	40	45	50	55
功率增减百分数	8%	5%	0	-5%	-12.5%	-25%

2. 周期性变化负载下电动机容里的选择

图 9.6 为一变化负载的功率图(图中只画出了生产过程的一个周期)，自动车床在加工各道工序时，主轴电动机的负载就属这一类。当电动机拖动这类生产机械工作时，因为负载周期性变化，所以电动机的温升也必然呈周期性波动。温升波动的最大值将低于最大负载(如图 9.6 中 P_1)时的稳定温升，而高于最小负载(如图 9.6 中 P_2)时的稳定温升。这样，如按最大负载功率选择电动机的容量，则电动机就不能得到充分利用；而按最小负载功率选择电动机容量，则电动机必将过载，其温升将超过允许值。因此，电动机的容量应选

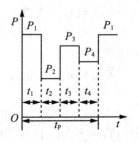

图 9.6 变化负载的功率图

在最大负载与最小负载之间。如果选择得合适，既可使电动机得到充分利用，又可使电动机的温升不超过允许值，通常可采用以下方法进行选择。

(1)等效电流法。

等效电流法的基本原理是：用一个不变的电流 I_{eq} 来等效实际上变化的负载电流，要求在同一个周期内，等效电流 I_{eq} 与实际变化的负载电流所产生的损耗相等。假定电动机的铁损耗与绕组电阻不变，则损耗只与电流的平方成正比，由此可得等效电流为：

$$I_{eq} = \sqrt{\frac{I_1^2 t_1 + I_2^2 t_2 + \cdots + I_n^2 t_n}{t_1 + t_2 + \cdots + t_n}} \tag{9-13}$$

式中，t_n——对应负载电流 I_n 时的工作时间。

求出 I_{eq} 后，选用电动机的额定电流 I_N 应大于或等于 I_{eq}。采用等效电流法时，必须先求出用电流表示的负载图。

(2)等效转矩法。

如果电动机在运行时，其转矩与电流成正比(如他励直流电动机的励磁保持不变、异步电动机的功率因数和气隙磁通保持不变时)，则式(9-13)可改写成等效转矩公式：

$$T_{eq} = \sqrt{\frac{T_1^2 t_1 + T_2^2 t_2 + \cdots + T_n^2 t_n}{t_1 + t_2 + \cdots + t_n}} \tag{9-14}$$

求出等效转矩 T_{eq} 后，选用电动机的额定转矩应大于或等于等效转矩，即 $T_N \geqslant T_{eq}$。

(3)等效功率法。

如果电动机运行时，其转速保持不变，则功率与转矩成正比，于是由式(9-14)可得等效功率为：

$$P_{eq} = \sqrt{\frac{P_1^2 t_1 + P_2^2 t_2 + \cdots + P_n^2 t_n}{t_1 + t_2 + \cdots + t_n}} \tag{9-15}$$

求出等效功率 P_{eq} 后，选用电动机的额定功率应大于或等于等效功率，即 $P_N \geqslant P_{eq}$。

必须注意的是用等效法选择电动机的容量时，要根据最大负载来校验电动机的过载能可是否符合要求，如果过载能力不能满足，应当按过载能力来选择较大容量的电动机。

9.4.2　短时工作制电动机容量的选择

1. 直接选用短时工作制的电动机

我国电机制造行业专门设计制造一种专供短时工作制使用的电动机，其工作时间分为 15 min、30 min、60 min、90 min 四种，每一种又有不同的功率和转速。因此可以按生产机械的功率、工作时间及转速的要求，由产品目录中直接选用不同规格的电动机。

如果短时负载是变动的，也可采用等效法选择电动机，此时等效电流为：

$$I_{eq} = \sqrt{\frac{I_1^2 t_1 + I_2^2 t_2 + \cdots + I_n^2 t_n}{\alpha t_1 + \alpha t_2 + \cdots + \alpha t_n + \beta t_0}} \tag{9-16}$$

式中，I_1、t_1——启动电流和启动时间；

$\quad\quad I_n$、t_n——制动电流和制动时间；

$\quad\quad t_0$——停转时间；

$\quad\quad \alpha$、β——考虑对自扇冷电动机在启动、制动和停转期间因散热条件变坏而采用的系数，对于直流电动机，$\alpha = 0.75$，$\beta = 0.5$；对于异步电动机。$\alpha = 0.5$，$\beta = 0.25$。

采用等效法时，也必须注意对选用的电动机进行过载能力的校核。

2. 选用断续周期工作制的电动机

在没有合适的短时工作制的电动机时，也可采用断续周期工作制的电动机来代替。短时工作制电动机的工作时间 t_W 与断续周期工作制电动机的负载持续率 $FC\%$ 之间的对应关系，如表 9.3 所示。

表 9.3　t_W 与 $FC\%$ 的对应关系

$t_\mathrm{W}/\min$	30	60	90
$FC1\%$	15%	25%	40%

9.4.3　断续周期工作制电动机容量的选择

可以根据生产机械的负载持续率、功率及转速，从产品目录中直接选择合适的断续周期工作制的电动机。但是，国家标准规定该种电动机的负载持续率 $FC\%$ 只有四种，因此常常出现生产机械的负载持续率 $FC_\mathrm{x}\%$ 与标准负载持续率 $FC\%$ 相差较大的情况，在这种情况下。当把实际负载功率 P_x 按下式换算成与相邻的标准负载持续率 $FC\%$ 下的功率 P：

$$P = P_\mathrm{x} \sqrt{\frac{FC_\mathrm{x}\%}{FC\%}} \tag{9-17}$$

根据上式中的标准负载持续率 $FC\%$ 和功纺 P 即可选择合适的电动机。当 $FC_\mathrm{x}\% < 10\%$ 时，可按短时工作制选择电动机；当 $FC_\mathrm{x}\% > 70\%$ 时，可按连续工作制选择电动机。

9.4.4　选择电动机容量的统计法和类比法

前面介绍了选择电动机功率的基本原理和方法，它对各种生产机械普遍适用。但实际应用研究中会遇到一些困难，一是它的公式运算比较复杂，计算量很大；二是电动机和生产机械的负载图难以精确地绘制。所以在实际选择电动机容量时，往往采用统计法或类比法。

1. 统计法

统计法就是对大量的拖动电动机容量进行统计分析，找出电动机容量与生产机械主要参数之间的关系，得出实用经验公式的方法。下面介绍几种我国机床制造工业已确定了的主拖动电动机容量的统计数值公式，如表 9.4 所示。

表 9.4　几种常用机床的主拖动电动机功率计算公式

机床名称	拖动电动机额定功率/kW	符号说明
卧式车床	$P = 36.5D^{1.54}$	D 为工件的最大直径(m)
立式车床	$P = 20D^{0.88}$	D 为工件的最大直径(m)
摇臂钻床	$P = 0.064D^{1.19}$	D 为最大钻孔直径(mm)

续表

机床名称	拖动电动机额定功率/kW	符号说明
卧式镗床	$P=0.04D^{1.17}$	D 为镗杆直径(mm)
龙门刨床	$P=B^{1.15}/166$	B 为工作台宽度(mm)
外圆磨床	$P=0.1KB$	B 为砂轮宽度(mm)。 K 为采用不同轴承时的系数,若采用滚动轴承, $K=0.8\sim1.1$;若采用滑动轴承,$K=1.0\sim1.3$

2. 类比法

类比法是在调查同类型生产机械所采用的电动机容量的基础上,对主要参数和工作条件进行类比,从而确定新的生产机械所采用的电动机的容量。

本 章 小 结

1. 电动机的选择主要是其容量的选择,其次是电动种类、结构机形式、额定电压、额定转速的选择。

2. 电动机容量的选择,要根据电动机的发热情况来决定。电动机发热限度受电动机使用的绝缘材料决定;电动机发热程度由负载大小和工作时间长短决定。体积相同的电动机,其绝缘等级越高,允许输出的容量越大;负载越大、工作时间越长,电动机发热量越多。所以电动机容量的选择要根据负载大小和工作制的不同来综合考虑。

3. 电动机工作制按负载的持续时间不同,可分为三种工作制:连续工作制、短时工作制和断续周期工作制。不同工作制下电动机容量选择的方法不同,根据电动机不同的工作制,按不同负载的负载图,预选电动机的额定功率,首先进行发热样验,再进行过载能力及启动能力的校验。

4. 实际选择电动机的容量,常采用用统计法和类比法。

>>> 思考题与习题

9.1　电动机的额定功率选得过大和不足时会引起什么后果?

9.2　电动机的温度、温升及环境温度三者之间有什么关系?

9.3　电动机在使用中,电流、功率和温升能否超过额定值?为什么?

9.4　电动机发热和冷却各按什么规律变化?

9.5　电动机的工作制方式有哪几种?它们的特点是什么?

9.6　电动机周期性地工作 15min、休息 85min,其负载持续率 FC% =15% 对吗?它属于哪一种工作方式?

9.7　连续工作变化负载下电动机容量选择的一般步骤是怎样的?

9.8　国产 C650 型车床,其工作最大直径为 1 250mm,试用统计法选择主轴电动机的额定功率?

参考文献

1. 许晓峰. 电机及拖动. 北京：高等教育出版社，2004

2. 郑立平，张晶. 电机与拖动技术. 大连：大连理工出版社，2009

3. 陈隆昌，闫治安，刘新正. 控制电机. 西安：西安电子科技大学出版社，2003

4. 邵群涛. 电机及拖动基础. 北京：机械工业出版社，2004

5. 施振金. 电机与电气控制. 北京：人民邮电出版社，2007

6. 解建军. 电机原理与维修. 西安：西安电子科技大学出版社，2007

7. 戴文进，徐龙权. 电机学. 北京：清华大学出版社，2008

8. 曹祥，张校铭. 电动机原理、维修及控制电路. 北京：电子工业出版社，2010

9. 赵承荻，杨利军. 电机与电气控制技术. 北京：高等教育出版社，2006

10. 李学炎. 电机与变压器. 北京：中国劳动出版社，2001

11. 罗梅. 电工技术基础. 北京：北京师范大学出版社，2010

12. 周绍英. 电机与拖动. 北京：中央广播电视大学出版社，1994

13. 胡幸鸣. 电机及拖动基础. 北京：机械工业出版社，2007

14. 姜玉柱. 电机与电力拖动基础教程. 北京：电子工业出版社，2008

15. 孟宪芳. 电机及拖动基础. 西安：西安电子科技大学出版社，2006

16. 郑立冬. 电机与变压器. 北京：人民邮电出版社，2008

17. 彭鸿才. 电机原理及拖动. 北京：机械工业出版社，2010